李宇 · 编著

游戏设计的底层逻辑

電子工業出版社
Publishing House of Electronics Industry
北京 · BEIJING

读 者 服 务

您在阅读本书的过程中如果遇到问题，可以关注 “有艺” 公众号，通过公众号中的“读者反馈”功能与我们取得联系。此外，通过关注“有艺”公众号，您还可以获取艺术教程、艺术素材、新书资讯、书单推荐、优惠活动等相关信息。

投稿、团购合作：请发邮件至 art@phei.com.cn。

“有艺” 公众号

图书在版编目（CIP）数据

游戏设计的底层逻辑 / 李宇编著. -- 北京 : 电子工业出版社, 2024. 8. -- ISBN 978-7-121-48471-1

Ⅰ. TP311.5

中国国家版本馆CIP数据核字第2024MN4258号

责任编辑：高　鹏
印　　刷：天津善印科技有限公司
装　　订：天津善印科技有限公司
出版发行：电子工业出版社
　　　　　北京市海淀区万寿路173信箱　　邮编：100036
开　　本：787×1092　1/16　印张：16.25　字数：442千字
版　　次：2024 年 8 月第 1 版
印　　次：2024 年 10月第 2 次印刷
定　　价：98.00 元

凡所购买电子工业出版社图书有缺损问题，请向购买书店调换。若书店售缺，请与本社发行部联系，联系及邮购电话：（010）88254888，88258888。

质量投诉请发邮件至zlts@phei.com.cn，盗版侵权举报请发邮件至dbqq@phei.com.cn。

本书咨询联系方式：（010）88254161~88254167转1897。

推荐序

前不久听说宇哥写了一本关于游戏设计的书，一开始比较惊讶，之后心里想果然还是他。

我们在上大学时认识，那时候大家书生意气，谈天说地，挥斥方遒。因为学的都是计算机专业，又因为热爱和缘分，毕业之后我们有幸进入游戏行业工作，做到现在也有十几年的时间了，让人不禁感叹岁月难留。

对于游戏行业，我们都是带着热爱和梦想来的，都试图在这个行业产出一些价值，也想通过为游戏行业产出价值来找到我们人生的价值。记得有一位哲人说过，正是因为人生没有特定的价值，我们才可以赋予它自己想要的价值。我们这一代是玩着《热血传奇》《魔兽争霸Ⅲ》《星际争霸》《魔兽世界》过来的，那时候大家玩的游戏基本都是从国外引入的。我们当时就在想，未来我们是不是也可以做出一款让大家都喜欢的游戏、一款伟大的产品？

游戏产品既属于泛娱乐产品，又属于文化产品。所有好的游戏产品都带着“温度”，可以让人感受到温暖和力量。很多人都是通过游戏接触和了解西方文化、中东文化、日本文化的。游戏是非常容易打破文化壁垒的一种交流方式，它可以让我们更简单、更生动地了解不同的文化，也可以让别人了解我们的文化。所以，我想它不仅是一种娱乐方式，还是一种文化交流的媒介。每想到此，我都为自己从事游戏行业而感到兴奋。

游戏行业的发展（这里主要指 PC 游戏），尤其是中国游戏行业的发展也就是这短短的二十几年，它是跟着电子计算机一起成长起来的，所以不像其他行业那样有很多理论的沉淀和积累。这就导致大部分新进入游戏行业的人，都要靠自己摸索来成长，其艰难程度可想而知。

宇哥是一个非常有才华，而且善于总结的人。我认真翻阅了他写的《游戏设计的底层逻辑》这本书，认为总结得非常好。书中系统化地介绍了游戏设计的一些基础知识，可以让想从事游戏行业的人快速了解这个行业，也为这个行业贫瘠的理论土壤添加了一点难得的养料。我由衷地给他点赞。一个行业的发展壮大，不仅需要产业规模的增长，更需要基础的理论沉淀。期待中国游戏行业日渐完善，并且走在世界前列。

感谢宇哥邀请我为本书作序。希望这本书能像夜空中的星星那样，指引新进入行业的小伙伴们找到自己的成长之路。

是为序。

王旭日 大梦龙途集团创始人兼 CEO

2022 年 12 月 24 日

深圳科兴科学园

很开心能得到老李的邀请来为他的新书作序。从我们一起进入游戏行业到现在，一转眼过去了 14 年。

这 14 年，跨越了我们的青年时代，我们从 20 岁出头的网吧少年，转眼都变成了中年“老宅”。这 14 年，刚好也见证了中国游戏行业最波澜壮阔的景象，游戏从一个高门槛的小众行业，变成了高回报的投资热点，从家用游戏机、掌上游戏机的沉寂与复苏，发展到手游的火爆。现如今，多平台百花齐放，资本回归理性，游戏越来越向传统文化产业靠近。

其间，有很多游戏人为行业献出了汗水和努力，献出了激情，献出了青春；也有不少从业者对游戏失去了信心，离开了这个行业。难得老李依旧保持着这份热忱和细心，将从业的“毕生所学”倾囊相授，让这本书得以问世。

和老李闲谈时，我时不时就会想起知名游戏制作人陈星汉先生的一句话：“我希望在不远的将来，游戏人能像医生、律师和教师一样，受人尊敬。”现在细细品来，越发能理解他说这句话时的心境。

当游戏成为真正意义上的文化产品时，它一定是美的，是能够造福人类的，是能够为人类带来精神上的愉悦和希望的。假如有一天，人类遨游太空，带着所有的知识、文化和艺术去与其他宇宙文明交流时，我希望电子游戏也是其中不可或缺的一部分。

王林　天美 Y3 工作室经理

2023 年 10 月 30 日

深圳

我和本书作者是多年好友，同在游戏行业摸爬滚打。在阅读完本书后，我很是惊喜，并且获益良多。它不仅是一本讲游戏设计的书，还把很多知识都融入了游戏之中。

与其说这本书在谈游戏的底层设计逻辑，不如说它从游戏设计底层娓娓道来，用深入浅出的方式让读者了解游戏设计。

这本书与其他游戏设计类图书有很大的不同，作者不仅将游戏设计的专业知识解读得非常清晰，还引入了很多其他维度的知识，如心理学、生理学、社会学等。在体会为何要如此设计的时候，借用其他维度的知识可以让人印象更加深刻，让人认识到设计是水到渠成的事情，而并非局限于某些条条框框。

具体到每个模块的设计，在阅读本书的时候，切记不要只读不想，作者希望读者可以从底层慢慢向上思考。借助本书的多维解读方式，读者在阅读完每个模块之后应该会有非常好的自我沉淀。

最后，在从设计到运营的整个游戏的生命周期中，作者非常详细地介绍了各个节点的重点事项。如果你想在游戏行业走得更远，就要着重阅读这些重点事项，参考作者的设计小窍门，这样可以让你事半功倍。

黄雄飞《跑跑卡丁车》主策划

2022 年 12 月 23 日

深圳科兴科学园

原来最开心的事，不是自己写了一本书，而是自己在聊天时“安利”朋友写一本书。他二话不说就开始写，并且过了不到一年的时间，就跟我说书已经写好了，邀请我写一篇推荐序。

这种说做就做的作风，让我不得不感叹“老李的执行力强得可怕”。

相信除了执行力，他能够这么快写出这本书的原因肯定是对于游戏行业有着深厚的积淀和十足的热爱。而作为一个从小玩着主机游戏长大的男孩，我对游戏也有着同样的热爱。不过遗憾的是，我在上大学时、毕业后都没有找到合适的方式学习游戏设计与开发，也没有好的机缘进入游戏公司，所以设计游戏的梦想一直只是一个梦想。直到后来在交互领域有了足够的沉淀后，才有幸加入“鹅厂”（腾讯公司）的 NExT Studios 游戏工作室，也是在那里，我遇到了老李。

老李是一位资深的游戏策划，当时我作为交互设计的接口人与他合作，很放心地把各种疑难问题都交给他判断，我们沟通起来也很顺畅、愉快。在我想自学游戏策划知识的时候，他也非常慷慨地倾囊相授，有问必答。在这方面，他是我的良师益友。

当时他给我带来启发最大的一句话是：游戏打造的是一种过程体验，结合设置的目标和最终收获的奖赏，让玩家从中获得愉悦感。其中，有战斗竞争的体验，有休闲放松的体验，还有探索冒险的体验。不同玩家喜欢的体验不同，追求的目标和奖赏不同，在游戏过程中他们获得愉悦感的方式也不同。因此，如何巧妙地为不同玩家打造不同的过程体验就显得很重要。

无论你是想要学习游戏策划知识的学生，还是想要转行做游戏设计的产品经理、设计人员或开发人员，抑或只是单纯地出于兴趣想要了解这个行业，老李写的这本书都非常适合你。

而我自己，则恨不得在十几年前就看到这本书，那我必然能够少走很多弯路，说不定现在也是一位优秀的游戏策划了。哦不，我最终的目标是成为一位优秀的独立游戏制作人。而我现在所做的游戏化用户体验设计工作，以及依然在学的游戏引擎开发知识，也都殊途同归，在朝着这个目标努力。

愿你我都能实现自己的游戏梦想。

WingST《交互思维：详解交互设计师技能树》作者

2023 年 1 月 6 日

深圳

前言

为什么要写这本书？

写这本书源于一次偶然。在最开始的时候，我的一个好朋友寇先生（WingST）邀请我给他的同事讲讲游戏策划是如何做游戏的。于是，我把之前自己总结的一些经验整理了一下，制作了一份PPT，然后就去讲了，没想到反响还不错。之后，朋友劝我直接写本书，内容就是我讲的那些。当时我很惊诧：自己这水平也可以写书？但是因为朋友寇先生是业内比较有名的作家，我相信他的判断，而且我在小的时候也有一个写书的梦想，于是决定大胆尝试，开始写书。做了决定并告诉寇先生后，他立刻帮忙引荐了对应出版社的编辑。可以说没有寇先生就没有这本书。

既然决定写书，就要正视这件事情。在开始时我只是想这是一个好机会，可以通过写作总结一下自己之前的思考，并努力将自己的所悟整理成一个初步的知识框架，也存了一些通过输出来倒逼自己做更多的思考和总结的小心思。事实证明效果不错。

真正动笔写书前要先确定写什么。我想写一本可以帮助外行了解游戏策划的书，一本可以帮助新人快速上手分析和设计游戏的书，一本可以帮助已入行的人进行归纳和总结的书。明确了目标后，我又回想了自己当年是怎样一步步走过来的，于是想到了从业初衷及自己经历的痛点。从业初衷决定了我写书的心态，自己经历的痛点决定了我写书的内容。

先说初衷。回想当年初入行时“韩流”盛行，当初的愿望就是做出一款国产好游戏为国争光。如今能在行业内坚持下来就是因为不忘初心，而写书也是初心的顺延。我期望这本书能对新人有所帮助，进而为中国游戏行业的发展做出一点儿贡献；也期望中国游戏行业能有更好的发展，将来可以有更多的文化输出，而自己的书也能为文化产业振兴贡献一分力量。目标定得宏伟了，自己的主动性就增强了，从最初比较草率地慢慢写变为要努力地写好、写透，结果就是在过程中不断推翻、重构和打磨。虽然因为文笔问题，本书还是不够好，但比起初版已是天差地别。

再说内容。有句话说得好，一秒看透事物本质的人与一辈子才看透事物本质的人的命运必定不同。目前，与游戏相关的书介绍的更多是设计技巧或现象分析，较少有书涉及游戏设计原则。而我当年也是只关注技巧，在慢慢成长之后才懂得原理的重要性。因此，我给自己定的目标是努力写出游戏设计的部分底层逻辑，也就是讲明白身为游戏策划是如何看待和思考游戏的，并且努力将逻辑尽可能简化，从而方便他人理解。这其实是一项吃力不讨好的活儿：一是因为难度极大，而结果又因难以覆盖所有环节难免有瑕疵或局限性；二是因为需要将所有东西整理成互相具备逻辑的框架体系。这就意味着这本书既不是“鸡汤”，又不是由一个个散点构成的工具集，因此非常难写，并且因为重逻辑就必然容易被挑错。按理在自己还没成为“大佬”前不应该写这种书，但考虑到初衷，也就硬着头皮写下去了。我相信饼即使沾了土依旧是可以解饿的，同时我相信读者可以“取其精华，去其糟粕”。期望这本书哪怕的确有错误和不完美之处，也能在“道”的维度上给大家带来一丝启发，这也算是完成了使命。

这本书讲了什么？

本书主要讲述游戏设计的基础方法，并且为每一步方法提供了对应的设计实例来进行说明。整本书是按照一个游戏策划从未入行到需要负责某个模块的顺序来安排书写的，写作手法则尽量以严密的逻辑推导为主，形成完整的知识体系和思考体系。

第 1 部分讲的是游戏基础知识，是关于整个游戏行业的基础知识，共包含 3 章。我们既然要进入这个行业，那自然要对“什么是游戏”有更深刻的理解。

第 1 章先讲述什么是游戏，以及游戏的三大要素，然后对三大要素做进一步说明，最后分析游戏能给世界带来什么。这部分内容建议所有读者都看一下，尤其要对用户、反馈和体验这 3 个概念有足够的理解。

第 2 章讲的是团队是如何做游戏的。这里会介绍一款游戏的生命历程大致是怎样的，也会简单介绍团队是如何制作典型系统和典型版本的，还会讲述游戏行业分工的发展趋势。这部分内容适合新人看，有游戏行业从业经验的读者可以略读。

第 3 章讲的是游戏行业未来的发展，从第 1 章提到的游戏的三大要素的角度阐述了游戏行业未来的发展，有兴趣的读者可以看一下。

第 2 部分讲的是游戏策划，也就是游戏策划的一些专属知识和技能，共包含 2 章。

第 4 章讲的是游戏策划的工作和发展，包含不同种类游戏策划的工作内容、内部的分工与合作、常用工具，以及我理解的游戏策划的发展阶段。

第 5 章讲的是如何分析游戏。这是一个贯穿游戏策划职业生涯的技能，从准备当游戏策划之前的自我磨炼到成为游戏策划后的钻研，都离不开这个技能。

第 3 部分是本书最为重点的部分，讲述的是游戏策划专业知识，共包含 6 章。首先简单介绍游戏策划需要的专业能力有哪些，其中着重介绍系统化思考和系统化设计的能力。之后分模块讲述在不同模块下到底是如何运用系统化思考来进行设计和解决问题的。根据个人以往的经历，我着重介绍了数值模块，还对玩法模块和系统模块也进行了相应的讲述，对关卡部分则不会讲解。个人推荐读者把各个模块都看一下，从而方便自己对游戏有更深刻的理解，也方便将来与对应的同事进行配合。对于不同发展方向的游戏策划，也可以着重翻阅与自己相关的内容，而对其他模块有所了解即可。

第 6 章讲的是游戏策划需要的专业能力，其中着重介绍系统化思考和系统化设计的能力，请读者务必研读系统化思考的相关内容，因为这是我总结出的最根本的设计方法，也是本书的核心方法论。

第 7 章讲的是如何系统化设计玩法。其中，先讲述与玩法相关的常识内容和它们之间的关系，然后讲述如何设计单局玩法，最后讲述如何设计多局体验。

讲完如何系统化设计玩法之后，接下来讲述如何系统化设计数值。而数值分为多个更细的工作模块，从第 8 章到第 10 章讲的都是如何设计数值。

第 8 章讲的是如何系统化设计战斗，其中包含与战斗相关的基础知识和它们之间的关系，以及如何设计战斗平衡和战斗节奏。

第 9 章讲的是如何系统化设计经济，其中包含与经济相关的基础知识和它们之间的关系，以及如何设计游戏的经济框架，又如何把经济框架落地成具体的经济模型，最后还会讲一下如何把最近比较流行的行为经济学应用到游戏经济体系的设计中。

第 10 章讲的是商业化的基本知识及一些常见的商业化结构和系统。

第 11 章讲的是如何系统化设计系统。其中，先讲述一款游戏一般都包含什么系统模块及其内容，然后会以社交模块和经济体系模块为例讲解如何设计具体的系统模块，最后还会讲解如何开展综合性系统工作。

第 4 部分是后记，对本书内容做进一步总结，具体为第 12 章。本书的核心内容就是游戏的三大要素、系统化思考和设计，以及不同模块的系统化设计方法。每个模块都是以游戏的三大要素为中心或目的，以系统化思考和设计为手段而搭建起来的。但因为一开始的时候读者对游戏设计尚未有所了解，因此不能直接阅读结论，必须有所铺垫。大家在读完了整本书之后，可以从熟手的角度再看一下总结部分，对整本书的内容有更系统的理解，或许会有额外的感悟。

这本书有什么用？

我期望这本书能帮助非游戏策划了解游戏策划是如何思考的，帮助新人更快地理解游戏策划在做什么并为将来从业做准备，帮助已入行的人更系统地了解游戏策划的工作技巧，帮助已工作较久的人查漏补缺以精进自身。

这本书是我个人的经验总结，内容未必全对，也未必适用于所有项目、所有人。读者可以根据自身情况阅读自己需要的部分，同时欢迎读者随时与我沟通，一起研究可以让游戏设计更好的方法和规律。

最后，预祝大家在阅读本书后可以有所收获，并在将来为中国游戏行业做出自己的贡献。

感谢大家！

目录

第 1 部分 游戏基础知识

第 1 章 游戏的定义和三大要素

1.1 什么是游戏 003

1.1.1 游戏的定义 003

1.1.2 游戏的三大要素：用户、体验和反馈 005

1.2 为什么要以用户为中心 007

1.2.1 用户是一切的出发点和终点 007

1.2.2 用户的体验是主观的 008

1.3 反馈是如何形成的 009

1.3.1 反馈的定义和构成 009

1.3.2 常见的信息反馈手段 012

1.3.3 大脑处理信息的方式 013

1.3.4 反馈的重要性 014

1.4 体验是如何分层、分类的 014

1.4.1 体验的定义 015

1.4.2 运用游戏元素形成体验 015

1.4.3 游戏设计中常见的玩家行为 016

1.4.4 游戏体验可以创造价值 017

1.4.5 用马斯洛需求层次理论来划分需求类型 018

1.4.6 从体量角度对体验进行简单区分 021

1.5 游戏未必只有娱乐意义 022

1.5.1 电子游戏的泛化 022

1.5.2 游戏不只是娱乐 024

1.6 总结 025

第 2 章 团队是如何做游戏的

2.1 一款游戏的生命历程 027

2.1.1 诞生期 027

2.1.2 DEMO 期 029

2.1.3 制作期 030

2.1.4 内测期 034

2.1.5 上线期 035

2.1.6 运营期 036

2.2 一个典型系统的制作过程 038

2.2.1 需求准备阶段 038

2.2.2 开发阶段 042

2.2.3 开发后阶段 045

2.3 一个典型版本的制作过程 046

2.3.1 准备阶段 047

2.3.2 开发阶段 048

2.4 游戏行业分工的发展趋势 049
2.4.1 开发团队规模的两极化 049
2.4.2 对 π 型人才的需求与日俱增 050
2.4.3 职业寿命的延长 051
2.4.4 专业化与业余化 052
2.5 总结 053

第 3 章 游戏行业未来的发展

3.1 从用户的角度进行分析 055
3.1.1 用户数量的增多 055
3.1.2 非典型游戏用户的崛起 056
3.1.3 逐渐走向世界 059
3.1.4 房地产与主机游戏 060
3.1.5 游戏变得更精细 061
3.1.6 游戏变得更自由 063
3.2 从体验和反馈的角度进行分析 066
3.2.1 触觉和平衡感 066
3.2.2 更真实 067
3.3 总结 069

第 2 部分 游戏策划

第 4 章 认识游戏策划

4.1 游戏策划的主要工作内容 072
4.1.1 关卡设计 072
4.1.2 系统设计 073
4.1.3 数值设计 074
4.1.4 玩法设计和 IP 设计 075
4.1.5 资源制作 076
4.1.6 项目管理 078
4.2 游戏策划内部的分工与合作 079
4.2.1 岗位与工作内容 079
4.2.2 岗位间的配合 080
4.3 游戏策划的发展阶段 080
4.3.1 设计的高度、深度和广度 081
4.3.2 游戏策划的发展过程 082
4.4 游戏策划的常用工具 085
4.4.1 记录想法和素材的工具 086
4.4.2 总结思路的工具 087
4.4.3 展示工具 089

4.4.4 资源制作工具 089

4.5 总结 090

第 5 章 如何分析游戏

5.1 分析游戏的基础步骤 092

5.1.1 选择要分析的游戏 092

5.1.2 沉浸式体验并记录 093

5.1.3 撰写体验报告 095

5.2 如何选择分析方法 096

5.2.1 认清功能、资源和体验 096

5.2.2 选择分析什么级别 097

5.2.3 如何搭配不同级别的功能和体验分析法 098

5.3 功能分析法 098

5.3.1 记录 099

5.3.2 拆分功能并寻找联系 099

5.3.3 查看体验并总结设计技巧 101

5.3.4 向上推衍 102

5.3.5 小结 102

5.4 体验分析法 102

5.4.1 明确分析目标 103

5.4.2 明确涉及的功能 103

5.4.3 分析功能并寻找与体验的联系 104

5.4.4 给出评价和优化方案 104

5.4.5 小结 105

5.5 游戏整体分析 105

5.5.1 游戏整体分析的特点及问题 105

5.5.2 多款游戏的对比 108

5.6 总结 109

第 3 部分 游戏策划专业知识

第 6 章 策划专业能力介绍

6.1 导言 112

6.2 心态调整：别想用一个好点子搞定一切 112

6.3 系统化设计能力——最重要的设计能力 114

6.3.1 系统化思考 114

6.3.2 从不同视角观察同一事物 115

6.3.3 系统化设计 116

6.4 其他能力 116

6.4.1 精细化能力 117

6.4.2 文档撰写能力 117

6.4.3 落地能力 119

6.5 总结 120

第 7 章 玩法的系统化设计方法

7.1 关于玩法设计的基础知识 122

7.1.1 玩法型体验和情感型体验 122

7.1.2 玩法型体验的三要素——规则、体验、玩法 123

7.1.3 单局体验和多局体验 126

7.1.4 基础玩法、核心玩法和衍生玩法 127

7.2 单局玩法的设计 127

7.2.1 玩法和体验 128

7.2.2 规则和反馈 129

7.2.3 不同层级的体验 130

7.2.4 如何细化反馈 132

7.3 多局体验的设计 134

7.3.1 玩法由挑战和方案构成 134

7.3.2 玩法的评价标准 134

7.3.3 方案的拆分 136

7.3.4 合理安排方案的体验顺序 139

7.3.5 挑战的拆分 140

7.3.6 合理安排挑战的体验顺序 142

7.3.7 组合挑战和方案 142

7.3.8 更多的方法 143

7.4 总结 144

第 8 章 战斗的系统化设计方法

8.1 战斗简介 147

8.1.1 数值工作 147

8.1.2 战斗的定义与分层 147

8.2 属性和公式 148

8.2.1 属性 149

8.2.2 公式 150

8.3 平衡 152

8.3.1 静态战斗模型 152

8.3.2 更多的衍生静态战斗模型 156

8.3.3 动态战斗模型 159

8.3.4 更多的衍生动态战斗模型 161

8.4 节奏 163

8.4.1 等级差异与战斗力考核 163

8.4.2 不同职业的相对平衡 165

8.5 总结 166

第 9 章 经济的系统化设计方法

9.1 经济的基本概念 168
9.1.1 经济是什么 168
9.1.2 产出、消耗和积蓄 168
9.1.3 付出和回报 169
9.1.4 价值 170
9.1.5 交换 171
9.2 构建经济体系的大纲 173
9.2.1 投入和产出 174
9.2.2 构建投入产出大纲 175
9.2.3 构建产出经济大纲 176
9.2.4 内容与内容消耗 178
9.2.5 经济循环的展示 179
9.3 构建经济模型 182
9.3.1 构建资源产出模型 182
9.3.2 衡量与修正 185
9.3.3 构建系统产出消耗模型 187
9.4 行为经济学与游戏 189
9.4.1 系统 1 与系统 2 189
9.4.2 与日常行为相关的启发式思考带来的偏见 191
9.4.3 与经济相关的启发式思考带来的偏见 192
9.5 总结 194

第 10 章 商业化的系统化设计方法

10.1 从宏观角度看商业化 196
10.1.1 售卖品 196
10.1.2 售卖模式 197
10.2 手游常见的商业化结构和系统 201
10.2.1 典型的商业化结构 201
10.2.2 首次充值系统 202
10.2.3 月卡系统 203
10.2.4 赛季系统 204
10.2.5 抽奖系统 206
10.3 总结 208

第 11 章 系统的系统化设计方法

11.1 整体思路 210
11.1.1 系统模块 210

11.1.2 系统模块与具体系统 214
11.1.3 一个系统的构建 216
11.1.4 小结 219
11.2 社交模块 219
11.2.1 整理社交关系 219
11.2.2 从社交关系到社交系统 221
11.2.3 从好友系统看如何优化经典系统 222
11.2.4 从聊天系统看如何深化工具型系统 223
11.2.5 合理运用非社交系统 223
11.3 经济体系模块 224
11.3.1 经济体系模块包含的子模块 224
11.3.2 增加物品的方法 225
11.3.3 获取途径的设定 227
11.4 综合性系统工作 228
11.4.1 分析工作受哪些要素的影响 228
11.4.2 提取所需的功能点 231
11.5 总结 233

第 4 部分 后记

第 12 章 总结与感悟

12.1 简略总结 236
12.2 更加精深还需要什么 239
12.2.1 行为层面 239
12.2.2 知识层面 241
12.3 结语 242

1

第1部分

游戏基础知识

无论是想设计游戏还是单纯想了解游戏是怎么做出来的，都要先清楚什么是游戏。本部分主要介绍游戏的基础知识，让大家对游戏及游戏设计有一个初步的了解。

第1章从设计者的角度整体介绍了游戏的定义和三大要素，让大家明白什么是游戏及在设计游戏时重点关注什么；第2章简单讲述了游戏的整个制作过程和分工；第3章讲述了游戏行业未来的发展，让大家了解游戏行业的发展变化，方便做出判断。

第 1 章

游戏的定义和三大要素

在介绍如何设计游戏之前，我们需要对游戏的整体概念和构成有一个宏观的了解。本章会先讲述游戏的定义，然后对游戏的三大要素（用户、体验和反馈）进行讲解，最后分析我对游戏的理解。

1.1

什么是游戏

在做一些事情之前，需要先清楚目标是什么，只有清楚目标才能知道如何达成目标。所以，弄清事情的主体是成功的第一步。**毕竟，如果不知道要干的事情是什么，又如何能干好这件事呢？**在设计游戏之前，应该明白什么是游戏。

1.1.1 游戏的定义

在现实生活中经常会有这样的场景，几个好友一起讨论游戏如何好玩，或者家人抱怨我们又在玩游戏。这里的游戏指的是《王者荣耀》《真·三国无双》《拳皇 97》《超级马里奥》等电子游戏，似乎游戏就是电子游戏的代名词。当今社会，电子游戏是主流游戏，但实际上还有大量其他类型的游戏。比如，《三国杀》《龙与地下城》等桌上游戏，类似打麻将和跳皮筋等线下游戏，甚至连《极限挑战》之类的综艺节目，以及奥运会上的体育项目也可以理解为一种游戏。我们暂且将电子游戏叫作狭义的游戏，将其他类型的游戏叫作广义的游戏。

我们之所以要对游戏进行区分，主要是为了将本书的主要内容讲述得更加清晰，书中讲述的游戏设计是指电子游戏的开发和设计。当然，阅读本书对设计其他类型的游戏也有帮助。

狭义游戏的定义

狭义的游戏就是用户可以通过主动操作从而获得不同体验的产品，而这款产品必须通过电子设备操作。

书籍

电影

游戏

通过多年的积累，我认为游戏与书籍、电影等给我带来的感觉类似，因此我努力寻找它们之间的共性。后来，我发现它们都是能让人获得体验的产品或活动。它们通过触发人的感受，让人获得对应的体验，从而实现它们的价值。这种体验可能是学到新知识，也可能是情绪的发泄和情感的共鸣等。

知道共性后就要思考它们的区别。虽然它们的载体可能不同，但这并不是它们的本质区别。它们的本质区别是**用户是否可以通过主动操作对结果产生影响**。原因很简单，书籍以文字为载体，泥巴游戏（又名MUD，一种靠文字描述开展的游戏，属于较为早期的网络游戏）也以文字为载体，但这并不影响其作为游戏的事实，所以载体不同不是本质区别。对用户而言，无论是书籍还是电影都是单方面的呈现，用户只能被动接受，也就是说用户的主动操作不会得到对应的反馈。而在游戏中，用户的主动操作必然会得到对应的反馈，并且会直接影响过程体验和结果。

广义游戏的定义

我认为广义的游戏其实是指人类的一种娱乐活动或活动过程，有时也叫玩耍，这种活动是从动物衍生而来的。游戏其实就是对现实或未来的一种模拟，动物通过游戏来学习基础技巧，而人类通过游戏可进行娱乐或教育。比如，小狮子通过玩耍来学习捕猎的技巧，小孩子通过追逐打闹来锻炼感统能力，而古人则通过开展射靶等体育活动来锻炼捕猎或战斗的技巧。因此，游戏是人类与生俱来的能力和爱好。

从社会学的角度来讲，游戏和工作的区别在于是否为了获取报酬。游戏主要包含目的、规则、挑战和互动，许多游戏也可以培养相关技巧。事实上，有些人对广义游戏的定义更趋向于哲学。比如，维特根斯坦在其著作《哲学研究》中提出了游戏的几个要素：玩耍、规则和竞争。又如，法国社会学家罗歇·凯卢瓦在其著作《游戏与人》中提到，游戏是有以下特性的活动：有趣——游戏有可以使人轻松的特性；独立——有特殊的地点及时间；不确定——活动的结果无法预知；无生产性——参与者无法得到实质上的报酬；受规则的约束——游戏有规则，和日常生活有所不同；虚构——参与者知道这和现实不同。

1.1.2 游戏的三大要素：用户、体验和反馈

明白了游戏的定义之后，我们再看一下游戏可以分为哪些要素。根据不同的划分标准可以将游戏分为不同的要素。比如，按照设计游戏的工作流程来划分，游戏可以分为表现（看到的样子）、逻辑（背后是如何运行的）和体验（给人的感受）。而本书主要讲述游戏策划是如何设计游戏的，因此需要从游戏策划的角度来看待游戏，从而拆分出对应的要素。

我们先回忆一下游戏的定义：狭义的游戏就是用户可以通过主动操作从而获得不同体验的产品。实际上，定义中已经体现出游戏的三大要素，即谁在游戏中做什么并得到什么。这个“谁”就是用户，用户在游戏中做的事就是主动操作，而用户获得的是体验。换个说法就是，游戏策划最关注的是用户通过反馈在游戏中可以得到什么体验。下面我们简单讲一下这三大要素，后续会在其他章节进行详细讲述。

用户

用户是游戏的服务对象。我们为谁做游戏，谁就是我们的用户。比如，《使命召唤》手游版的服务对象是喜欢射击游戏的玩家，那么喜欢射击游戏的玩家就是它的用户；而喜欢格斗游戏的玩家则是《拳皇97》的用户，而非《使命召唤》手游版的用户。

用户类型多种多样， 我们可以根据不同的条件对用户进行细分。比如，按照美术风格来细分，有喜欢写实画风的用户，也有喜欢二次元的用户；按照操作难度来细分，同样是射击游戏的玩家，有喜欢操作简单的轻度射击用户，也有喜欢操作繁杂的重度射击用户。

一款游戏并非只能服务一种类型的用户。通常，一款大型游戏可以同时服务多种类型的用户，如《原神》的用户就包含喜欢二次元的用户和喜欢自由探险的用户。而部分游戏则只抓住细分品类的小众用户，如一款小型游戏可能只适合既喜欢“硬核”格斗又喜欢二次元的用户。

体验

用户在玩游戏时会获得对应的感受，这种感受就是体验。体验也分大小，较短时间或较少步骤产生的体验是小体验，反之则是大体验。比如，在玩《王者荣耀》时，进行一场团战可能产生类似“这场团战好刺激”的小体验；而进行一局战斗可能产生类似“队友太坑了，打得好憋屈”的较大体验；进行多局战斗则可能产生类似“这个赛季李信太强了，好不平衡啊”的更大体验。

大体验是由众多小体验构成的。比如，一场团战的体验是由一次次释放技能的体验（啊，又没有命中）和击杀其他英雄的体验（被我干掉了吧，看你怎么跑）构成的。

反馈

反馈是一个过程，是指用户在游戏中进行主动操作之后游戏发生的变化。反馈分为广义的反馈和狭义的反馈。

一次反馈也是一次最小的体验，整个体验过程可以叫作广义的反馈，而单独操作对应的反应可以叫作狭义的反馈。比如射击，命中敌人后敌人倒地（狭义的反馈），玩家立刻会因为威胁解除而感到放松（狭义的反馈对应的反应），这就是一次完整的广义的反馈（狭义的反馈 + 反应）。我们说的反馈一般是指广义的反馈。

三大要素之间具有密切的联系。简单来讲，众多反馈构成体验，如果玩家（用户）喜欢这款游戏带来的体验，那么他们就会认为这是一款好游戏。

1.2

为什么要以用户为中心

游戏是给用户体验的，这意味着游戏的好坏就只有用户说了算。设计游戏的第一条铁律是以用户为中心，这意味着要做用户想要的东西，而非游戏策划想要的东西。

1.2.1 用户是一切的出发点和终点

以用户为中心，是因为用户既是设计游戏的出发点，又是游戏的终点。

用户是设计游戏的出发点

实际中，商业游戏策划早就遵守以用户为出发点和终点的规律。商业游戏策划在开始构思时就会假设，市场上还有哪些用户需求尚未被满足，而自己的游戏会满足哪些用户的需求。他们在设计的过程中会不断地进行用户调研，以获取用户的需求，从而优化游戏。

哪怕只想设计一款愉悦自己的游戏也要遵守这条规律。游戏策划会根据自己的需求来设计游戏，完成后也会产生针对游戏的体验。

用户是游戏的终点

用户也是游戏的最终评价者。只有给用户带来的体验较好，他们才会说这款游戏做得好。

大部分游戏策划会先了解或假想目标用户的感受，然后设计对应的游戏。少部分也会只设计自己想要的游戏，然后推广给用户，结果用户很喜欢，但这种情况比较少见。

一般而言，游戏策划对用户的态度会经历以下几个阶段：①没想过用户，只设计自己想要的；②只设计用户明确想要的；③预测用户想要的；④真正的创新。这实际上是一个从关注自己转变为关注用户的过程。

创新是指创造新的用户需求，如《德军总部 3D》和《毁灭公爵》创造出第一视角的射击游戏，《我的世界》创造出沙盒游戏。一般来讲，只有对游戏和用户的了解达到相应的程度才会有真正的创新。因此，我建议游戏策划要逐步提升自己，努力了解用户，设计适合用户的游戏，而非只设计自己感觉好的游戏。

1.2.2 用户的体验是主观的

在讲这个话题之前，我们先讲讲主观和客观。

什么是客观？在现实世界中存在的就是客观的，一般而言是事物或过程。反映在游戏中，一个 Boss 攻击时产生的伤害和一局游戏的过程就是客观的。

什么是主观？人们对客观事物或过程的感受是主观的。反映在游戏中，玩家打了一场 Boss 战感觉太难了，Boss 的伤害能力太强了，这就是玩家的主观感受。

以用户为中心是因为体验是主观的。客观事物相对来讲是统一的，不以人的意志为转移。但面对同样的客观事物，不同的人会有不同的主观感受。如果体验是 1+1=2 这种客观的事物，那我们也不必在乎用户了，但很可惜体验是用户的主观感受，因此不同的用户对同一游戏的体验是不同的。

游戏属于客观事物，而体验属于主观感受，别期望所有人都喜欢你的游戏。正确的做法是努力做到让自己的目标用户喜欢自己的游戏。之前说过，不同的游戏有不同的受众，受众多少只是规模上的区别，大众口中所谓的“好游戏”一般是指受众规模非常大且评价较高的游戏。

最后必须说的是，很多时候我们在设计游戏时感觉不错，但实际上我们未必真的了解用户。我们感觉好的未必是好的，但我们感觉不好的一般来讲是真的不好。

1.3

反馈是如何形成的

反馈就是人与游戏元素互动的过程，反馈也可以有大有小，本节所说的反馈更多是指单次互动的过程。本节会介绍反馈的定义和构成，常见的信息反馈手段，大脑处理信息的方式，以及反馈的重要性。

1.3.1 反馈的定义和构成

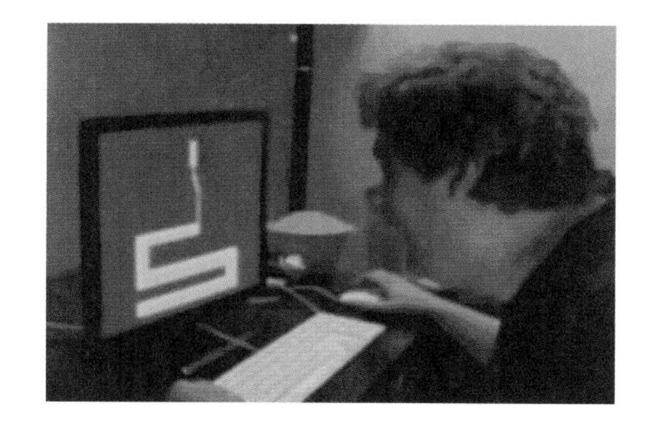

常规的反馈是控制论的基本概念，是指将系统的输出返回输入端并以某种方式改变输入，进而影响系统功能的过程。而本书中的反馈则是指用户主动操作后，游戏会发生变化，进而给用户带来感受，整个过程构成了一次基础的反馈。简单来讲，**反馈就是人与游戏元素单次互动而得到的反应**。反馈是游戏最基础的元素之一，也是游戏与其他精神文化产品最大的区别之一。

既然反馈是一系列过程的集合，我们就可以对整个过程进行进一步的拆分，以方便理解。首先我们把反馈分为玩家影响游戏和游戏影响玩家两个阶段，然后将玩家影响游戏阶段继续拆分为玩家输入、游戏做出反应两个子阶段，最后将游戏影响玩家继续拆分为发出信号、玩家感受两个子阶段。下面简单介绍一下这四个子阶段，这也是反馈的具体步骤。

玩家影响游戏

第一步，玩家输入。

玩家通过鼠标、键盘、触摸屏、手柄等输入设备输入指令。比如，当玩家想要移动时可以拖曳手机屏幕上的方向键，想要攻击时可以点击手机屏幕上的攻击键。

第二步，游戏做出反应。

玩家输入指令之后，游戏中的对应元素就会做出反应，从而产生对应的变化。首先，被操纵体本身发生了变化。比如，玩家拖曳方向键，游戏人物就会往对应的方向跑；玩家点击攻击键，游戏人物就会向前打出一拳。

同时，游戏内的其他元素也可能因为响应元素的影响而发生变化，从而产生连锁反应，改变了整个游戏的环境及状态。比如，玩家向前移动了 5 米，看到的风景、小地图、大地图等都会有对应的变化；玩家操纵游戏人物向前打出了一拳，且这一拳正好命中了敌人，那么敌人就会后仰同时受到伤害，又因为受到伤害所以显示伤害数字。

游戏影响玩家

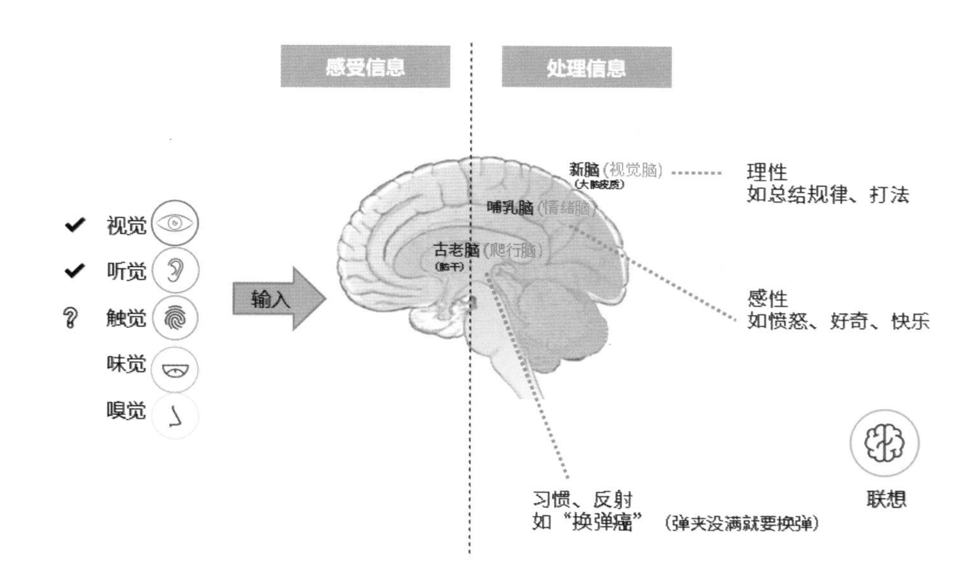

人类产生感觉的流程大致如下：通过眼睛和耳朵等感觉器官接收光线及声音等刺激信号，然后将信号转换为神经脉冲传回大脑，大脑收到神经脉冲后进行处理并做出对应的反应。同样，游戏在做出反应之后，会将各种判断结果转化为大脑可以接收的信号发出，大脑在接收信号后做出对应的反应。

第三步，发出信号。

游戏根据系统处理结果发出信号，将信息反馈给玩家。比如，敌人被击中后出现“-100”的数字且血条变短，还有被击中的声音，敌人后仰了一下后站稳了脚跟。

第四步，玩家感受。

玩家收到游戏给予的反馈信息后，形成对应的感受和判断，进而输入下一个指令，进入下一个反馈循环。比如，玩家看到敌人挨打感觉好爽，同时注意到敌人的血条快空了，于是又对这个敌人进行了一次普通攻击。

以上就是一次完整的反馈过程。下面简单介绍一下游戏常见的信息反馈手段和大脑处理信息的方式。

1.3.2 常见的信息反馈手段

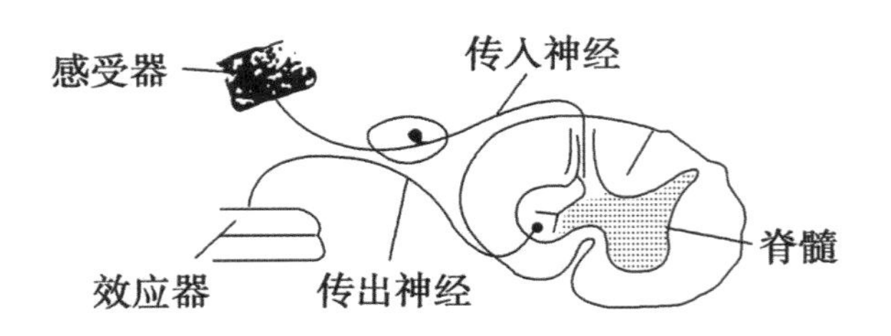

人类可以通过各种感觉器官对外界的信号进行处理。信号作用于感受器后就会转化为神经脉冲（电信号），神经脉冲沿传入神经传递给神经中枢（大脑和脊髓），经神经中枢处理后，再沿传出神经控制效应器的活动（如膝跳反应）。在神经中枢的处理过程中，人类就会产生感觉，甚至会有一些更深入的神经活动（如情绪、记忆等）。

人类常见的感觉和对应的感觉器官如下：视觉——眼睛、听觉——耳朵、触觉——皮肤、味觉——舌头、嗅觉——鼻子、平衡感——前庭、痛觉——各种组织表面。

那么，游戏主要通过哪种感觉发出信号从而影响玩家呢？主要是视觉，然后是听觉，偶尔还能用到触觉。

视觉是运用最广的，如游戏的背景图像和环境、人物的形象和动作、交互界面和特效等。

听觉也运用得较为广泛，如游戏的背景音、玩家进行操作或战斗时的反馈音、人物或怪物说话时的声音等。

少部分游戏还会运用触觉，这在主机游戏中相对常用一点，如在战斗中命中对方时手柄的震动或手机的震动等。

至于其他几种感觉，目前的游戏基本没有运用到。随着硬件的发展，未来也许会有对应的开发。个人觉得，痛觉和平衡感在不久的将来可能会被运用到游戏中，但味觉和嗅觉是基于化学分子的感受，就相对比较难实现了。

1.3.3 大脑处理信息的方式

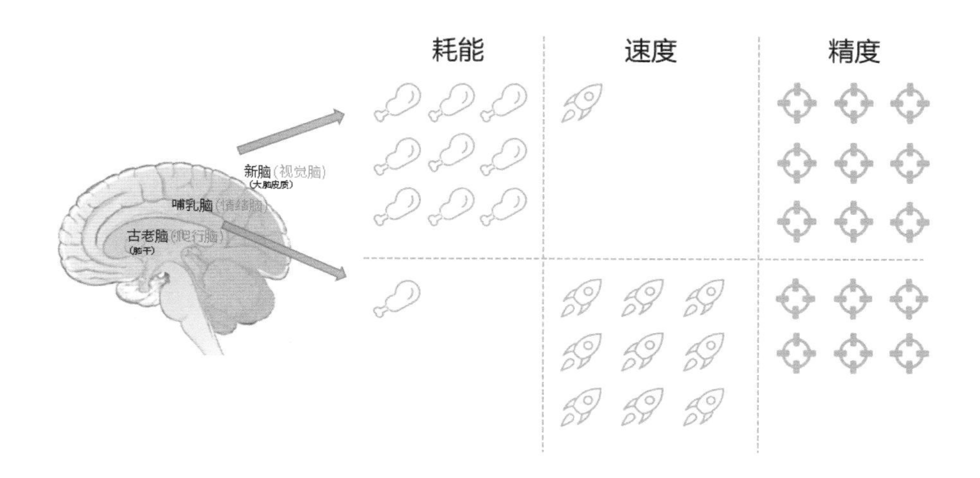

人类是由动物一步步进化而来的，而大脑也是逐步进化的。根据进化过程，大脑可大致分为古老脑（脑干、海马体、下丘脑等）、哺乳脑（主要是丘脑）、新脑（主要是大脑皮质）。其中，古老脑主要负责进行反射式和习惯式的处理，哺乳脑更多地进行感性处理（用情绪来处理），而新脑则进行理性处理（逻辑、规律、联想等）。

信息传入后大脑会对其进行分析和判断。大脑更加喜欢使用习惯和感性进行判断或开展行动，这是因为新脑是人类独有的大脑结构，进化时间短，耗能巨大，而人类脱离温饱威胁的时间并不长，因此在日常情况下会更习惯使用耗能小的古老脑和哺乳脑进行判断或开展行动。

了解脑科学其实对游戏策划设计游戏有很大的帮助，因为游戏只是人类众多的活动之一，而了解脑科学的基础原理可以帮助我们理解游戏设计中的一些基础概念，也便于我们理解该用什么技巧分析和设计游戏。

比如，大脑的运行特点之一就是，新脑可以理性处理复杂、困难的问题，相对精度很高但运行速度很慢，因此大脑不太喜欢使用新脑。那么，我们就可以根据这条规律总结出一个设计原则：**能用感性的方式表达就不用理性的方式表达**。因为如果让玩家过于用脑，他们就会觉得累甚至厌倦，想要休息，这样就会减少玩家的留存时间，降低其留存率（想一下你是爱看教材还是爱看小说）。因此，减少玩家日常通过理性思考来判断的情况是非常必要的，这可以缓解玩家的疲劳感并提升其快感。

1.3.4 反馈的重要性

反馈作为游戏基础的组成部分，实际上也是很多设计的基石。我们会发现，那些好的游戏与普通游戏之间最大的差别并不是玩法不同，而是众多细节反馈的累积程度不同。比如，在玩第一视角的射击游戏时，射击的手感是非常重要的，有些游戏玩起来感觉不顺手，而有些游戏则手感极好，使玩家产生“真想多玩两局”的想法。两者的差别中很重要的一点就是各种反馈的累积程度不同。下面就以子弹命中目标为例展示两种设计，大家可以想象一下最后的感觉会有多大的差距。

项目	游戏 A 的反馈	游戏 B 的反馈
命中声音	“噗”的一声	对方无甲：“噗噗” 对方有甲：“咣当” 对方甲破：类似玻璃破碎的声音 命中的是非生命体、非金属体：“噗噗” 命中的是金属体：“咣当咣当” 对方被淘汰：播放对方的悲鸣声
界面反馈	显示伤害数字	如果命中甲：显示白色伤害数字，人物头顶的血条也产生对应的变化 如果命中肉体：显示红色伤害数字，人物头顶的血条也产生对应的变化 如果命中时甲碎了：显示一个甲碎掉的图标 对方被淘汰：显示一个小人晕倒的图标 如果命中目标则准星变红，否则为白，对方会有一个红色人物描边且持续 0.3 秒，血条会显示小小的被击碎的动画

这里只是对反馈进行了小部分的整理，在实际的游戏中反馈的细节数量会多很多，而细节程度也会高很多，大家可以随便在网上搜索一款主流射击游戏的视频并逐秒观看，就可以发现一些端倪。为什么会产生这样的效果？这是因为随着反馈种类的增加，游戏世界会越来越接近现实世界，让玩家感觉更为逼真和自然。同时，即使玩家因为不注意丢失了一部分信息，也可以根据其他信息来决定自己的行动，从而使整个游戏的体验更加顺畅。

1.4 体验是如何分层、分类的

玩家玩游戏就是为了得到自己想要的体验。当玩家不愿意玩一款游戏时，更多地是因为不认可这款游戏带来的体验。本节将讲述游戏体验是如何形成的，以及游戏一般会提供哪些种类的体验。

1.4.1 体验的定义

游戏中一系列的反馈会使玩家产生一系列的感觉，而大脑对一系列的感觉进行综合处理后就形成了对应的感受，这种感受就是体验。**体验就是玩家玩游戏时产生的感受。**比如，玩家在玩《王者荣耀》时，点击游戏中的技能按钮，对应的游戏英雄就会发起攻击，英雄的攻击命中了对方的英雄，对方的英雄就会做出对应的受击动作，头顶的血条也会缩短，这些都是游戏的反馈。众多这样的反馈结合起来形成了一次类似“看我的英雄多猛，打对方跟砍瓜切菜一般”的体验。

众多小的体验可以汇总成较大的体验，如玩家做出购买装备、释放技能、打野怪、团战、单杀等行为后，游戏会产生一系列的反馈，这些反馈叠加起来经过大脑处理就形成了对应的体验，这些体验叠加之后会形成玩家对整局游戏的体验。

体验的表现形式

体验的表现形式多种多样，一次体验甚至可以产生多种表现形式。其中，最主要的表现形式为当时的情绪反应，这也是最直接和最常见的表现形式。举个例子，玩家在玩《王者荣耀》时，当自己残血被追杀时就会产生紧张感，当通过极限操作拿到五杀时就会产生成就感。紧张感和成就感就属于典型的情绪反应。

除情绪反应外，体验还可以表现为其他形式。有些体验会表现为记忆，如看到同伴会想起“坑货，昨晚‘开黑’就是被你带偏了节奏”；有些体验还会表现为习惯，如你是《小冰冰传奇》（很久以前又被叫作《刀塔传奇》）的玩家，在玩了几周后你会发现每到中午总是想登录游戏领取体力，这就是游戏通过种种方式帮人养成了习惯。

体验甚至可以是更深入、更特别的心理表现，如对人格产生影响。一位《仙剑奇侠传》的玩家可能因为李逍遥和赵灵儿的爱情故事而对爱情改观；一位懦弱内向的玩家也可能因为太喜欢《魔兽世界》里的部分世界观而有所改变，听到《亡灵序曲》就变得热血沸腾。

1.4.2 运用游戏元素形成体验

声音和动作等游戏内存在或表现出的客观事物就是游戏元素，而游戏正是通过对游戏元素的运用来使玩家形成体验的。从唯物论的角度来讲，客观决定主观，主观影响客观。放到游戏中就是，游戏元素的变化形成并决定了玩家的体验，而玩家可以根据体验进一步改变游戏元素的状态，进而形成新的体验。

举个比较直观的例子，最近很火的《黑神话：悟空》，在它的展示视频中，孙悟空和Boss的战斗让人感觉非

常爽快，打斗感非常好，且非常符合我们印象中《西游记》的感觉，这些感觉就是我们对展示视频中这场战斗的体验。接下来针对这款游戏简单说一下体验与游戏中各种元素的关系。

先说它如何让我们感觉很像《西游记》。游戏中主角对应的穿着、周围的场景、面对的怪物等都很符合原著，这是运用美术资源产生的感觉；游戏内对应的怪物、主角的武器、人物的技能（吹毛成猴、七十二变）等也都符合原著中对应的设定，这是运用玩法、关卡产生的感觉；战斗或说话时猴子的叫声等也符合我们对孙悟空的印象，这是通过音效产生的感觉。众多感觉结合起来让我们形成“它很像《西游记》”的体验。

再看它如何让我们感觉战斗爽快且真实。游戏的打斗动作很流利，这是美术动作起的作用；火可以烧毛发且怪物会不停地扑火，这是通过怪物系统和怪物 AI 产生的真实感觉；激扬的背景音乐和辨识度很高的命中声音是通过音效产生的感觉；在战斗时操作界面只占右下角一小块，把玩家的焦点集中在战斗画面上，这是通过交互设计产生的感觉；怪物行动时掉落的瓦砾，这是通过场景交互产生的感觉。总之，通过对游戏元素的合理运用，这款游戏才让我们有了“战斗爽快且真实”的体验。

举个相对抽象的例子：一个好友系统是如何让玩家感觉好用的。首先，玩家看到界面后能快速知道怎样操作且操作过程非常便捷等，这属于通过交互提供的体验；然后，系统会推荐适合的好友，这属于系统功能给予的体验。结合各种体验，玩家才会感觉“这个好友系统很好用”。

1.4.3 游戏设计中常见的玩家行为

玩家行为也会影响体验。游戏最大的特色就是玩家可以与产品进行互动，而这种互动会改变游戏元素的状态，进而形成对应的体验。

如果说单个行为产生的是反馈，那么系列行为产生的就是体验。举个例子，你看了一眼《蒙娜丽莎的微笑》，脑海中就有了蒙娜丽莎的印象，这就是反馈。当你持续欣赏《蒙娜丽莎的微笑》很长时间并感觉到了美时，这就是体验。

行为的种类有很多，下面简单介绍一下游戏设计中常见的玩家行为。

探索：让玩家主动从游戏世界中发现一些东西，如寻找 Boss 的位置、探索新开放的地图等。

成长：让玩家不断追求更强，如升级、换装备、解锁新技能等。

协作：让多个玩家通过协作解决问题，如与小队成员一起刷副本或击杀 Boss 等。

收集：让玩家必须集满一些东西，如集卡获得额外奖励等。

挑战：让玩家有意识地面对困难并解决它，经常与“成长”配对出现，如只有通过学习和练习才能打过Boss、打通关卡和副本等。

社交：让玩家之间进行交互，如与好友聊天、组成军团去团战等。

竞争：让玩家之间比个高低，如在竞技场中与人对战、在排行榜或天梯中取得好名次等。

策略：让玩家通过思考来解决问题，如根据天赋树选择自己的天赋、战斗时选择队形等。

当然，还有各种各样的其他行为，需要我们慢慢探索。

1.4.4 游戏体验可以创造价值

人类天生就有各种需求，人们开展一种行动一般是为了获取对应的价值（可以满足自己的部分需求）。这种价值既包含物质价值又包含精神价值，而**玩家玩游戏的直接目的是获得体验，体验就是一种精神价值，一种主观产生的价值。**

游戏也可以提供物质价值

玩家玩游戏是为了获得体验，但这并不包含所有情况。

首先，并非所有游戏只能提供精神价值。在常规游戏中，玩家玩游戏主要是为了获得对应的体验，如玩《王者荣耀》可以获得“开黑”的爽快感、战斗的紧张刺激感和个人的成长感等。但是，还有很多游戏提供的不只是体验，如《迷恋猫》。

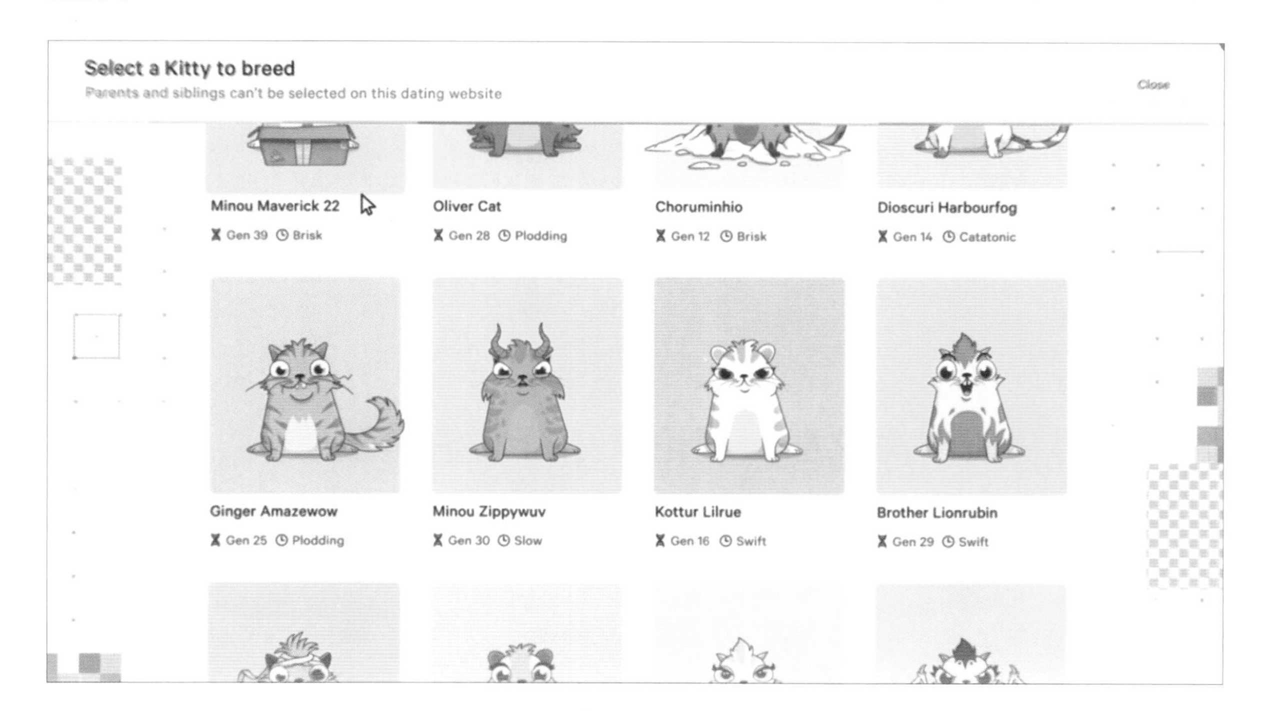

《迷恋猫》是一款类似迷你宠物养成的游戏，是由加拿大一个名为 Axiom Zen 的创业工作室打造的游戏，在 2017 年 11 月 28 日上线。这是一款与区块链有关的游戏，游戏中的猫可以被当成加密货币并进行转卖。它在发行后成了以太坊（一个开源的有智能合约功能的公共区块链平台）上单日使用率最高的应用，曾占据以太坊 16% 以上的交易量。

还有一种是常见的非法网络赌博游戏，很多人应该都受到过相应广告的骚扰。大量赌徒进入游戏并非为了体验打牌的乐趣，而是为了发财，但他们的结局都非常悲惨。在这里，我也奉劝大家不要沾染。

其次，并非所有玩家在游戏中都只能得到精神价值。这在以前的 MMORPG（大型网络角色扮演游戏）中非常常见。玩家在游戏中可以自由地交易和交换物品，因此有些玩家在游戏中达到对应等级后会通过卖号来获取收益，或者在游戏中得到一些物品后卖给其他玩家。由此还诞生了一个群体——打金工作室，他们玩游戏的目的是赚钱，而非获得对应的游戏体验。

1.4.5 用马斯洛需求层次理论来划分需求类型

既然一种事物只有满足人的需求，才会让人觉得有价值，那么就需要清楚人的需求是如何划分的，只有这样才能更好地创造价值。

我们可以通过需求层次对人的需求进行划分，通常会用到马斯洛需求层次理论。一种游戏体验通常要满足其中一项或多项需求，从而体现它的精神价值。

马斯洛需求层次理论

马斯洛是美国社会心理学家，第三代心理学的创始人，他提出了人本主义心理学。他提出的马斯洛需求层次理论是社会上运用较为普遍的需求划分方法。

马斯洛需求层次理论基本上已经成为所有行业的产品研发和策划人员所必备的基础知识，这里进行简单讲述。

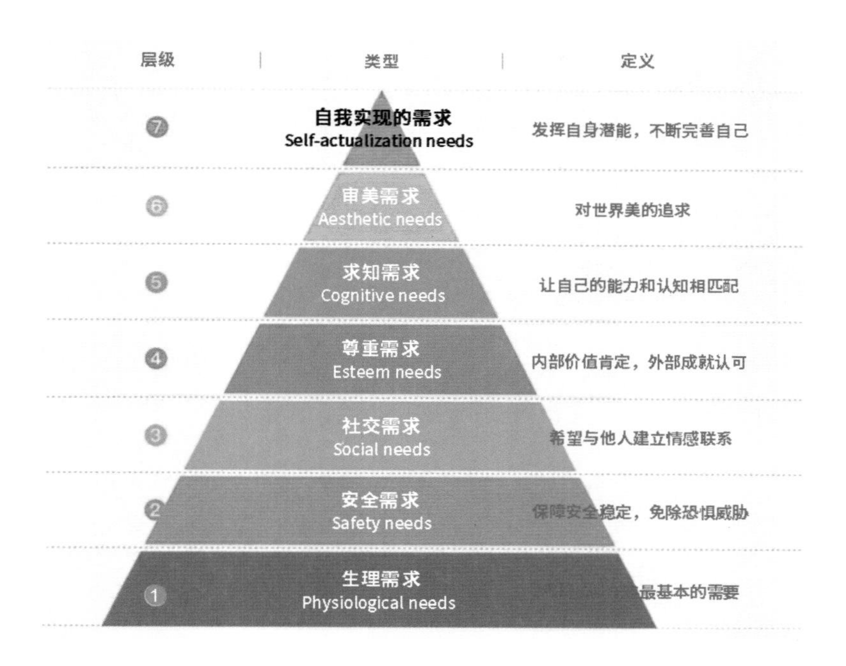

马斯洛将人的需求分为五个层级，它们呈金字塔状逐步攀升，后来又将上层的需求拆分得更细，变成七个层次。它们依次为生理需求（食物、保暖）、安全需求（工作保障、不被伤害）、社交需求（友谊、有人懂我）、尊重需求（衣锦还乡）、求知需求（探寻为什么）、审美需求（欣赏美的事物）、自我实现的需求。

其中，低级需求被称为缺陷需求，高级需求被称为增长需求。所谓缺陷需求，是指得不到或无法满足时可直接或间接地危及生命的需求；而增长需求则是指非个体生存所必需的需求。尊重需求比较特殊，部分归到缺陷需求，部分归到增长需求。

需求层次越低其蕴含的力量和潜力越大，极端时可以阻断上层的所有需求。比如，人在饿极了的时候，把自己喜爱的名画或有纪念意义的东西卖掉换取食物是常有的事。在高级需求出现前，必须先满足低级需求，管仲说的“仓廪实而知礼节，衣食足而知荣辱”就是这个道理。这里所说的满足低级需求并不是百分之百满足，而是部分满足的意思。

为什么会这样呢？因为人是从动物进化而来的，越是底层需求就越共通，越是上层需求就越是人所独有的。在人的一生中，越是底层需求就越早出现，越是上层需求就越晚出现。比如，人在婴儿时期就有生理需求和安全需求，但是要到成年之后才会慢慢拥有自我实现的需求。

游戏体验对应的马斯洛需求层次

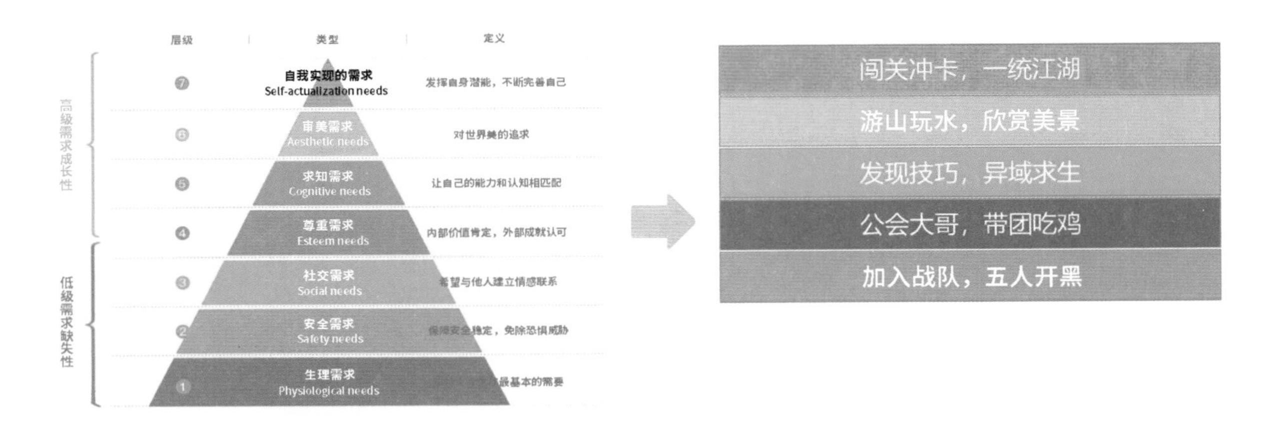

在游戏中，大部分体验满足的需求都符合马斯洛需求层次理论，但游戏体验又有一些自己的特点。一般而言，在游戏中，人们只能满足上层的五项需求。下面举些例子来帮助大家理解。

社交需求： 人是群体动物，因此让自己和群体发生关联是非常基础的需求。这在游戏中的表现形式有很多种，如有拥有游戏好友、进入游戏公会这种很容易看出来的形式，也有五人“开黑”打一局《王者荣耀》这种相对隐蔽的形式。

实际上，在大型网络游戏中，能感觉到在与很多人一起玩游戏也是社交需求的重要表达。所以，我们会发现，玩的人越多的游戏越会有人玩，反之，游戏则会逐渐消失。

尊重需求： 得到他人的认可，被他人敬畏、爱戴和依恋等的一种需求。这在游戏中直接表现为公会大哥被小弟爱戴。还有很多间接的表现形式，如玩家穿着稀有时装时会想象其他玩家羡慕自己，或者玩《王者荣耀》一打五、玩《和平精英》带着队友智夺空投等，都会在一定程度上满足玩家的尊重需求（至少在当事者的自我想象中受到了尊重，只要在自己想象中是这样的，那在主观感受层面就相当于得到了尊重）。

求知需求： 了解世界中部分规律的真相，感觉自己能力提升的一种需求。这在游戏中的表现是发现了游戏的技巧。比如，一开始玩《王者荣耀》时并不会使用英雄韩信，但经过一段时间的摸索后明白了如何用好韩信，这就属于求知需求的满足。如果你还能把这种技巧传授给你旁边不会玩韩信的人并受到认可，就又额外满足了尊重需求。

审美需求： 发现美、欣赏美的一种需求。这在游戏中表现得极为普遍。比如，在玩《剑侠情缘网络版叁》时发现漂亮的场景，在玩《原神》时欣赏莫娜的步伐，在玩《王者荣耀》时看到嬴政的新皮肤很喜欢，这都属于审美需求的满足。

自我实现的需求： 不停地提升自己，不停地发挥自己的潜能的一种需求。这在游戏中表现为，有一个你一直无法打过的关卡终于通关了，玩动作游戏时某个大 Boss 终于被你干掉了，玩《王者荣耀》时本来是黄金段位的你终于达到了钻石段位等，这都属于自我实现需求的满足。

在游戏中，需求是通过体验来满足的，如玩《原神》时看到了莫娜的步伐感觉“好漂亮”，这就是一种体验，它满足了审美需求。而每种合格的体验都至少要满足一项需求。

在制作和分析游戏体验时，看它满足了什么需求，做什么设定能满足更多的需求，这会对你的工作或鉴赏有所帮助。要牢牢记住，低级需求未被满足时高级需求的意义是有限的。举个例子，假如在游戏中你基本见不到其他玩家，那你向其兜售漂亮时装的难度颇大，这就是在社交需求都没太满足时，审美需求得不到充分发挥的案例。

1.4.6 从体量角度对体验进行简单区分

前文是从心理学的角度来拆分体验类型的，方便游戏策划对需求进行定性；而这里则从体量的角度来简单拆分体验的类型，方便游戏策划对自己要做的功能进行定量。

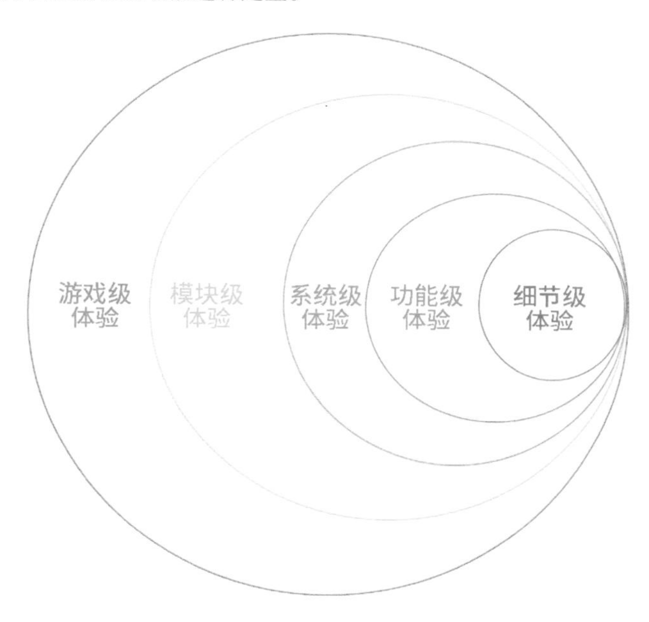

我通常把游戏体验分为五个层级，每种高级体验都由一种或多种低级体验构成。五个层级分别为游戏级体验、模块级体验、系统级体验、功能级体验、细节级体验。

游戏本身是一个层级，即游戏级体验，是指整个游戏给玩家的感觉，如射击游戏提供的是真实爽快的射击体验。

下一个层级是模块级体验，一般由多种类似玩法、多种类似体验和多个系统构成，如射击游戏里可能包含的冲锋团队竞技玩法、枪支射击手感体系、商业化体系等。

再下一个层级是系统级体验，一般由单张地图、单类体验系列、单个系统构成，如冲锋团队竞技中的攻坚训练场地图、枪支的打击感、商城系统等。

更下一个层级是功能级体验，一般由单个区域、单种类型的功能构成，如攻坚训练场中 A 区的地图设定、子弹击中的反馈、商城系统中的打折功能等。

最后一个层级是细节级体验，一般由单个元素、单个反馈构成，如A区地图中某个掩体的厚度和高度、子弹击杀时的音效、打折时商品上方是否出现图标等。

五个层级之间的划分标准并没有那么严格，这样划分只是为了帮助大家理解分层设计游戏体验的意义，大家也可以根据自己的习惯进行划分。一般而言，越上层的体验就越抽象，越下层的体验就越具体。

1.5 游戏未必只有娱乐意义

长久以来，人们都认为游戏就是电子游戏，而电子游戏就是一种娱乐产品。但随着时代的发展，越来越多的领域开始借鉴游戏的表达方式，电子游戏慢慢开始提供娱乐以外的价值。

1.5.1 电子游戏的泛化

游戏是一种体验方式，随着互联网行业的不断发展，人们对游戏体验的需求量越来越大。慢慢地，功能型游戏和游戏式功能体验开始出现并发展壮大，整个互联网行业对有游戏设计经验的人才的需求量也越来越大。

功能型游戏

在电影《安德的游戏》中，为了抵抗外星虫族的攻击，人类成立了国际舰队，并招募了一批孩子进行培训。安德从中脱颖而出，上校注意到了安德，并开始训练他，使他成为一名领导力极强的指挥官。安德的训练方式之一就是玩对应的指挥模拟游戏，在一次日常的指挥模拟游戏之后，安德被告知他已经摧毁了外星虫族文明。这部电影中的游戏就属于功能型游戏。

功能型游戏是指以解决现实社会问题或行业问题为主要目的的游戏，它在传统游戏重视娱乐性的基础上，更加强调游戏的功能性。一般来讲，功能型游戏同时具备跨界性、多元性和场景化的特征，并在学习知识、激发创意、拓展教学、模拟管理、训练技能、调整行为等方面具有明显的作用。在现实世界中，功能型游戏已经有了较大的发展。

我认为，目前国内最大的功能型游戏当属《宝宝巴士》。身为一个“宝爸”，我偶尔也会让孩子玩一会儿这款游戏。它通过各种小游戏，能让孩子简单理解如何照顾别人，让孩子通过游戏学习人类幼年时期的发展规律，帮助孩子养成一些好的习惯。

功能型游戏的用户并非只有儿童，成人也可以通过功能型游戏获取相应的知识。比如，我们可以通过《榫接卯和》游戏来了解传统的榫卯工艺及其历史传承，也可以通过《佳期：踏春》游戏来深入了解清明时期的民俗。

功能型游戏的市场发展前景广阔，我国的游戏制作商们显然也意识到了这点，正在努力深耕这个领域。

游戏式功能体验

游戏自带的娱乐属性使玩家在玩的过程中能很容易地获取快乐，参与意愿较高。因此，越来越多的 App 开始模拟游戏，将其产品内的一些活动甚至功能设置得更加游戏化。

比如，在《2022年春节联欢晚会》上，京东推出了“春晚红包活动”，玩家在获取初始红包后，只要在规定时间内击鼓达到一定的次数就可以获取额外的红包，这就属于典型的游戏化处理。玩家通过一项小小的挑战获取了对应的奖励，不仅会对收获的奖励更为重视，还会大大提升对活动发起者（京东）的好感度。可以想象一下，如果只是让玩家直接选择领取哪个红包，那么玩家的整个体验会下降一个档次。

除了京东的“春晚红包活动”，另一个大家熟知的例子是“蚂蚁森林”。它被包装成玩家可以互动的小型社交游戏，使玩家的上线意愿和参与意愿都得到了明显的提升。

1.5.2 游戏不只是娱乐

游戏本就是哺乳动物原始的成长方式之一，可以让动物通过较低的成本获取经验的积累和成长。所以，游戏的第一个作用就是教育。

最典型的例子当属历史题材的游戏，玩家可以在游戏中学到一些有用的散点知识。比如，在玩《大航海时代》时，玩家会较为自然地接触城市的分布、特产和特色建筑等；在玩《三国志》时，玩家能够深刻地理解对应的历史事件和人物。在一些更为重度的游戏中，玩家甚至可以获取相对完整的知识体系。比如，在玩《文明》时，玩家能对制度、科技等对人类发展的影响有更深刻的理解；在玩《欧陆风云》时，玩家则会更加直接地理解那个时代的运行规律，以及各种要素之间是如何相互影响进而推动历史车轮缓缓前进的。

有些游戏还可以让玩家体会在一些假设的情况下，世界会如何变化，从而满足玩家的好奇心。比如，玩家通过玩《辐射》，可以大致了解核战后的世界是如何运转的，而普通人在那个悲惨的世界里又会有怎样的体验。

很多游戏本身就致力于还原一些人在一些特殊场景下的体验，让玩家在玩耍之余也能感受到对应人物的喜怒哀乐，产生一定的人生感慨。比如，某些玩家在玩了《这是我的战争》之后，会对战争有更深刻的理解和感受，从而抛弃对战争理想化、英雄化的幻想。

除游戏本身带来的直接意义外，它作为一种新兴的艺术形式，还促进了文化输出。

中国的游戏行业起步较晚，但随着经济和科学技术的发展，国产游戏越来越强大，慢慢摆脱了质量低、没创意的印象，正在朝着文化输出的方向发展。讲到这里，不得不称赞我非常尊敬的游戏《原神》，它的成功并不只是赚到了外国人的“银子”，更是国产游戏的突破，第一次有国产游戏以自己的原创 IP 在世界范围内产生了巨大影响。北美玩家为了给可莉庆生，包下了洛杉矶好莱坞大道知名酒店 Roosevelt 的一整面外墙（见上图）。当这种事情在国外越来越普遍时，想必外国人对中国的印象也会有相应的改变。身为游戏行业的从业人员，我也愿意为民族的崛起做一些微小的贡献。

1.6 总结

随着游戏行业的精细化和泛化，市场上越来越需要专业的游戏制作人才。游戏策划作为特殊的专业游戏制作人才，需要对游戏有更深刻的理解和更专业的认识。

我们要知道，游戏是一种用户可以通过主动操作从而获得不同体验的产品，其核心是用户、体验和反馈。用户是游戏的服务对象，是设计游戏的出发点。体验是玩家玩游戏时产生的感受，是游戏产生的最终结果，也是游戏设计的直接目的。反馈主要从现实世界的维度对体验进行量化和拆分，它有多种形式。

用户的体验是主观的，因此我们只能满足一部分用户的需求。需求有多种类型的划分方法，其中最重要的是马斯洛需求层次理论。

电子游戏其实可以泛化为多种形式的游戏，而且带来的价值也不只是娱乐。

第 2 章

团队是如何做游戏的

了解了什么是游戏之后，接下来了解一下团队是如何做游戏的。

因为每个人的时间和精力是有限的，且不同的人的喜好和技能有所不同，所以每个人最好只干自己熟悉或喜爱的事，只有这样效率才会更高，分工合作由此出现。游戏自然也逃脱不了分工合作的铁律。理论上说，如果一个人的能力足够强又有足够的时间，那么他也可以开发出一款伟大的游戏，但现实中大部分高品质的游戏都是由团队开发出来的，而且越是大作对应的开发团队的规模就越大。百人规模的团队比比皆是，《堡垒之夜》和《和平精英》的团队规模甚至达到千人。因此，了解游戏的制作流程和对应分工对新手来讲是一件很有意义的事情。本章会先从宏观的角度介绍游戏从立项前到上线后的大致制作流程。

有团队就有分工，因为每个团队的目标和人员组成不同，所以对应的分工也会有所不同。在游戏制作中，虽然没有统一的分工标准，但有一定的共同特点。在介绍一款游戏的生命历程时，本章会着重讲述对应阶段的岗位及工作内容。

从宏观的角度讲解完后，本章会再从相对微观的角度出发，讲述一个系统是怎样从无到有的。之后，本章会讲述中间态，也就是一个典型版本的制作过程。至此，大家对“游戏是怎么做出来的”便有了通盘的了解。

本章的最后会讲述游戏行业的发展对团队和个人产生的影响。

2.1

一款游戏的生命历程

人的一生就是在不同的阶段遇到不同的人并做不同的事，一款游戏也有不同的阶段。我们把一款游戏的整个生命历程分为诞生期、DEMO 期、制作期、内测期、上线期、运营期和死亡期。它们一般会依次出现，但也存在受各种因素的影响而跳跃式发展或因为效果不佳而返回前面阶段的情况。

不同的阶段有不同的侧重点，不要试图耍小聪明跳过一定的阶段，不然到最后只能从头来过，甚至连返工的机会都没有。

下面简单介绍一下除死亡期外其他阶段的工作内容。

2.1.1 诞生期

诞生期是指制作者有了想法，并且开始尝试将其细化或落地的阶段。事实上，一款游戏一般会诞生于一个目标、一次意外、一种设想或一项命令。

诞生分为主动产生和被动接受两种方式。主动产生一般源于一位或多位制作者的目标或设想，甚至还可能来自一次意外。其中，目标主要是有目的的行为，而意外和设想主要是无目的的行为。但无论如何，它们都是制作者主动产生的思想萌芽。被动接受则一般只源于命令。

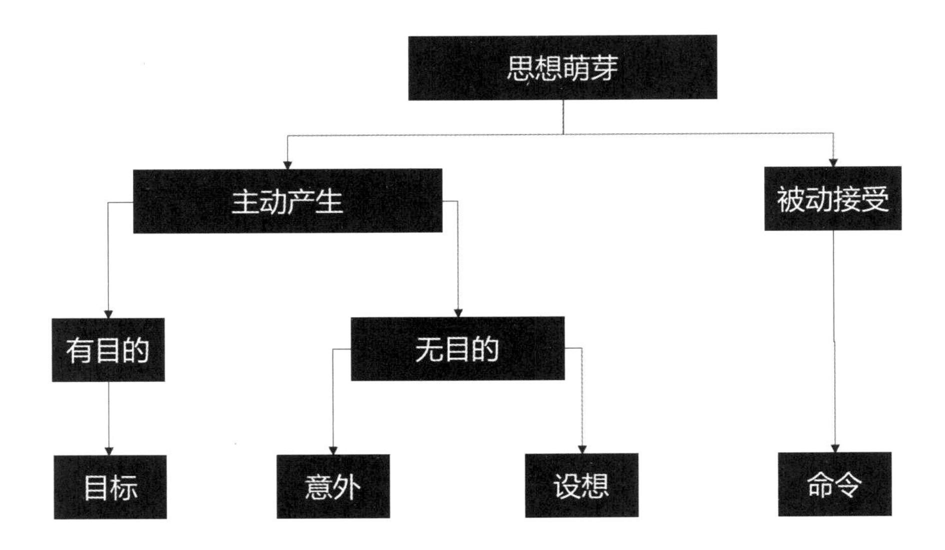

目标

目标与意外、设想最大的区别在于主动性。意外和设想是一种因为客观而影响主观的无目的的行为，目标则是一种宏愿，是一种因为主观而影响客观的有目的的行为。制作者在一开始就为自己制定了类似“我要做一款‘国风塞尔达’”“我要做一款类似《山海经》中各种物种进化的游戏”“《龙族》太好看了，我要做一款原汁原味的游戏”之类的明确目标。有了目标后，制作者会主动学习所需的知识，培养所需的能力，以便能尽早实现目标。这需要制作者的主观意愿足够强烈且有足够强的解决问题的能力。

意外

意外一般源于玩家的 DIY 行为，开始时并没有明确的目标，很多新奇的想法都是在创作过程中经过不断尝试而意外获得的。意外获得了某种想法后，感觉不错就继续深入思考，进而得到足够有差异的新体验。比如，*Defense of the Ancients* 的产生就源于意外，制作者在开始时并未想到它能有多火爆，在一开始也没有完整的想法。开始时只是大家一起做一些感觉有意思的小游戏而已，结果越做越大，最终创建了 MOBA（多人在线战术竞技游戏）品类。

如果每天只进行猜想而不进行实际制作，那基本上不可能得到全新的体验。只有把制作游戏当作爱好，并努力实践，在这个过程中才有极小的概率产生对应的意外。

设想

设想一般源于体验，即制作者在体验其他游戏或活动时产生的想法。比如，在玩完一款游戏后产生的诸如“我觉得加入国风元素应该很有趣”“中国风的骑马与砍杀游戏貌似也很带感”的想法。这些期望达成的游戏状态实际上就是原有玩法的小规模优化或变种。

产生设想的前提是先进行体验和反思。只有反思没有足够的体验，则难以产生有效的设想，就像拥有极少的土地很难产出足够的粮食一样，哪怕精耕细作也不行；只有体验没有反思，也难以产生有效的设想，就像拥有大量的土地，但不肯播种、施肥一样，难以将其发展成农田。

命令

命令是指制作者被动接受目标，这个目标一般源于老板的想法，而老板的想法一般源于自身喜好或市场分析结果。比如，通过数据分析得出PVE（人与AI进行对抗的玩法，主要是击杀怪物或Boss）型的FPS（第一视角射击游戏）非常有市场的结果，那老板大概率会吩咐员工赶紧去做一款对应类型的游戏来占领市场。有的老板则可能因为自身喜好而下达命令，如他自己喜欢国战又觉得能把控这类游戏，于是直接要求员工制作一款国战类游戏。

面对命令，最重要的是不能因为是被动接受就完全抗拒或不论对错完全采纳。接到命令或任务后需要先进行分析，如果有问题则应尽早反馈并进行商讨。

无论是哪种方式产生的思想萌芽，只要对应的执行者接受，就可以进入下一个阶段，也就是DEMO期。

2.1.2 DEMO期

在诞生期，可能产生了很多故事和很漂亮的PPT，这些构建了一个共同的虚拟故事。大家决定组团实践它，但如果只靠这股热情一般不会走得太远。工作了一段时间之后，无论是老板还是团队成员都需要一个现实的东西来证明他们的努力是值得的，这个时候就需要一个DEMO（初始原型）了。DEMO期的核心工作是把核心想法转变为客观事实，从而让团队对目标更加清晰。

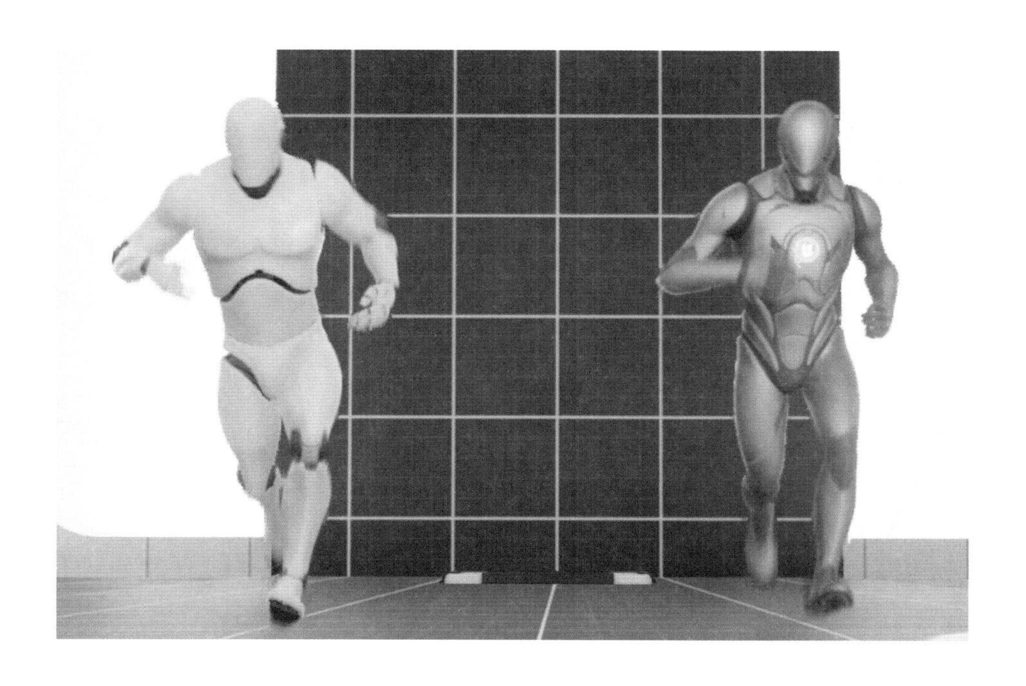

不同公司的不同项目对 DEMO 的定义有所不同。但一般而言，DEMO 需要展示游戏的核心玩法，有的还需要展示游戏和其他竞品之间的核心差异。关于展示形式，有用版本（实际的游戏）进行展示的，也有用视频进行展示的（这种方式较常见），我比较推荐使用游戏本身去展示 DEMO。原因很简单，因为视频只能让人被动接受，而游戏需要玩家主动操作从而得到反馈，这两者有明显的不同。如果只用视频展示，展示过程虽然称得上是一场视听盛宴，但与实际的游戏体验可能有天壤之别。

DEMO 中的核心玩法需要关注完整度和拓展性。首先，核心玩法必须具备相当高的完整度，至少让人一看就可以看出这款游戏到底如何玩。其次，制作者需要根据核心玩法向其他人解释其拓展性，即完全可以对该玩法进行泛化处理，得到更多的子玩法，而且也可以对该玩法进行精细化处理，从而将整个游戏提升一个高度。如果 DEMO 处理得好，那么团队成员和老板都会产生比较强的信心，之后就会进入下一个阶段——制作期。

铁三角

在一个游戏创作团队中，程序人员、策划人员和美术人员是基础的“铁三角”。在 DEMO 期，创作团队已经成形，程序人员、策划人员和美术人员已经到位。策划人员主要负责提出想要什么，并在创作过程中不断向程序人员和美术人员传达期望，使其调整产品形态，直到符合预期。程序人员主要负责设计背后的逻辑，确保产品可以按策划人员的想法真实运转起来。美术人员主要负责设计外在的表现，确保玩家可以看到真实且美丽的游戏。

这类似一位导演要拍摄一个武打片段。策划人员就相当于导演，有了想法之后要和剧务、演员们讲戏，如果效果不好就要重拍。程序人员类似剧务，负责准备威亚、摄像机等道具。美术人员则类似化妆师、舞美等，负责给演员化妆，或者布置漂亮的场景等。他们合作拍出一个精彩的武打片段，这个武打片段就相当于 DEMO。告诉投资方和其他人整部戏就是对这个片段的扩展和填充，如果大家都觉得好，那这就是有效的 DEMO。

2.1.3 制作期

从广义来讲，只要是在制作期间就都属于制作期。为了更好地帮助大家理解，这里的制作期仅指从 DEMO 期结束到内测期开始的这段时间。制作期内最重要的工作就是将游戏表现得精细化、内容丰满化，从而形成一个相对完整的作品。在此期间，策划人员会根据游戏的核心玩法和核心差异进行创作，规划出游戏内各种配套的子玩法和各种支持功能；程序人员会设计对应的工具并根据策划人员的需求配置对应的功能；美术人员会制定并不断优化游戏的美术风格，设计对应的美术资源。

因为制作期非常长，为了更精细化地处理开发过程，团队会将整个制作期根据预期的成果拆分为很多版本，每个版本都有各自的目标和时间点。有的时候，团队需要把版本结果呈现给老板，或者提前向玩家进行宣传。

一般而言，在制作期，随着工作内容的增多，团队成员会不断增加，PM（项目经理）、游戏运营等新的工作人员会不断参与进来。不同岗位随着工作的进展会被不停地细化，每个人都负责对应的一小部分工作。策划岗位的分工会在后面的章节进行详细描述，这里简单介绍程序和美术岗位的分工。

程序岗位的分工

在典型的网络游戏中，程序分为前端和后端，前端又称客户端，后端又称服务器。这是因为网络游戏不像单机游戏，需要多人同时在线，对于公平性、实时连接等都有较高的要求。下面介绍程序岗位常见的工作内容和一些基础原理。

一般对于实时性要求不高的游戏，对于表现的运算等会被放在前端，而对于实际效果的运算等会被放在后端。举个关于技能的例子来看一下整个过程：玩家 A 对玩家 B 释放了一个技能，玩家 B 受到了 100 点的伤害。这个过程背后的逻辑如下。

首先，玩家 A 点击技能后，前端会做出一系列反应，包括对应图标的反应、触发 CD 计算并表现出来、英雄做出对应的释放技能的动作及播放动作效果等。前端在进行对应计算并播放对应效果的同时，还会将与用户指令相关的重要数据传送给后端，包含释放技能的 ID、释放技能的位置、打击的目标等数据。

接着，后端收到数据后开始进行判断，包括查看敌人是否在攻击范围内、是否命中了敌人等。得到结果之后，后端会把对应的数据传送至双方玩家的前端。

最后，双方玩家的前端收到后端发出的数据后，开始播放玩家B受击的效果，显示对应的伤害数字，整个过程结束。

对一些对战斗连贯性要求较高的游戏而言，前、后端的合作方式又会有所不同。现在的主流做法是，在游戏中把对于伤害的判断等放在前端，同时后端也会收到对应的数据并进行计算，之后将计算结果和前端的实际结果进行对比，如果差距较大则进行处罚和无效化处理。还是之前的例子，玩家A对玩家B释放了一个技能，玩家B受到了100点的伤害。在这种方式下，这个过程背后的逻辑如下。

首先，玩家A点击技能后，对应的图标有了对应的反应，同时触发CD计算并表现出来。英雄做出对应的释放技能的动作及播放动作效果等，又发现敌人在攻击范围内，则直接计算敌人应该受到的伤害，进而播放敌人受击的效果并显示伤害数字，以上都是前端在处理的。同时，前端还会把对应的数据和判断结果等发送至后端。

接着，后端收到前端发来的数据后开始进行核实。如果发现双方的位置、伤害等都是正确的，则后端将取消后续操作。如果发现伤害明显不对，如应该产生10点伤害实际却产生了100点伤害，则后端会判定这次战斗有问题，然后开始排查。经过排查，如果后端判定是因为玩家A使用外挂才产生了这一差异，就会对玩家A进行对应的处罚并宣布对战结果无效。前端收到信息后会播放对应的警告和处罚通知。

由于篇幅有限，本书不再对程序岗位的分工进行更详细的介绍。大致能区分前、后端，知道每个功能模块是由对应模块的前、后端共同开发的即可。

美术岗位的分工

美术岗位负责所有的展示和表现，内部分工非常多。下面以MOBA中的一个片段为例来讲解美术岗位的分工。玩家看到的是关羽释放技能后的前冲，这个过程包含三个美术要素：人物、地图和界面。这三大要素中包括绝大部分的分工。

先从人物开始介绍，制作人物大致会涉及原画、3D模型、动作和特效等美术岗位。负责原画的人需要进行艺术创作，画出一张关羽的原画，将想法具象化并让大家对这个形象有一个统一的概念。

形象确定后，负责 3D 模型的人会使用对应的软件将原画还原到游戏中，做好对应的模型和蒙皮（外表皮肤），这时就完成了从原画到游戏内模型的转变。

3D 模型建好后，负责 3D 模型的人还会和负责动作的人一起为模型绑定对应的骨骼等，后者还需要制作对应的骨骼动画。前端人员做好对应的逻辑和工具，将各种资源整合后形成对应的动作。这时，大家就可以看到关羽释放技能时的样子了。动作制作完成后，负责特效的人会根据动作特点为其绑定对应的特效（如刀光、残影）。至此，关羽释放技能的美术资源基本完成。

地图的制作流程与人物的制作流程基本一致，只不过对应的原画是地貌，而对应的 3D 模型是物体和建筑等。地图初步完成后，美术组还会和策划组一起调整地图布局。

界面的工作内容更多的是设计交互体验。交互组会和策划组一起制定交互逻辑，负责视觉的人会根据交互逻辑制定表现方式，等大家都满意后，负责界面的人会根据交互视觉制作对应的资源。将资源交给程序组后，程序组将开始进行功能制作。

负责交互的人大部分情况下会归为美术组，有时也会单独成组或并入策划组。如果你对交互设计感兴趣，可以看看《交互思维：详解交互设计师技能树》这本书。

制作期的其他岗位

在制作期，除“铁三角”外还有其他岗位的人参与进来，下面简单介绍一下。

测试岗位：主要负责测试游戏是否达到预期的设计目标，重点关注是否有逻辑 BUG（漏洞）。如果测试人员发现有逻辑 BUG，就会告知相关的策划人员、程序人员或美术人员，并督促其修复错误内容。

项目经理：随着项目团队规模的扩大，人与人之间的沟通会越来越烦琐，就需要一些人专门对流程进行优化，辅助团队更高效地完成预期目标，这些人就是项目经理。

项目经理被戏称为“拿着皮鞭的监工”，但实际上这种理解是错误的。真正的项目经理能帮助大家梳理流程，准备对应工具，组织大家开会沟通，甚至组织活动来调节大家的情绪等。总之，项目经理的工作主要是协调而非处理具体的事，目的是让大家更高效地互助合作。

项目助理：又称项目的小秘书，很多情况下多个团队会共用一位项目助理。项目助理主要负责帮助项目经理或制作人开展气氛调节和周围支撑（如约会议室、购买纸笔等）等工作。

音效岗位：主要负责游戏的音效制作。不同的公司将负责音效的人划分为不同的岗位，大部分情况下会将其划分为公共策划岗位。

组件团队：在部分大型公司中，为了避免重复造轮子的情况出现，会把一些经常出现的功能交给一个组件团队来处理，在制作其他游戏时可以直接引用，这样能大幅提升工作效率。比如，付费充值、朋友圈、论坛等功能的开发都属于典型的组件团队的工作内容。

2.1.4 内测期

这里的内测期专指从游戏制作基本完成到上线的这个时间段。

团队在制作游戏时是根据个人的猜测和理解来进行制作的，但实际上团队制作的内容未必符合真正的市场需求。因此，在整个游戏的制作过程中，会组织各种大大小小的测试来了解一些问题，如游戏是否能得到玩家的认可，设计的 BUG 和不足是什么。

实际上在内测期，团队的主要工作依然是开展剩余内容的开发。内测期与制作期最大的区别在于对应功能的开发原因不同。在制作期，主要是因为想做一些功能才进行开发工作。而在内测期，则会进行较大规模的测试来了解市场的反应并获取玩家的数据，测试结果会在一定程度上影响未来的制作方向。在内测期，团队会根据数据反馈调整游戏，而此类调整工作一般会被放到第一优先级。下面简单介绍一下根据数据调整游戏的过程。

2022-03-16	最终幻想14	晓月之终途	不需要激活码	史克威尔艾尼克斯	盛趣游戏	官网	试玩	福利	下载	预订
2022-02-15	剑啸九州	剑啸九州	不需要激活码	目标在线	糖豆游戏	官网	试玩	福利	下载	预订
2022-02-04	传奇之梦	冰咆内测	不需要激活码	广州蓝喜鹊	珠海心游	官网	试玩	福利	下载	预订
2022-02-01	仙侠世界	花开富贵	不需要激活码	巨人网络	珠海心游	官网	试玩	福利	下载	预订
2022-01-28	桃花源记2	灯火万家	不需要激活码	深圳淘乐	珠海心游	官网	试玩	福利	下载	预订
2022-01-27	神仙传	巅峰奇境	不需要激活码	火雨网络	北冥游戏	官网	试玩	福利	下载	预订
2022-01-25	血杀英雄	永恒内测	不需要激活码	北京多游	珠海心游	官网	试玩	福利	下载	预订
2022-01-24	修魔世界	逍遥内测	不需要激活码	珠海仟游	重庆尤游网	官网	试玩	福利	下载	预订
2022-01-23	战国破坏神	诛秦之旅	不需要激活码	巨人网络	壁垒游戏	官网	试玩	福利	下载	预订

首先，项目组会和老板共同制定测试的内容及一系列目标。比如，想看一下玩家的次留（玩家首日玩后在第二日还会玩的比率），以此制定下次测试的目标。清楚目标后，项目组就会开始行动。一般而言，这时运营组也会开始加入。

接着，运营组加入后会和策划组共同制定很多规划。商讨内容包括但不限于游戏内容在内测期怎样呈现给玩家，应该获取的数据有什么（如玩家流失点），数据埋点工作如何落地，内测期的运营活动系统应该怎样做，对应的具体活动和奖励是什么等。

然后，规划确定好以后，运营组和项目组会联系对应的渠道（有的公司由渠道组进行对应事务的处理），一起发布展示公告和测试预告，开始准备组织玩家在内测期试玩游戏。在内测期，程序组除了开发新功能，还需要联系对应的组件团队开发测试登录等功能，并且和负责运维的同事一同负责布置服务器等工作。

最后，测试终于开始，相应人员都在不眠不休地等待结果。在上线测试期间还要处理各种突发事件，收集游戏数据和玩家反馈。得到数据和反馈后，策划组和运营组要开会分析它们背后的含义，并商讨未来的工作重点和工作策略，以便让它们一一落地实现。整个期间，相应人员还要将数据、反馈和未来方案等汇报给老板。至此，一场测试的工作基本完成。

整个内测阶段实际上包含多场测试，每场测试都有自己的预期目标。每场测试完毕后，如果发现结果未达到预期目标，则要面临选择：要么解散团队，要么进行改变并准备下一场测试。如果每场测试都达到预期目标，甚至已经达到预期总目标并且可以和玩家见面，就会进入下一个阶段——上线期。

运营岗位的简单介绍

策划岗位主要做游戏内容，更关注游戏怎样做会更好玩；而运营岗位更关注外界玩家的真实期望和反馈，并通过对游戏已有内容的组织和包装来满足玩家的需求。举个容易理解的例子，策划人员更像可乐的生产者，关注如何让可乐更好喝；而运营人员更像各个商场和小卖部的老板，今天弄一场买三送二的活动，明天弄一场买可乐得签名的活动，还会告诉厂商哪个口味的可乐口碑很好、哪个口味的可乐卖不出去，甚至有时还要为生产者提供改良意见。在游戏中，无限火力玩法的制作属于策划岗位的工作内容，而规划 7 月份专属无限火力玩法的活动（如玩三局无限火力就可以获取一个专属的“无限火力王”称号及一套专属的皮肤）则属于运营岗位的工作内容。

两个岗位的工作内容虽有区别但联系十分密切，都是以用户为核心来调整产品体验的。只不过策划岗位更偏向前期和底层的运作，影响更为长远；而运营岗位更偏向后期和外层的运作。一般而言，策划岗位和运营岗位既是最好的朋友又是互相吐槽最狠的对象，两个岗位一直“相爱相杀”共同致力于把游戏变得更好并推给玩家。

运营岗位主要关注的内容如下：拉新（如何引入新玩家）、留存（如何让玩家对游戏产生感情并持续玩下去）、登录（如何让玩家多登录游戏）、活跃（如何让玩家多玩游戏）、回流（如何让已经不玩游戏的玩家返回来继续玩）。一切工作基本都是围绕这几点展开的。

内测期的其他岗位

渠道岗位：一般而言，大公司会设置这个岗位，小公司则由项目经理或运营人员来兼任。渠道岗位主要负责与各个发行商保持联系，从而获取对应的资源。资源种类包括下载入口、对应论坛、对应推荐位等。

运维岗位：一般而言，大公司会设置这个岗位，小公司则由后端人员来兼任。运维岗位主要负责购买和维护服务器，搭建对应的架构，制定使用策略等。

客服岗位：比较常见的岗位，主要负责中转用户的问题并进行初步答疑等工作。

2.1.5 上线期

上线期是指从上线前最后一个版本的开发与制作到上线运行两周（不同游戏的时间可能会不同）之间的时间，大部分公司又把上线期称为公测期。这段时间虽然很短，但对很多游戏来讲是最重要的。一般来讲，这段时间又分为上线前的突击期和上线后的观察期。

在上线前的突击期，团队会共同制定各种上线后的策略：策划人员和运营人员一起商讨和开发对应的各种活动；开发人员则为上线做准备工作，如大批玩家涌入如何处理，发现恶性 BUG 如何在线更新等；整个团队还会接入和测试最后的一些功能模块，如充值付费功能、在线客服功能等。

因为不同的国家对游戏有不同的法律要求，所以法务会提前介入，通过对国家法律等的理解告知团队哪些地方需要注意。团队会根据对应的意见进行修改，直到整个游戏符合国家的法律规定。

负责市场的人也会在这个阶段加入进来，主要开展各种宣传工作。比如，举办发布会，在市场上联系合作方并投放游戏广告，编辑游戏新闻等。

游戏上线后会进入观察期，因为各种平台的导流，用户会如潮水一般涌入游戏。这时游戏迎来最后的“大考”，在此期间如果发生服务器崩溃、重大 BUG 不断、产品留存不足等问题，则会导致灾难性后果。如果在两周内，大部分用户都留下来了，则证明这款游戏已经初步成功了，可以顺利过渡到运营期。

游戏领域的竞争十分残酷，是一种类似“极端斯坦”（详见《黑天鹅》《随机漫步的傻瓜》）的情况，即第一名赚得盆满钵满，第二名、第三名小有利润，第四名、第五名勉强维生，其他不出意外几乎都会陨落。

2.1.6 运营期

在游戏上线的时候，团队会准备一定数量的游戏内容供玩家体验，一旦玩家体验完大部分的游戏内容就会进入较为无聊的空窗期。进入空窗期的玩家很容易流失，而一旦流失则很难回到游戏中。因此，团队需要在大部分玩家的空窗期到来之前，就制作好新的游戏内容并提供给玩家。这意味着每隔一段时间，团队就需要提供一波新内容。因为每次发布时都会有一个对应的版本编号，所以玩家会将这个过程称为发布版本。

魔兽9.1.5版本内容更新日志

+关注

魔兽世界9.1.5版本更新内容如下：

成就

- 对麦卡完工进行了以下改动：
- **黑胶唱片：诺莫瑞根大捷**——现在开垦钻机事件的困难模式必定掉落。
- **黑胶唱片：诺莫瑞根之战**——所有全息投影首领的掉落率提高。
- **图纸：全息数字化中继器**——所有全息投影首领的掉落率提高。
- **图纸：应急火箭鸡**——OOX-迅足/MG刷新速度加快，抵达路径末端时未被消灭也不再消失。现在如果你有资格拾取OOX-复仇者/MG，OOX-迅足/MG路过身边时会在小地图上显示星标。
- **颜料瓶：钢铁柠檬**——提高了蒸发器放热线圈的掉落率。降雨持续时间缩短，但降雨期间氧化沥出液的刷新速度大幅加快（加快700%）。现在氧化沥兽在降雨期间的刷新率大幅提高。
- **游戏结束和久经沙场**——现在完成毁灭性玩具后总会获得这两个后续任务（原为随机选择一个）。
- **八原色**——现在该成就为账号共享，并会为账号中所有角色的X-995型机械猫提供所有配色选项。

游戏不同，对应的版本内容也有所不同。但每款游戏的版本内容都和游戏玩法有直接关联，如《王者荣耀》的版本更新更多地是推出新英雄或新的子玩法，而《魔兽世界》则以更新剧情、地图和副本等为主。

从具体内容来讲，版本内容也会有所区分。更新大版本时会提供对应的玩法、英雄、地图和副本等，而日常更新时则会提供对应的小型活动。在节假日时为了提升收入，会提供付费道具。另外，根据在运营期发现的BUG，以及根据玩家数据所进行的调整等也会发布新版本。

2.2

一个典型系统的制作过程

上节主要从宏观的角度讲述了一款游戏的生命历程和涉及的岗位。本节将从微观的角度来讲述一个典型系统的制作过程，同时介绍在这个过程中各个岗位是如何分工合作的。

一个典型系统的制作过程可以分为需求准备阶段、开发阶段和开发后阶段。每个阶段又可以分成一些子阶段，其中，需求准备阶段可以分为目标制定阶段、需求细化阶段、文档评审阶段和开发评审阶段；开发阶段可以分为功能开发阶段、内部优化阶段、功能体验和功能验收阶段。下面以一个相对独立的邮件系统为例来讲述整个过程。

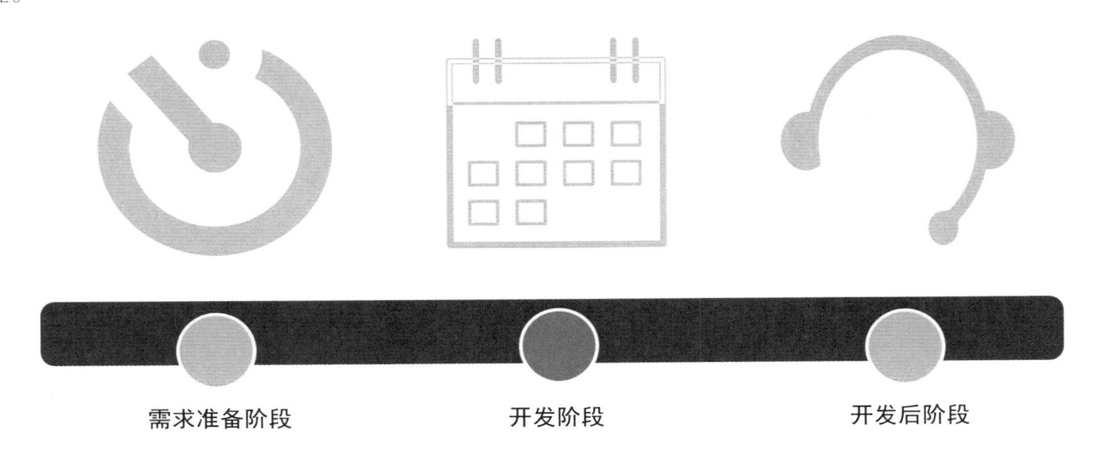

2.2.1 需求准备阶段

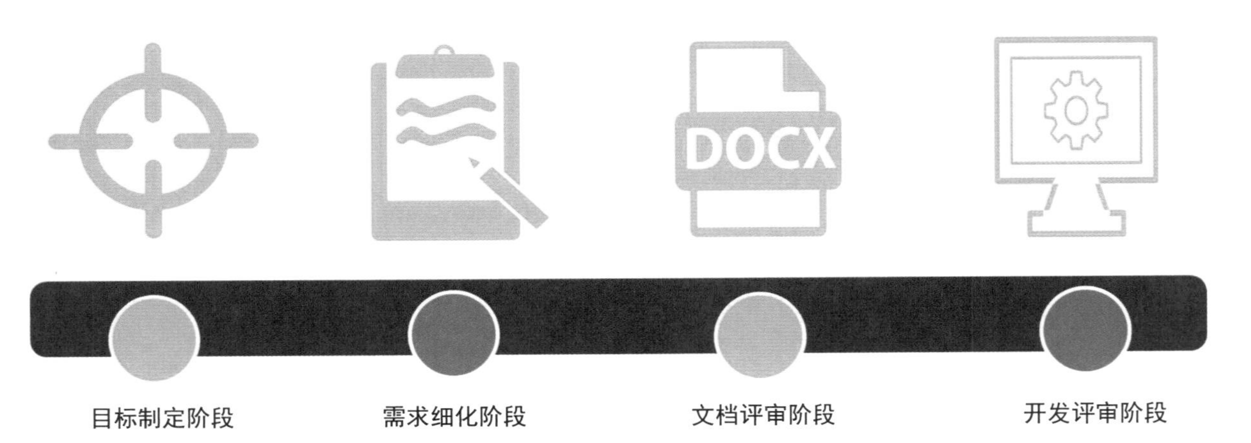

需求准备阶段的工作主要由策划人员完成，核心目标是细分需求，并写出对应的开发文档。此阶段主要分为目标制定、需求细化、文档评审和开发评审四个子阶段。

目标制定阶段

在目标制定阶段，上级（主策划或系统组组长）传达系统目标给执行策划，即上级会告知执行策划需要制作的内容并进行简单讲解。这个目标一般会被描述得比较模糊，因此在这个阶段执行策划最主要的工作是弄清楚主策划的核心目的和要求，千万不要因为害羞或害怕而不敢继续追问细节需求。

案例： 一天，主策划找到了小王，让小王负责制作邮件系统，小王立刻追问这个邮件系统主要用于做什么。主策划简单介绍了一下：他需要一个较为通用的邮件系统，可以接收和查看邮件；目前主要用于系统消息、好友请求及奖励发放等信息的传达，将来可能还会需要其他功能。

小王回去之后开始深思，觉得主策划需要的邮件本质上是系统和玩家之间进行非实时交互的信息，而邮件系统则是所有邮件的收发管理中心。因此，小王将邮件从用途上分为几大类并在界面上显示出来，又从邮件内容上将邮件分为纯文字、带附件和带链接三类。在设计的过程中，小王觉得后者才是这个邮件系统的关键。

厘清需求之后，小王把自己的想法告知主策划，得到了肯定的答复，于是开启下一个阶段。

需求细化阶段

策划人员（或其他需求方，如运营人员）会在这个阶段将核心目标不断细化，直到形成开发文档和资源需求列表。这个阶段的工作内容是策划人员将大脑中的想法逐步细化，并转化成其他人可以理解的文字或其他类型的展示文件。因此，这个阶段的核心目标可以分为两部分：一是将需求厘清并细化，二是将需求转化成其他人容易理解的样式。我建议在此期间，策划人员可以优先将需求细化，不必过于关注如何写文档，当整个系统细化得差不多时，再将其正式文档化。这时因为策划人员需要考虑如何让需求更容易被其他人理解，所以在写文档之前应该进行更深刻、更清晰的思考，从而进一步优化设计质量。

案例：小王首先对邮件系统进行思考和拆分，将其分为系统邮件的收发和邮件样式、好友邮件的收发和邮件样式、商城邮件的收发和邮件样式，以及邮件系统的入口、表现和对应的红点规则等功能，然后一一制定对应功能的规则。

在完成这一步之后，小王开始准备开发文档和资源需求列表。开发文档就是规则的书面化描述；而资源需求列表则是需要其他人帮助制作的资源内容，包括系统所需的交互、图标（邮件系统入口的样式）、音效、特效（收集奖励时的表现）和数据埋点等。小王将全部工作整理完毕后，通知主策划文档完成，并开始准备下一步工作。

文档评审阶段

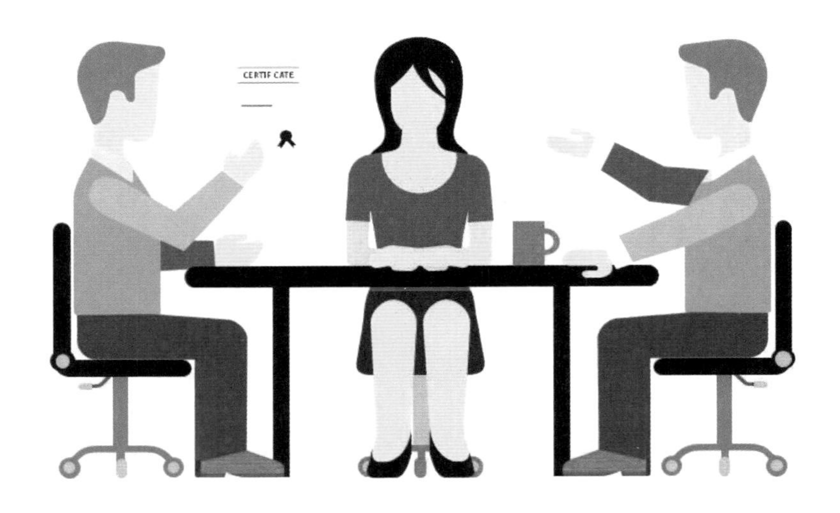

文档写完后，策划组内部会对文档进行审核，即文档评审。在文档评审期间，策划组成员会一起聆听撰写者的讲述，并在这个过程中发现文档中可以优化的地方或明显的错误，然后反馈给撰写者。如果问题不多且不大，则文档评审结束，直接进入下一个阶段；如果问题很多或很大，则撰写者需要重新思考和撰写文档，准备完毕后需再次启动文档评审。

有些团队为了节省时间而忽略文档评审这一步，这实际上是得不偿失的。因为文档评审会提高文档的质量，从而降低未来返工的可能性，要知道，制作期返工浪费的时间会比文档返工浪费的时间多得多。文档评审还会加深大家对系统设定的认知及对同伴想法的理解，这可以进一步提升开发效率（因为了解了对方想要做什么及怎么做，所以更易于配合），培养大家对项目和团队的归属感。因此，建议不要越过这一步。

案例： 小王预约了一间会议室并组织策划组全体成员进行邮件系统文档评审。大家听完小王的讲解都觉得整体质量很好，只有两处小问题：①未写明邮件系统可存储邮件数量的上限；②如果达到存储上限，那系统会根据什么规则来删除邮件。

小王听后觉得这两个问题很有意义，决定进行补充。补充完毕后，小王提交了对应的开发文档和资源需求列表，并通知了主策划和项目经理。接着，进入下一个阶段。

开发评审阶段

开发评审就是该系统的全体开发人员（含美术人员、程序人员等）聚在一起，共同听取策划人员的具体需求并提出疑问的过程。

在收到开发文档已经完工的信息后，项目经理就会根据大家的时间预约开发评审。在开发评审期间，策划人员会讲解自己的需求，而开发人员会提出疑问或进行补充，其中程序人员会更关注功能的一些边际条件，而美术人员会更关注资源需求是否有遗漏。

如果在开发评审中发现问题不大，则策划人员在评审结束后将自行修改文档。项目经理会创建对应的任务列表并发给所有参与功能制作的人员。相关人员开始评审所需的开发时间，项目经理再根据相关人员的工作状态决定任务何时开始、何时结束。至此，需求准备阶段结束，并进入开发阶段。

案例： 小王在开发评审会上讲解了自己的文档，程序人员表明可存储邮件数量的上限是100封，小王表示接受。同时，程序人员提出疑问，红点出现的条件并未讲清楚，小王也表示接受。美术人员则没有什么问题。

小王修改完文档后发给了项目经理，相关人员也把所需的时间发给了项目经理。项目经理建立了任务列表并填写了对应的开始和结束时间。

2.2.2 开发阶段

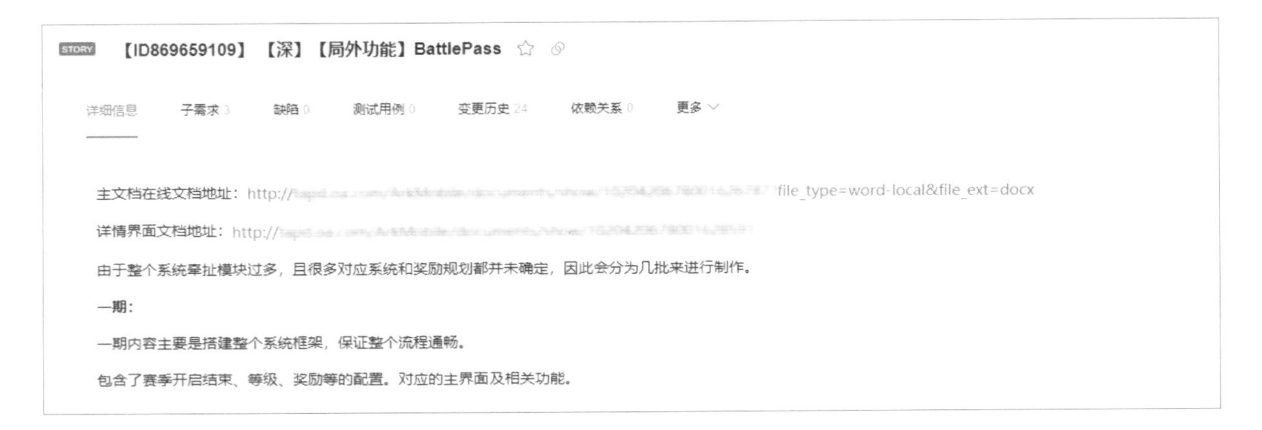

开发阶段一般分为功能开发、内部优化、功能体验和功能验收三个子阶段。

开发阶段的核心目标是将需求落地。虽然经过了开发评审阶段，但在实际开发过程中还会遇到新的问题。随着实际产品逐渐成形，开发人员可以在实际场景中体验功能，进而发现新的细化需求和需要优化的需求。这些问题一般会在开发过程中直接解决，来不及解决的重大疏漏与优化会排在后续需求里，择期再做。

在开发阶段，还有其他重要的事情需要做，如沟通交流和制定完成标准。在遇到困难和问题时，策划人员需要通过各种沟通来让多方快速准确地获取相应的信息，进而推动大家一起解决问题。完成标准则决定了系统究竟达到什么状态，才算已经开发完成。

功能开发阶段

功能开发阶段的工作是将已经制定好的内容制作出来。因为每个功能被分为多个功能点，每个功能点之间可能存在前后依赖关系，所以程序人员和美术人员会先为每个功能点排序并制定时间点，再按顺序做出来。

在此阶段，因为功能已经比较清晰，所以功能本身的验收会相对简单。而真正的麻烦在于可能存在开发顺序不清晰或有灰色地带的情况。在实际工作中的难点主要有两个：①对任务进行足够的细化并弄清楚各个子任务的前后关系和协作关系；②弄清楚各个子任务对应的负责人。

很多时候，一些工作需要前置工作完成或前置资源到位后才能开展。比如，若没有对应的交互界面资源，则前端人员难以开发对应的交互逻辑。一旦开发顺序不清晰，就会导致整体工作延误，很多人就只能待在原地等着，直到上游开发完对应功能或给出对应资源。这就像交通堵塞，前面的路不通后面的车只能在原地等候。因此，在初始时大家就要明确自己的前置需求及所需的协助。

灰色地带一般出现在岗位交接的领域，具体表现为 A 认为这是 B 的工作，而 B 认为这是 A 的工作。灰色地带很多是由工作疏忽或权责划分不清晰所致的，但也有某些团队成员会有“除某某外我都不管”的思维，这直接导致大量灰色地带的产生。

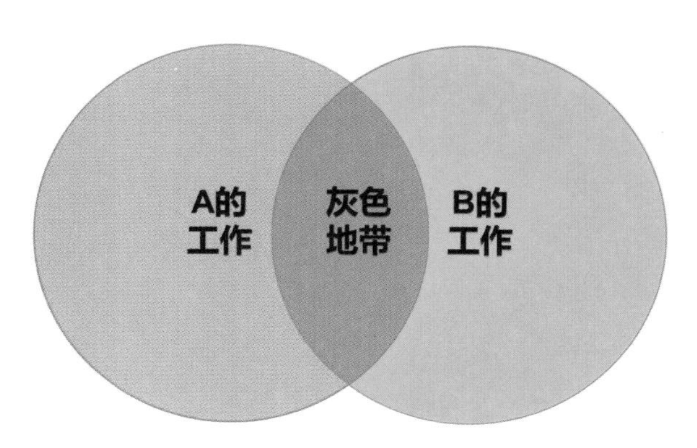

灰色地带产生后，会造成开发顺序不清晰，从而对开发效率造成很大的影响。同时，灰色地带还会破坏团队合作的氛围。因此，策划人员需要在整个开发过程中不停追问，弄清楚到底还有哪些细节工作没有完成，还有哪些工作无人认领。通过开会、劝说或向上级反映等方式，消除灰色地带。

案例：整个开发过程非常顺利，但小王发现了一个问题——邮件的模板没有人制定。他单独询问了前、后端的人，发现他们都认为需要对方制定。于是，小王把前、后端的人拉到一起开会商讨，最后共同决定由后端人员提供配置文件，小王提供模板文字。配置文件完工后，前、后端的人都会使用该配置文件。在后续的开发工作中，后端人员只需把模板编号告诉前端人员，前端人员就可以凭借模板编号提供对应的标准文字了。到此，灰色地带被消除，问题得到了完美的解决。

内部优化阶段

内部优化是开发人员对系统进行细化和打磨，使其品质得到提升的过程。

这个阶段最重要的工作是制定完成标准。一般而言，因为在需求准备阶段大家对开发文档进行过评审，所以开发人员会认为完成开发文档中的各种功能和细节就算完成任务了，而功能开发阶段结束就算整个开发阶段结束。我认为这是一种错误的想法，在实际工作中，功能开发工作最多占据实际开发时间的三分之二，剩下的时间都在做优化和修改 BUG。

这是因为在需求准备阶段，大家的很多想法都是凭空构思出来的，这直接导致两个常见的问题：一是在开发过程中大家发现了更多的困难或实际困难比自己想象中难很多；二是在功能开发后发现实际效果与预想有偏差或感觉有很多优化点。抛开第一个问题不谈，我们看第二个问题。

我们提供的是一款产品而非一个功能，因此玩家的体验才是最重要的。如果只满足于实现功能，那距离体验良好还有很大的差距。这就像提供了一辆做工粗糙、体验不佳的汽车，虽然汽车肯定可以跑，也能满足拉人、载货的需求，但别指望市场上的消费者为此买单。令人悲伤的是，在实际工作中，大部分团队的功能完成标准仅指功能可用且逻辑正确即可。这里面不乏主观因素，但很多时候是由于开发时间不足，导致团队有所妥协。

抛开主观意愿不谈，至少有以下两种办法可以减少或消除由于开发时间不足导致优化无法完成的情况出现。第一种办法是在任务开始时直接划分对应的时间段，这样能减少前期节奏不够紧凑而导致后期无时间优化的情况出现；第二种办法是一旦发现问题就录入优化清单，待后续有额外时间再一起进行优化。

当整个团队都觉得系统已经优化到一定程度（或时间点已到）时，就可以通知项目经理，进入功能体验和功能验收阶段。

案例：邮件系统的主要功能开发完毕后，小王开始体验，发现有两个地方可以优化。一是系统自动删除邮件的顺序，可以按先删除文字邮件再删除有附件（奖励）邮件的顺序来进行，这样能够减少删除奖励邮件导致玩家产生损失的情况出现；二是可以提供“一键领取”功能，方便玩家一次领取所有奖励。

目前已经临近任务结束的时间点，小组决定优先做完第二个地方，把第一个地方记录在案，后续有时间再处理。做完“一键领取”功能后，小王通知项目经理可以进行功能体验和功能验收了。至此，内部优化阶段结束。

功能体验和功能验收阶段

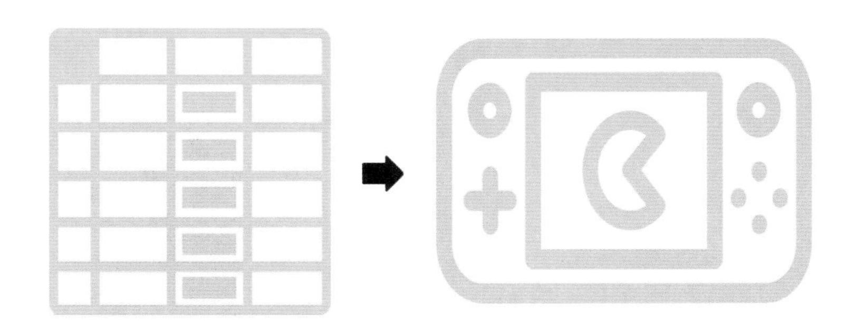

系统功能完成后，一般会安排进行功能体验和功能验收。功能体验一般由老板和项目组其他人完成，主要工作是查看系统的体验是否足够优秀；功能验收一般由测试人员完成，主要工作是查看 BUG 及程序稳定性是否达到上线标准。

功能体验一般分为专项体验（针对单一系统或功能组织相应的人去体验）和集体体验（将多个新系统或新功能融入一个版本里让大家集体体验）。相关人员体验最新完成的系统或功能并给出对应的建议、看法和方案之后，策划人员再根据项目剩余时间、人力等进行处理，一般严重的 BUG 和非常重要的优化工作会马上处理，而其他问题则记入对应的列表中，等待后续处理。

至此，开发阶段结束。这对很多团队来说也意味着这个系统制作完毕，除非后续发现其他 BUG，否则不会再关注这个系统。但实际上，这还应该有一个开发后阶段。

2.2.3 开发后阶段

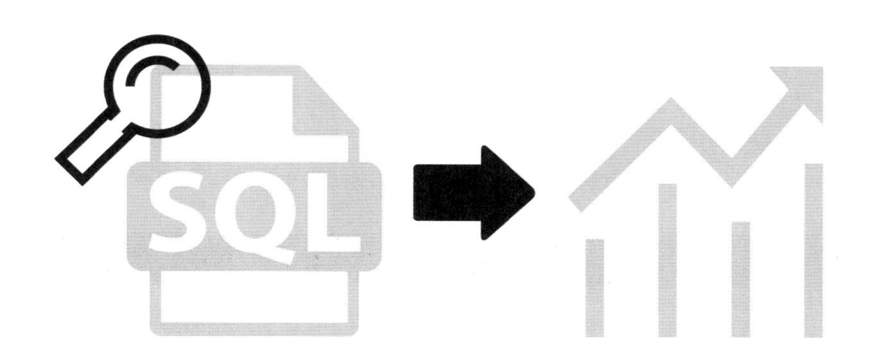

所谓开发后阶段，是指系统上线之后，根据实际反馈对系统进行优化，对新 BUG 进行检修。这里着重讲一下系统优化。

一般而言，系统优化的起因有三个：数据表现、玩家反馈、策划人员主观优化。数据表现是指根据数据埋点获取玩家的行为数据，进而推测出玩家的行为；玩家反馈是指通过问卷或论坛等收集玩家的反馈；策划人员主观优化是指上线后策划人员认为有些地方需要优化。

在这三个起因中，我认为数据表现最为重要，玩家反馈次之，策划人员主观优化排在最后。这是因为数据一般不会“说谎”，代表着最为真实的情况。而在玩家反馈方面，一般肯发声的玩家未必是主流玩家，他们的意愿极有可能与主流玩家的期待正好相反，策划人员需要谨慎挑选和处理。策划人员主观优化源于策划人员的主观感受，除非逻辑清晰，否则不具备客观性。

我认为在系统设计和完成后，策划人员需要对系统的表现有一个简单的期待。如果想验证系统的表现是否达到自己的期待，策划人员就需要在开发系统时进行对应的数据埋点（如玩家点击界面中的某个按钮则对应计数加一）工作。待系统上线后，策划人员会根据数据埋点得到相应的数据，对数据进行分析后，就会知道整个系统中哪里表现得好、哪里表现得不尽如人意。通过这种数据分析方式，策划人员可以持续加深对系统设计的认知，提升自身设计水平，使系统表现越来越好，这是一项双赢的工作。我推荐在系统的生命周期内，数据反馈和优化应不断进行，这是一种非常好的工作习惯。

至此，我们了解了一款游戏的宏观制作过程和一个系统的微观制作过程。下节会简单讲述游戏的中间关联部分——版本的制作过程。

2.3

一个典型版本的制作过程

在游戏的制作周期中，以游戏为单位进行制作未免过于粗放，但以系统为单位进行制作又未免过于细碎，因此团队通常以版本为单位进行制作。

一款游戏的生命历程会包含多个阶段（如制作期、内测期等），每个阶段都会包含一个或多个版本，而每个版本都有自己的目标、重点和开发节奏。一般而言，游戏在进入制作期后，就会进入版本开发阶段。

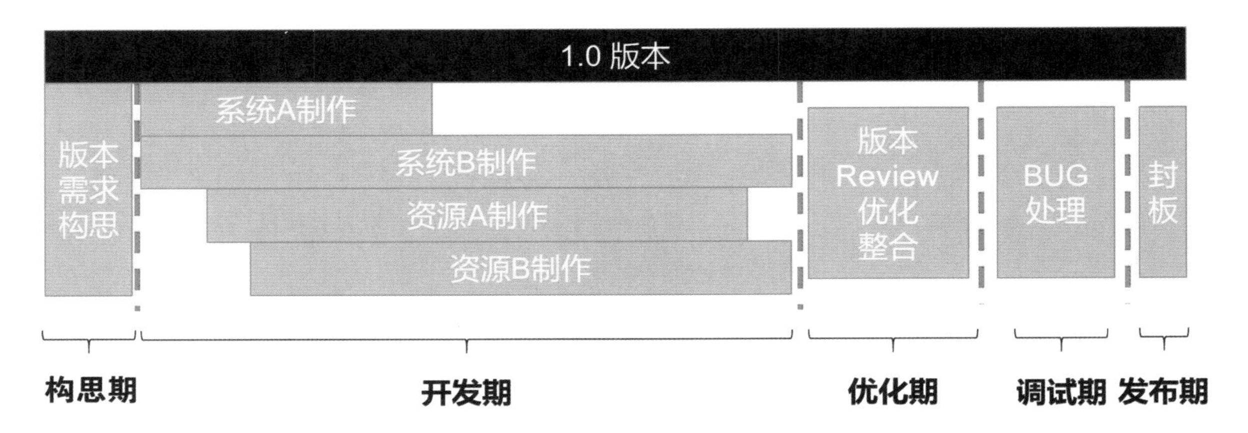

每个版本一般由两大阶段构成：第一阶段是准备阶段，在这个阶段大家一同构思开发目标和对应的具体需求；第二阶段是开发阶段，在这个阶段大家一同实现版本的预期目标，在这个过程中可能出现各种临时的需求和问题。

准备阶段就是构思期，主要工作人员是团队管理层、策划人员和运营人员等需求方。在此期间各方都会先讲述自己的需求，然后多方共同讨论，最后根据重要程度列出优先级，把部分内容列入版本目标。

开发阶段包括开发期、优化期、调试期和发布期。开发期的主要任务是对应系统和资源的制作及内部优化；优化期的主要任务是全组的版本体验、问题提出及体验优化；调试期的主要任务是 BUG 处理；发布期的主要任务是封版和市场发布。

2.3.1 准备阶段

需求的来源

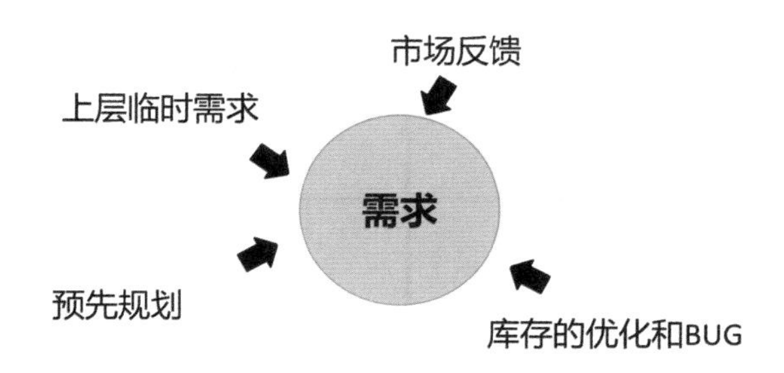

准备阶段的主要工作是明确版本需求并将其细化，下面先介绍一下需求的来源。一般而言，需求的来源包括以下几类：上层临时需求、预先规划、市场反馈、库存的优化和BUG。

因为公司或市场的一些变化，所以上层会下达一些临时需求。比如，上层决定开拓国外市场，项目组就要开始准备多语言化的相关工作。上层临时需求无法避免且难以拒绝，项目组只能通过与上层的紧密沟通来减少突发状况，以便有更多的准备时间。

预先规划主要有两种：一是功能模块的制作；二是内容的补充。前者是指新功能模块的制作，如社交模块或新玩法的制作；后者是指根据已有功能拓展出新的内容，如新关卡或新时装的制作。

一般而言，预先规划是版本的主体制作内容。每个预先规划都有自己的主体目标，而主体目标的制定一般来源于对市场暴露的问题的分析与解答，或者对游戏已知不足的补充。比如，至上个版本公布时，项目组尚未来得及将社交系统丰富化，同时通过调研和数据分析发现新手和60级以后的玩家流失率较高，因此制定了对应的版本目标：丰富玩家的社交体验，拓展玩家60～70级的游戏内容，加强新手的上手体验。

确定了版本目标后，项目组会根据版本目标，将需求细化到每个系统的目标上。比如，将上个例子细化：丰富玩家的社交体验——增加好友送金币功能、系统主动推荐好友功能和小队功能；拓展玩家60～70级的游戏内容——增加新地图、竞技场、排行榜和新英雄等内容；加强新手的上手体验——优化已有的新手引导，调整系统主动帮助机制，降低前期游戏难度等。

市场反馈一般需要在游戏开始内测前就得到，具体是指运用数据分析、玩家调研等方式得到的玩家意见，其中包括对新功能的需求、对已有功能的优化建议和对BUG的发现等。一般而言，项目组会根据市场反馈的内容进行优先级的排序。对于重要且紧急的需求会直接在当前版本进行处理，而其他的需求会安排到后续版本的预先规划及库存的优化和BUG中。

顾名思义，库存的优化和BUG是指以往来不及解决或有待观察的优化和BUG。项目组会根据优先级对其进行排序，并根据市场反馈对其进行增加和删除。一般而言，在一个版本内，游戏会根据每个人的碎片时间来处理对应的库存的优化和BUG。

在准备阶段，理想状态是所有开发文档已经在开发阶段启动前就准备完毕了。

重要紧急四象限原则

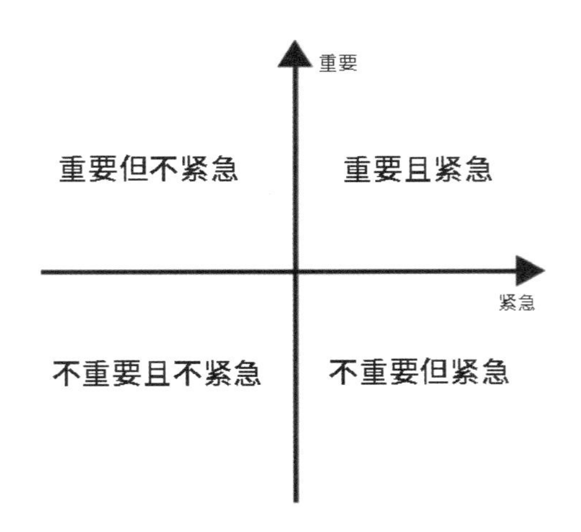

在准备阶段经常会遇到一个问题，那就是“先做什么”。每款游戏对于事情重要和紧急程度的排序不同，这里不好做推荐。但对于先做哪件事情则有推荐顺序，那就是按照重要紧急四象限原则来排序。

可以将工作按照重要程度和紧急程度进行划分，形成四象限：重要且紧急、重要但不紧急、不重要但紧急、不重要且不紧急。

第一象限是重要且紧急的事情。比如，登录时出现了 BUG，导致众多玩家无法登录。

第二象限是重要但不紧急的事情。比如，加强射击时对应的手感反馈。

第三象限是不重要但紧急的事情。比如，临时发现一个只影响极少数人且影响面很小的 BUG；在连续操作且网络不好时，邮件上红点内的数字极小概率会显示不准确，但下次进入大厅时会修正。

第四象限是不重要且不紧急的事情。比如，在帮助系统中增加对限时的注释。

对于第一象限的工作一定要在第一时间进行处理，而对于第四象限的工作则可以放到最后处理，甚至直接从工作表中删除。对大部分人而言，第二象限和第三象限的工作最难排序。大部分人会优先处理第三象限的工作，因为这种工作对人们的欺骗性最大，很紧急的事实造成了它很重要的假象，耗费了人们大量的时间去处理。但实际上，最好把大部分精力放到第二象限的工作中，因为是第二象限的工作没有做到位才会不断产生第三象限的工作。举个形象的例子，第二象限的工作类似整块石头，而第三象限的工作类似碎石，整块石头用撬棍一下子就能搬走，但如果不搬走它，它就会变成一堆碎石，更难清理干净。

2.3.2 开发阶段

开发阶段包括开发期、优化期、调试期和发布期。一般而言，开发期占据的时间最多，而优化期和调试期占据的时间比较少。很多时候，大家甚至不会为版本准备优化期。

当事情成堆地出现且给的时间较短时，会使人产生巨大的心理压力，导致工作效率不高、判断也不够精确。另外，还会因此导致许多事情不得不舍弃，从而使整体的游戏体验大打折扣。因此，在开发期需要避免将大量的优化和修改 BUG 的工作集中在较短的时间内，这是一件需要重点关注的事情。

在开发期，团队要灵活安排不同系统和项目的开发节点，尽量不要把完结时间都放在最后，这样能减少后期因时间不够但工作量较大而导致测试不足的情况出现。另外，团队还可以在开发期就安排部分系统的体验和优化工作。

开发期的体验一般只涉及对应功能的核心人员，以及相关的策划人员、运营人员和管理层等。但在优化期，则更多地是安排项目组全体人员共同体验版本并给出自己的意见和反馈，届时再对核心问题进行集中优化。

只要进行功能开发就可能产生 BUG，从而对版本的稳定性产生影响。对上线的版本而言，版本稳定性更是要关注的问题。因此，一般都会在版本末期安排一段时间，即调试期，在这段时间内只允许修改已知 BUG 和处理新发现的重大问题。在这段时间内随意插入优化工作可能导致版本质量大幅下降，得不偿失。

发布期则相对简单，主要是按照预先流程进行发布。在发布期，一般会让核心人员全部留下来，随时准备处理各种突发状况。

至此，一款游戏的整个开发历程就简单叙述完了，期待能对大家有所帮助。这里讲的只是一些理想的状态，在实际的工作过程中，肯定会遇到各种不同的状况和挑战，大家应灵活处理。

2.4 游戏行业分工的发展趋势

随着游戏行业的发展，人们对游戏的需求有所变化，因此游戏分工也随之发生变化。近期，游戏行业最大的特点是开发团队规模的进一步两极化，游戏公司对 π 型人才的需求与日俱增，游戏工作者的职业寿命逐渐延长，部分游戏工作者变得更加专业，但同时有大量的业余工作者加入。

2.4.1 开发团队规模的两极化

目前的游戏行业发展迅速，但整体而言，游戏产品变得更加两极化。

一方面，针对大众的成熟领域的产品，开发团队的规模变得更大，动辄有成百上千人的团队一起制作一款产品。无论是国内的《和平精英》还是国外的《堡垒之夜》，无论是网络游戏《王者荣耀》还是单机游戏《荒野大镖客：救赎 2》和《赛博朋克 2077》，全都体现出了这种特性。

另一方面，针对创新的蓝海领域，很多团队采取小型化的策略，经常有十几人的团队甚至几人的团队做出一款现象级的小品类作品，《太吾绘卷》和网络“自走棋”就是典型的代表。

至于为何会出现这种情况，我会在后续的章节进行详细的阐述，现在我们先只关注这个结果。这个结果直接使游戏人才分化为两种：一种是独立游戏公司需要的，即掌握的技能很多，但无须过于精通；另一种是大型公司的专业团队需要的，即掌握的技能无须过多，但要足够精通。其实这种方向的变化以前也存在，小公司需要的人才更加博闻强识，而大公司需要的人才更加精深专业，只不过目前的趋势更强了而已。因此，一个未进入或初入行业的人需要具备什么能力，还要看他想争取的是哪种公司的工作机会。

2.4.2 对 π 型人才的需求与日俱增

随着时代的发展，在实际工作中游戏公司已经逐渐不满足于招纳通识型人才和专业型人才，而是开始更加追求复合型人才。之前的复合型人才一般是指 T 型人才，但目前很多公司将需求提升为 π 型人才。在未来，无论是在创新型公司还是在传统的大公司，π 型人才都会变得越来越吃香。

想了解什么是 π 型人才，就要先了解什么是 T 型人才。所谓 T 型人才，是指对多个领域都有了解且在某个子领域足够精深的人。而 π 型人才则由 T 型人才进化而来，是指对多个领域都有了解且在某几个（至少两个）子领域足够精深的人。举个例子，一个人了解游戏美术岗位的所有工作内容且对制作游戏模型的工作特别专业，那么他就是 T 型人才；如果这个人对前端如何渲染美术模型及特效制作（前端人员的工作）也很懂，那么他就是 π 型人才。极致的 π 型人才被戏称为“六边形战士”。这里再介绍一下“一”字型人才和“1”字型人才。“一”字型人才是指懂得很多领域的知识，但每个领域研究得都不足够精深的人；而“1”字型人才是指在某个具体的细分领域研究得足够精深，但对其他领域并不了解的人。

为什么 T 型人才会受到重视？首先，这是因为游戏是一个团队合作生产体验的行业，而体验则是由木桶的长板和短板共同决定的。举个例子，如果一款游戏的美术表现很一般，那么除非它有别的长板，否则很难火起来；但如果一款游戏的美术表现非常好，而绝大部分手机或游戏机的性能跟不上，玩家玩的时候断断续续的，那这款游戏的下场一定会更糟。如果团队中只有一个“一”字型人才，那么他制作的功能很可能影响其他人的工作表现，使木桶的短板更短；但如果团队中都是“一”字型人才，则产品会变得没有长板进而被埋没在众多产品中。其次，这是因为 T 型人才和其他人的合作效率更高。因为对其他人的工作有所了解，所以沟通效率会更高，体现出来的直接结果是开发速度更快而问题更少。

为什么 π 型人才又更加吃香了呢？这是因为目前市场对游戏的要求更高了，而 T 型人才相对难以做出突破性的创新或优化，但 π 型人才可以。在现实中，不同元素的混合会产生化学反应，得到 1+1>2 的效果。最直接的例子就是移动互联网，互联网已经存在很多年，手机也存在很多年，但在 4G 通信和苹果手机崛起后，手机加上互联网形成了移动互联网，这对世界的冲击和改变之大完全可用“第3.5次”工业革命来形容。

π 型人才也是同样的道理，游戏行业典型的 π 型人才就是技术美术人员。一位精通特效和程序实现的美术人员（俗称“技美”，即技术美术人员），他的存在可以让游戏的美术表现达到非常高的高度，同时对程序的要求足够低，这就使许多中低配置的手机也能有较为高级的美术表现。这就会带来滚雪球效应。另外，这种人才对程序和美术中对应的模块同样精通，可以做出其他游戏无法实现的效果（如更为漂亮的翅膀特效）。

可以试想一下，有两款竞品游戏，假设它们的品质和其他条件都一样，但A产品可以让玩家在低端机上也能顺利游戏，而B产品只能让玩家在中高端机上游戏。两者上线后的结果就是，A产品的用户规模会比B产品的大。后续的新玩家一般会先看周围人玩什么再去玩，随着时间的推移，越来越多的新玩家会选择A产品而非B产品，导致B产品因此没落。事实还远不止于此，A产品会因有更多的玩家而有更好的游戏体验（更易于匹配到玩家，也更易于形成好友关系）和更多的收入，进而可以开发出更好的功能或进行更大规模的宣传，这会使更多的玩家选择A产品，这就是滚雪球效应。

因此，在游戏差异日益减少的当下，π 型人才正在成为众多游戏公司所寻找的“天之骄子”。

2.4.3 职业寿命的延长

记得我刚入行的时候，当时的游戏行业号称30岁以后就要下岗，工作10年之后，这一说法貌似变成了35岁。随着工作年限越来越长，我发现游戏行业出现了越来越多年纪更大的游戏工作者。据说，在日本的任天堂，《塞尔达传说：旷野之息》是由一群四五十岁的人制作出来的，这令人产生了一定程度的深思。

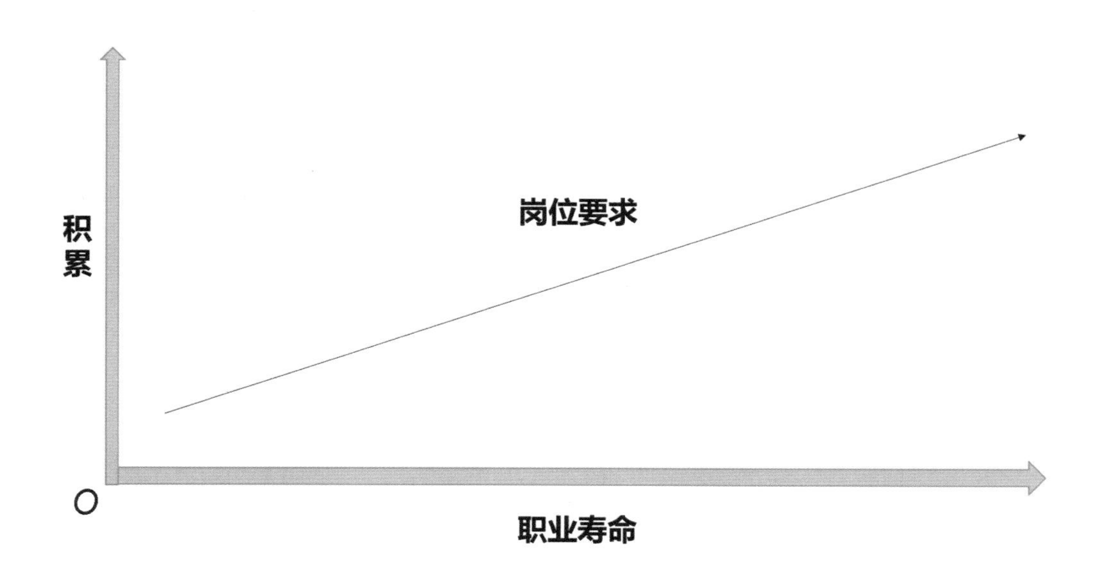

我认为游戏行业的从业人员一定会越来越“老龄化”，这并非排斥新鲜血液的加入，而是指游戏行业可能越来越需要“老龄化”的人才。

实际上，游戏的主要服务群体是年轻人，因此了解玩家需求的人更多的也是年轻人。随着游戏行业的发展，众多“老年人”也需要有游戏陪同，所以对应市场会不断扩大，而熟悉对应人群需求的游戏策划也就不会下岗了。这是游戏行业越来越需要“老龄化”人才的原因之一。《热血传奇》就是典型的案例，随着当年那批游戏玩家变得成熟稳重，改编的传奇类游戏依旧层出不穷。

另外，游戏行业越来越需要 T 型人才甚至 π 型人才。国内游戏行业为何开始时只需要年轻人才？那是因为当时的游戏环境是懂得快速模仿即可成功，在这种环境下，“快”成了最强的竞争力，而“思考”则被放在次要的位置。那个年代的游戏工作者，被戏称为“人体干电池”，不要说“996”，哪怕通宵都是常有的事情。在这种环境下，老年人又如何同年轻人竞争？

但随着游戏行业的发展，玩家越来越需要精细化和创新型的游戏，对技术和创新的要求越来越高。自然而然，游戏行业就越来越需要 T 型人才甚至 π 型人才了，而这些人才必然是需要一定时间的积累才能达到对应的程度的。这种变化不仅使游戏工作者的职业寿命有所延长，还使其工作时间相对缩短。因为创新和积累都需要思考，拼命加班不利于思考和总结。我觉得未来游戏工作者的工作时间还会缩短，除非有特殊需要，而且貌似目前已经看到了相应的趋势。

从宏观因素来分析，随着中国国力的增强，需要在世界上有更多的文化输出和更大的话语权，游戏行业也是其中一环，这就意味着需要更多的游戏工作者。我国正步入中度老龄化社会，但大众对娱乐的需求与日俱增，工作岗位需求的日益增加和新工作者的日益减少形成了矛盾，因此很多公司也就不得不继续用老同志了。

因此，游戏工作者的职业寿命会有所延长。我有一个更为大胆的假设，在未来的游戏领域可能出现一种“倒挂”的情况。在传统领域，一般是资深的老工人当领导，带着一群年轻工人奋斗。而游戏行业的产品是根据用户的需求开发的，游戏的主要服务群体仍然是年轻人，因此未来极有可能变为大量年轻人主导游戏（设定游戏目标和好坏的评判标准）开发，而较多的老龄化 T 型人才和 π 型人才会在其领导下将游戏高品质地展现出来。

2.4.4 专业化与业余化

目前看来游戏产品越来越趋向两极化：较为成熟的品类一般由规模较大且成员技能精通的团队制作；而市场对新型游戏的需求则导致创新型的游戏团队越来越多，这些团队的规模较小且成员掌握的技能较广。这直接使游戏开发人员也出现两极化的趋势。

所谓专业化，是指游戏公司越来越需要有更强基础的专业化新人进入团队，而野路子出身的全新人才会更难进入专业的游戏公司。专业的游戏书籍和游戏专业会越来越多，整个行业的新人培养会更加体系化和职业化。

所谓业余化，是指越来越多的非游戏工作者会因为兴趣来开发游戏。创新型游戏和独立游戏的崛起将使更多的非专业人士参与其中，众多“为爱发电”的人才会持续进入游戏行业。游戏公司越来越注重 UGC（用户创造内容）领域，而市场上也出现了越来越容易上手的游戏编辑器，甚至很多游戏（如《罗布乐思》《迷你世界》《王者荣耀》）直接开放并研发了对应的工具，这也会使大量人才参与到“为爱发电”的二次创作中。量变终会引起质变，必然会有很多相对有创意的玩法（如“自走棋”）出现，而游戏公司也会加大投入力度，使更多人参与到游戏的制作中。

我认为未来两者会进一步融合，由业余团队以较低的成本创新出玩法，而这种玩法一旦得到大众的认同，就会有专业团队介入，与其共同开发，以提高游戏品质。

2.5 总结

在本章，首先讲述了一款游戏的生命历程，以及对应各个阶段的岗位及工作内容。游戏的整个生命历程依次为诞生期、DEMO 期、制作期、内测期、上线期、运营期和死亡期。实际上，大部分游戏只会走到内测期或上线期，而拥有完整的项目经验对游戏策划而言非常重要。

在整个游戏的生命历程中，最常见的岗位是策划、程序、美术、运营、测试和项目经理。其中，程序可简单分为前端和后端，而美术一般包含原画、3D 模型、动作、特效和交互等岗位。

接下来讲述了一个典型系统的制作过程，可以分为需求准备阶段、开发阶段和开发后阶段。需求准备阶段又可以继续分为目标制定阶段、需求细化阶段、文档评审阶段和开发评审阶段。一定要重视需求准备阶段，因为这个阶段投入的时间和人力最多，一旦需求不是特别清晰甚至方向错误，就会导致后续严重的资源浪费。开发阶段主要分为功能开发阶段、内部优化阶段、功能体验和功能验收阶段。在此期间最需要关注的是提升效率和降低风险。在开发后阶段需要关注系统优化。系统优化的起因包括数据表现、玩家反馈和策划人员主观优化。我们要尽量客观，通过数据表现和玩家反馈得出优化需求。

之后讲述了一个典型版本的制作过程，可以分为准备阶段和开发阶段。准备阶段更多地是决定要开发什么内容，还顺便介绍了如何根据重要紧急四象限原则来决定开发顺序。而开发阶段则包括开发期、优化期、调试期和发布期，每个时期都有各自要关注的内容。

最后讲述了游戏行业的发展对游戏工作者的影响。对游戏公司而言，人才变得更加两极化。对个人而言，整个行业越来越需要 π 型人才。正是因为行业越来越需要 π 型人才，所以游戏工作者的职业寿命在逐渐延长。另外，因为开发技术门槛的降低、全员素质的提升及各种平台的发展，在部分游戏工作者变得更加专业的同时，大量的业余人员也参与到游戏的制作中。

第 3 章

游戏行业未来的发展

预测未来是一件很难的事，但也是一件很有价值的事。未来很多事情的发展我们当前无法想象，但有些事情的发展还是有规律可循的，可以根据当前规律向前推衍得到预测结果。预测不是我的强项，我只能根据之前谈到的游戏三大要素的变化尝试讲一下游戏行业未来的发展，期望能对大家有所启发。

游戏是成本较低的学习和娱乐方式之一，因此从人类出现到现在游戏就一直存在，也会一直存在下去。从电子游戏行业出现到现在，其产业规模已经扩大了不知道多少倍。随着未来可运用手段的增加及需要学习或体验内容的增加，其产业规模还会继续扩大。

本章我会尝试从用户、体验和反馈的角度来讲一下游戏行业未来的发展。

3.1

从用户的角度进行分析

用户是游戏的基础，它的变化必然会使游戏行业发生变化，因此谈游戏行业未来的发展，就必然要谈用户的变化。从整体来看，用户发生了很大的变化，其中最大的变化就是用户数量越来越多，用户整体越来越成熟、越来越富裕。

3.1.1 用户数量的增多

在整个世界范围内，游戏行业最大的变化是用户不断增加。其中，当然有整个世界人口总数增加的原因，但也有人们越来越富裕及越来越容易接触到游戏的原因。

人们越来越富裕

不可否认的是，大部分人把游戏当作一种娱乐方式。既然是娱乐方式，就必然是在闲暇时才开展的活动，人总不可能饭还没吃饱就天天玩游戏。随着生产力的不断提高，人们变得越来越富裕。富裕带来的直接结果是人们对物质生活的关注越来越少，对精神生活的关注越来越多。游戏就属于精神生活的一部分，因此游戏必然会受到越来越多人的关注。

人们越来越容易接触到游戏

从另一个角度来看人们越来越富裕这件事，电子游戏需要有对应的设备才能玩。比如，想要玩《塞尔达传说：旷野之息》就需要有一台 Switch，想要玩《王者荣耀》就需要有一部手机，对应的其他设备也需要额外购买。随着产业的不断发展，手机的性能越来越强，并且普及率越来越高，使越来越多的人可以接触到游戏。

在我小的时候，也就是20世纪90年代初，大家玩的都是小霸王游戏机。那时候想要玩游戏就必须有电视和游戏机，这就导致游戏的接触群体较小。后来计算机游戏崛起的时候，大家玩《星际争霸》，但只有少量计算机房才能满足，因此很多农村的孩子根本接触不到，也就更不可能知道《最终幻想》了。

到了网络游戏时代，大家玩《热血传奇》，大部分人只能去网吧玩游戏，那里接触网络游戏的群体也不太大。而到了《剑侠情缘网络版叁》和《魔兽世界：燃烧的远征》时代，已经有大量用户拥有了家庭计算机，游戏的用户规模和同时在线人数有了很大的提升。

到了移动互联网时代，变化就更大了。如果说计算机有人未必买得起，且买得起的人未必有买计算机的硬性需求，那智能手机可以说是一种几乎所有人都需要的设备了。而且随着手机制造商的发展，越来越多的人买得起手机了，这直接使越来越多的人接触到手游。从《节奏大师》到《全民飞机大战》，从《王者荣耀》到《和平精英》，手游的用户规模和同时在线人数等达到前所未有的程度。

根据过往的经历来推论，在更好的娱乐方式出现之前，手游的用户数量和用户在线时长可能继续增长。而未来击败游戏的可能不是游戏，而是其他应用软件，如抖音。

估计有人看到这里会问：就算上面说得都对，但中国的手机用户数量已经快到达极限了，为什么还说用户数量会增长呢？别急，继续往下看。

3.1.2 非典型游戏用户的崛起

提到游戏，大家可能更多地想到枪战、格斗或热血江湖，其实这是偏见。在过去，游戏的主流用户的确是男性。但随着移动互联网和游戏行业的发展，很多非典型游戏用户正在慢慢崛起。**其实不是他们不爱玩游戏，而是现在的游戏他们不爱玩。**

女性玩家的崛起

越来越多的女性加入了玩游戏的大军。看到这儿很多人会讲：这有什么稀奇的，很多女主播打得也不错啊，但玩游戏的女性毕竟是少数。对此我只能讲：幼稚！你只看到男性的游戏或普通游戏里女性玩家的数量，但谁说游戏必须是做给男性玩的？下面我随便举几个例子。

首先是休闲游戏，《糖果传奇》是一款由英国网络游戏公司 King 开发的三消类游戏，其单月活跃用户数量曾达到过亿的级别。

如果说轻量游戏还算符合认知，那么继续看下一款游戏。

《闪耀暖暖》是一款由叠纸公司开发的装扮类 3D 游戏，于 2019 年 8 月 6 日正式上线。这是一款以女性玩家为主的休闲装扮类游戏。玩家在游戏中扮演一个追求成为舞台天后的少女，通过不停装扮来完成一项项挑战，并在这个过程中体验相应的剧情。

作为一款手游，《闪耀暖暖》里时装的平均建模数有 50 000 面，最多可以达到 80 000 面，这是一个非常夸张的数字。对应的光影处理、摆拍动作、材质处理等都做得非常到位，有时候我都感觉它是一个艺术品。这款游戏不仅在国内火爆，还走向了世界，得到众多外国玩家的赞赏，实现了口碑和利润的双丰收。叠纸公司更是通过暖暖系列游戏成为二线游戏公司。

如果说《闪耀暖暖》可能还有一些男性会玩，那么下面这款游戏就基本都是女性在玩了。它赚得盆满钵满不说，甚至开创了一个新的子网络游戏品类，它就是《恋与制作人》。

《恋与制作人》于 2017 年 12 月 20 日正式上线，是一款面向年轻女性用户的以恋爱为主题的角色扮演类游戏。在游戏中，玩家需要进行抽卡养成，很多玩家纷纷慷慨解囊帮助男主角成长并与他们培养感情。该游戏甚至在 2020 年被改编为同名动画。游戏发行后震惊了当时的游戏开发圈，大家发现女性的游戏居然可以这样玩，市场居然这么大。

这样的案例还有很多，在此因篇幅有限不能一一罗列。总之，并不是女性不爱玩游戏，而是现在开发的大部分游戏女性不爱玩。

老人和孩子开始接触游戏

实际上，不只是年轻女性，老人也加入了玩游戏的大军。随着智能手机的不断发展，很多老人也纷纷学会了使用手机玩游戏。比如，我的父亲因为找不到现实中的棋友而开始玩手机版的象棋。实际上，这一群体巨大，他们对娱乐的需求也十分强烈，未来会有现象级的产品出现也不无可能。

既然谈到了老人，那么我们也谈一谈孩子。孩子处于成长发育阶段，需要重点关注。游戏可以让孩子得到放松，但如果无法控制也容易使其沉迷。曾几何时，众多孩子因沉迷于游戏而荒废了学业，游戏也因此成了家长的眼中钉、肉中刺。为了减小游戏对孩子的负面影响，国家出台了保护措施，众多游戏公司也开启了未成年人保护计划。这些做法极大地消除了游戏的负面影响，使游戏行业的发展更加健康。

那么，游戏天生就和家长是敌人吗？未必，游戏用好了也有开发智力的作用。比如，沙盒游戏就深得家长的喜爱，很多家长并不介意孩子在空余时间偶尔玩玩，以提升创造力。《只只大冒险》等游戏也可以作为亲子游戏，不仅能开发孩子的智力，还能让家长与孩子在玩的过程中培养感情。所以，不是家长讨厌游戏，只是他们需要能帮助孩子成长的游戏。

3.1.3 逐渐走向世界

除上述讲到的几种人群外，实际上，还有一种未受到游戏行业关注的大群体，那就是外国用户。

记得我在 2007 年刚入行时，国内的游戏基本上都是从韩国引进的。我入行时的一个愿望就是能在有生之年为国产游戏走向世界做出自己的贡献。沧海桑田，10 多年过去了，目前中国游戏行业已经足够强大，不但占据了国内市场，还走向了世界。

虽然很多发展中国家的手机产业还落后于国内，但随着经济的发展它们也走上了中国曾经走过的路。这些国家的民众对娱乐的需求十分旺盛。这里介绍一款大家可能不太了解的游戏。

当年吃鸡类游戏横空出世，众多游戏公司纷纷跟进并大有所获。当时，国内的一家小公司也发现了这个机会，苦思冥想之后做了一个决定，迈向亚非拉地区。在做出决定后，它将自己的产品做成了当时对手机性能要求最低的吃鸡类手游——*Free Fire*。

虽然这些国家的民众使用的手机性能并不强，但他们同样有玩新类型游戏的需求，用户和产品“一拍即合”。就这样，*Free Fire* 一发不可收拾，横扫东南亚、非洲、拉丁美洲，成了很多国家的国民吃鸡类游戏。

在这里我展示一些数据，Free Fire 仅在 2020 年的第四季度就创造了 6.934 亿美元的营收，同比增长高达 71.6%！更夸张的是，季活跃用户数量达 6.106 亿人，季度付费用户数量达到 7310 万人！在 App Annie 的报告中，Free Fire 是 2020 年全球下载量第一的手游。Free Fire 的成功只是中国游戏行业的冰山一角，众多中国游戏公司正在走向世界。

那么，国产游戏只能在发展中国家开枝发芽吗？当然不是。由上海莉莉丝科技股份有限公司开发的《剑与远征》在推出国服之前，就在海外获得了数千万美元的收益，位居手游商城排行榜前列。众多高质量的国产游戏开始进入欧美，其中最让我感到惊喜和钦佩的当属《原神》。

《原神》在上线后发展迅猛，在2021年2月成为海外“吸金”第一名，并且连续5个月将《绝地求生》和《明日之后》比了下去。《原神》不仅在商业上表现优秀，它的品质及其中的很多国风设定也让海外用户对国产游戏刮目相看。

中国游戏行业已经从国内走向国外，并且会持续输出，这也意味着需要大批的国际化游戏人才的加入。我相信，未来国产游戏一定会在更多国家大放异彩。

3.1.4 房地产与主机游戏

前文主要从用户数量的角度来讲述游戏行业的变化，接下来会从玩家特性的角度来讲述游戏行业的变化。因为我接触的海外群体有限，所以这里只简单介绍我对国内游戏群体的理解。

改革开放以来，国民收入持续攀升，加之中国是世界工厂，各种工业品的价格很低，且中国又是移动互联网产业的大国，智能手机的应用非常普遍。这使中国拥有广大的手游用户群体，且他们的支付能力很强。但不可否认的是，中国的城市居民人均居住面积不是很大，且广大中青年未必有自己的房子，所以在短期内，游戏还只属于手机的附属功能或附属品，玩家很少会为了更好地玩游戏而购买专属设备，因为这些专属设备一般都需要较为固定、私密和稍大的空间。比如，PS5 的《神秘海域》会给人带来较为刺激和深入的游戏体验，但这也需要一台较大的显示器和一个稳定的居住空间来支持。

因此，我觉得专业游戏设备在中国短期内无法普及的核心原因并不是它们太贵，而是拥有需求的玩家缺少空间，而拥有较大空间的玩家缺少动力（花这么多钱购买专业游戏设备，还要跑很远去买光盘）。这是一种较为普遍的矛盾，因此我推导出了以下结论：第一，随着住房问题的逐渐解决，会有越来越多的人选择更专业的游戏设备；第二，部分无须占用较大空间又能给人带来更好游戏体验的设备会崛起，如 Switch 和将来体验更好的 VR 头盔。

3.1.5 游戏变得更精细

还记得很久之前，国内玩家对于能砍怪升级的游戏就已经很满足了，但随着时代的发展，越来越多的玩家进入成熟期，对游戏的理解和鉴赏能力有了很大的提升。与此同时，为了适应玩家的变化，游戏公司也进行了对应的改变，制作的游戏越来越精细。而精细又可以分为更精美、更惊喜和更精致。

更精美

更精美意味着更美丽、更真实，可以为玩家带来更强的代入感。是什么促使了这一变化呢？无法否认的一点是，游戏硬件和软件技术的持续更新是一切得以实现的根本。左上图是《剑侠情缘网络版叁》中创造角色的界面，这是一款非常优秀的客户端网络游戏，在当年以表现力极强著称；右上图是《天涯明月刀》中创造角色的界面，这是 2023 年崛起的一款非常好的手游，同样以表现力超强著称。可见，随着科技的发展，目前的手机性能已经达到甚至在一定程度上超过了当年的计算机，这是精美得以实现的硬件基础。随着游戏行业的不断发展，美术表现越来越专业化，人才的数量和质量都有了非常大的提升，这是精美得以实现的“软”基础。随着审美能力的不断提升，玩家对游戏的精美性提出了越来越高的要求，也愿意支付更多的费用，这是精美得以实现的市场基础。这些元素的结合使国产游戏整体越来越精美。技术仍在继续发展，而玩家也越来越需要更真实的游戏体验，因此精美的游戏不会有终点。

更惊喜

惊喜主要指玩法或世界观的包装，在一定程度上也可以理解为创新。近几年，国产游戏（尤其是单机游戏）在这个领域表现出色，众多玩家也愿意为此买单，上图中的《太吾绘卷》就是这种趋势下的代表作。可以看到这款游戏和“精美”一词实在是不太搭边，但其独特的探索、战斗和武侠体验给了玩家一种特殊的感受。后续，国内又推出《部落与弯刀》《鬼谷八荒》《死神来了》《枪火重生》《暖雪》等一系列优秀的游戏。

国内的游戏在一定程度上有着雷同，在之前的一段时间内，换皮肤的游戏甚至是游戏行业的主流。但随着玩家越来越成熟，他们对此越来越不接受，反而越来越欣赏创新型游戏。为什么会出现这种情况？我认为主要有两点原因：一是国内的教育更多地转变为素质教育，加上国家倡导创新型经济和创新型社会，这促使国人更愿意思考，人格越来越完整、独立，结果就是大家越来越接受创新型游戏，也对其越来越包容；二是随着平台的开放程度越来越高，大家对游戏领域知识的了解越来越多，更期待见到不同于以往的创新型游戏。

这一系列转变带来的结果是，如果游戏在玩法或世界观等维度有足够的创新，玩家就愿意为之付出更多的金钱，也会对其更包容，这将使独立游戏和个性游戏在更大范围内崛起。

更精致

随着游戏行业竞争的日趋激烈，类似游戏间的竞争会更加自热化，最后谁能留下来呢？那必然是只有各种细节体验都处理得更为细致的游戏才能存活下来。比如，随着“自走棋”游戏的走红，很多游戏公司开始研究这类游戏并推出了一系列产品。最终，相比而言细节体验和交互设计更佳的《金铲铲之战》拔得头筹。所以，精致的第一个表现就是各种细节体验要处理到位。

精致的第二个表现是游戏品类更加细分，市场更加细化。最典型的例子当属吃鸡类游戏，在国外吃鸡类游戏已经“三分天下”。更强调主流原始吃鸡体验的《绝地求生》牢牢占据了一席之地，后续崛起的《堡垒之夜》则因添加更多的场景交互元素（搭建与破坏场景）和娱乐体验，让更多想轻松玩游戏的玩家有了依存之处，而 *Apex Legends* 则占据了重度玩家的市场。单机游戏的市场也出现了类似的情况，同样是策略类游戏，《三国志》统治着下层市场，而专业一点儿的玩家则会对《文明》更感兴趣，“硬核”玩家则去玩《欧陆风云》。

精致的第三种表现是玩家的个性需求得到了更精细化的满足。以往的游戏更偏向为玩家提供一致的体验，而当前的游戏则表现得更偏向私人定制。比如，《天涯明月刀》手游版中的捏脸系统号称可以让部分玩家玩一天。这种私人定制在运营层面表现得更为常见，即不同类型的玩家会收到不同类型的活动。比如，流失后又回到游戏的玩家会收到回归任务，而新玩家则会收到新手任务，至于好友推荐或地图推荐等，则会基于玩家个人的大数据来推送。

我在想，玩家的精细化需求最后会变成什么样？极有可能变成一种长尾状态，头部顶尖的产品会从表现和细节上显得极为出色，而部分极具原创性但细节不足的产品也会纷纷崛起。随着游戏品类的细化，每个玩家会同时喜欢多款游戏，只要是用心做出来的游戏就必然有自己的忠实玩家。

3.1.6 游戏变得更自由

自由是人的天性，随着科技的不断进步和玩家需求的与日俱增，未来更加自由的游戏会越来越多。这里介绍一下最近较为火爆的几个关于自由游戏的概念——开放世界游戏、Roguelike（肉鸽游戏）、沙盒游戏，透过它们我们也许能看到游戏行业未来的发展趋势。

开放世界游戏

开放世界游戏，又叫漫游式游戏，主要体现在关卡设计领域。在这个游戏世界里，玩家是相对自由的。在传统游戏中，玩家需要在固定的时间点做固定的事情，不同地图之间是有缝连接的，需要通过传送等方式进入。比如，在《仙剑奇侠传》中，李逍遥必须先在客栈经历一系列事情之后才能去桃花岛，再去苏州城等，整个故事是一步一步展开的。但在开放世界游戏中，故事线相对自由，玩家可以根据自己的意愿在任何时间去几乎任何地方开启对应的游戏体验。

较为经典的开放世界游戏有《辐射》系列、《上古卷轴》、《刺客信条 4：黑旗》和 *Grand Theft Auto* 等。而《塞尔达传说：旷野之息》的出现则将“开放世界游戏”这个名词传播到广大游戏玩家的耳中。《原神》的崛起则将开放世界游戏带到了新的高度。

开放世界游戏的核心本质是非线性开放区域的关卡或游戏，玩家可以通过多种方法和多条路径达成目标。实际上，其本质是对任务顺序和关卡游历顺序的高度自由化，而玩法则相对固定（当然，类似《塞尔达传说：旷野之息》等则做得更加自由）。

Roguelike

与开放世界游戏相对应的是 Roguelike。Roguelike 是欧美国家对一类游戏的统称，是 RPG（角色扮演游戏）的一个子类（Roguelike-RPG），更多地是对《龙与地下城》系列的复原。Roguelike 最大的特点是每新开一局都会随机生成游戏场景、敌人和宝物等，这使玩家的每一次冒险历程都是独一无二且不可复制的。一般而言，每局 Roguelike 主角的生命数量都是有限的。体验角色的成长和通关的进度是该类游戏的乐趣。

典型且有名的 Roguelike 有《魔塔》《以撒的结合：重生》《杀戮尖塔》《死亡细胞》等。近年来，国产 Roguelike 也开始大放异彩，《了不起的修仙模拟器》《不思议迷宫》《暖雪》等都表现不俗，而《枪火重生》更是将 Roguelike 与射击结合起来，为玩家提供了非常不错且有新意的游戏体验，在国内外都非常火爆。目前，Roguelike 在游戏圈越来越受到重视，从一个相对小众的品类慢慢地成长了起来。

如果说开放世界游戏给了玩家更多可见的故事和自由，那么 Roguelike 则给了玩家更多变的通关过程。前者更倾向于关卡、故事等外在层面的不同，而后者则更倾向于玩法、战斗等核心内核的不同。

沙盒游戏

沙盒游戏是由沙盘游戏演变而来的，其中包含多个种类的游戏元素。人们往往认为沙盒游戏属于开放世界游戏的一种，但实际上，两者有着本质的区别。沙盒游戏最大的特点是玩家可以改变甚至创造世界，同时不具备完全限定的游戏目标。如果说开放世界游戏是关卡自由，Roguelike 是战斗自由、成长自由，那么沙盒游戏则是环境自由、目标自由。

典型的沙盒游戏当属《我的世界》，后续又有众多游戏陆续出现，影响力较大的有《泰拉瑞亚》《传送门骑士》《创世小玩家》《迷你世界》等。我上个参与制作的游戏《乐高无限》就属于沙盒游戏。

沙盒游戏不但支持玩家自由地改变世界和目标，还有对应的平台和工具等，支持玩家自己制作游戏。《迷你世界》《罗布乐思》《我的世界》《乐高无限》等都创造了巨大的 UGC 平台，形成了玩家和游戏制作者间良性共存的生态体系，这也是其他类型的游戏很难做到的。

沙盒游戏当前已经成为非常受青少年欢迎的游戏之一，同时极强的开放性使其自身拥有巨大的拓展空间，我相信未来沙盒游戏会有更好的发展。

3.2

从体验和反馈的角度进行分析

先有物质世界的进步，再有精神世界的发展。上一节从用户变化的角度讲述了游戏行业未来的发展，本节将从体验和反馈的角度来看游戏的变化。体验具有主观性，每种新的体验都代表着新玩法的出现，不具备预测性。下面将从通用型体验和反馈的角度讲述游戏行业未来的发展。

3.2.1 触觉和平衡感

谈到游戏行业未来的发展，就必须从感觉入手。在反馈部分，我们讲过主流游戏基本上只运用视觉和听觉来让玩家体验游戏。在可预期的未来，还有另外两种感觉是可以强化的，那就是触觉和平衡感。

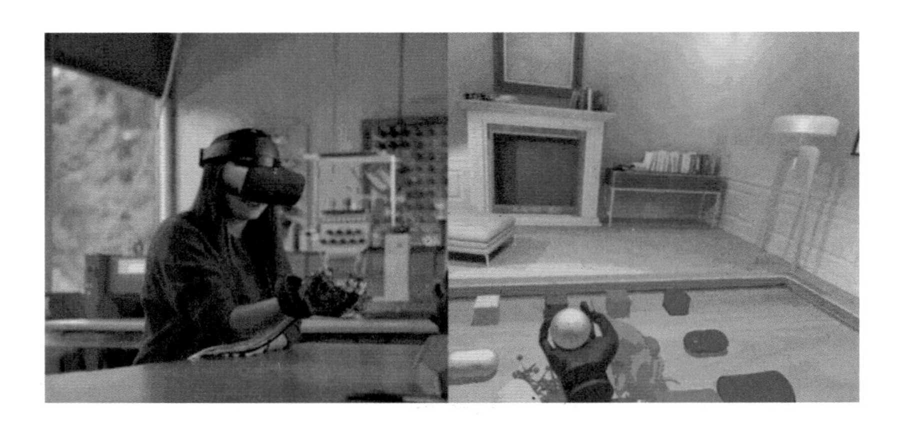

实际上，对触觉的运用不算特别新鲜的事情，如游戏机的手柄早已做到了在命中目标或受击的时候有一些震动，从而让玩家获得更为真实的体验。现在的手游也做到了震动的效果。真正的难点不是如何从 0 到 1 地让玩家有触觉体验，而是如何让玩家有更加精细和真实的触觉体验。

很多公司正在朝着使触觉更加精细的方向而努力，目前已经有所进展。前不久，Meta 公司（原 Facebook）发布了一款硬件产品——触觉手套。从产品的展示视频中可以看到，这款设备已经实现了在 VR 或 AR 世界里，戴着手套与他人握手或击掌时能感受到手部不同部位的力度变化，从而产生与真人互动的感受，也可以实现用手玩虚拟球时获得对应的真实感受。

触觉设备目前看起来已经能实现较为精细的触觉体验，美中不足的是这些设备看起来还比较沉重，仍然会让人有一些不真实的体验。我相信随着工业技术的发展，这个问题会逐渐得到解决。

平衡感是由前庭掌握的。前庭除了能让我们的身体保持平衡，还能保证我们在运动时也可以看到物体。前庭感觉弱的人比较容易晕车。

目前，很多 VR 体验馆已经有了对应的设备，最简单的就是可以转变方向的跑步机。目前的难题在于设备的体积过于庞大且能模拟的行为方式有限，这个难题相信在未来是可以解决的，并且在高级游戏机领域会有较大的突破。

其实，人类的基础感觉基本都是大脑对应的部位在收到对应的电信号后做出的反应。在未来，也许会有游戏设备可以直接通过发射定向电流来影响大脑对应的部位，进而形成味觉和嗅觉体验，但这种技术的出现对人类到底是好是坏就不得而知了。

3.2.2 更真实

实际上，当游戏与现实世界越来越接近时，会给人带来更好的沉浸式体验，让人有种真实感。这种真实感主要体现在三个方面：游戏元素的真实化、玩家输入的真实化和游戏整体体验的真实化。

游戏元素的真实化

游戏是一个虚拟世界，其中人物的奔跑、跳跃等都是通过对应资源的播放和计算机对应的运算来实现的。既然如此，游戏世界的表现肯定会与现实世界有一定的差异。想要更真实地表现游戏世界，最好的方式就是借鉴现实世界中的元素并将其放入游戏中，如果能直接复制现实世界中的元素则更好。

通过动作捕捉技术可以使游戏内人物的动作看起来更为真实。动作捕捉技术借鉴了电影的制作手法。其基础原理是先测量、跟踪和记录物体在三维空间中的运动轨迹，然后将对应的数据传入计算机中。计算机会为对应的数据赋予相应的模型，这样模型就会以同样的运动轨迹进行运动，从而达到与现实世界中的运动基本一致的效果。目前，该项技术已经在各种大型网络游戏中得到应用。

除动作捕捉技术外，另一种未来可能大量应用的技术是 3D 扫描。实际上，这项技术已经在工程领域有了一定的运用，但在适用性和精度方面有一些限制。游戏中的模型更多地需要体现一定的想象力，从而与现实世界有一定程度的不同，这使该项技术的应用场景进一步受限。实际上，大脑的运行机制决定了人无法做出完全与现实无关的想象。比如，目前有很多游戏场景设计师热衷于研究中国传统古建筑，在获取一定的灵感后会更易于创作出游戏中的建筑，使其表现得更具中国风。我认识的很多原画高手在现实世界中是旅游达人和摄影大师。

我觉得未来的 3D 扫描技术一定会对游戏行业有很大的帮助，具体可以体现在三个方面：第一，并非所有的事物都需要进行游戏化创作，很多基础物品直接通过扫描得到模型即可，如石块、青草等；第二，很多写实型游戏中需要的物品可以直接通过扫描得到模型，如一款表述现代都市传奇的游戏，完全可以将都市建筑直接复制到游戏中；第三，将现实元素扫描到游戏中，方便游戏制作者进行二次创作，在已有物品的基础上进行修改很多时候要比从头创建容易得多。

除动作、模型等的真实化外，声音的真实化也已经很成熟，各种引擎也越来越能支持更为复杂的运算和表现。可以预见，随着技术的发展，游戏内各种元素会体现得越来越真实。

玩家输入的真实化

在传统游戏中，玩家会使用鼠标、键盘或手柄来进行输入。虽然这很轻便，但在一定程度上造成了输入和游戏内反应的剥离，降低了游戏体验的真实感。于是，各大公司纷纷开始尝试，用新型的输入设备来完成更真实的输入体验，从而形成了新的体验类型：体感游戏。

传统的体感游戏常用的设备有手柄、虚拟枪和健身环等。玩家可以通过这些设备模拟现实世界中的动作。可以想象一下，通过按手柄上的 A 键来攻击怪物和手握游戏中的剑柄并挥动来攻击怪物的体验是完全不同的。目前，制约体感输入设备发展的主要因素有长时间使用会很疲劳和对应可支持的游戏种类偏少（因为体感输入太自由了，所以对应的玩法很难设计）。不管怎样，真实的输入能给人带来真实的感觉，这类体验在未来还是很值得期待的。

游戏整体体验的真实化

这里的游戏整体体验的真实化是指游戏世界和现实世界越来越交融，目前主要体现在两个方面：游戏融入现实和游戏变为现实。

游戏融入现实就是将游戏世界和现实世界进行融合，玩家直接在现实世界中感受对应的游戏元素，代表技术是 AR，代表游戏是《宝可梦 GO》。

《宝可梦 GO》是任天堂、宝可梦公司和 Niantic Labs 联合制作开发的 AR 宠物养成对战类 RPG。《宝可梦 GO》在玩法上与历代产品的差异不大，其最大的特色是在现实世界中寻找并发现宝可梦，只这一点就引发了世界范围内的空前回响，相信大家在最近几年肯定听到过不少与之相关的新闻。至于未来，随着 AR 技术的不断发展，虚拟元素与现实世界肯定可以进行更多种类的互动，而适合这种玩法的游戏也会给人带来更真实的体验。

游戏变为现实是指玩家在游戏内的感觉与在现实世界中的感觉类似，其核心在于玩家在游戏中获取信息的方式与现实世界类似。举个例子，我们在玩游戏时想获取后方信息，就会摇动手柄或移动鼠标让人物转向，而现实中我们会把头扭过来。这个方向的代表技术是 VR。

目前，VR 游戏非常多，且每款游戏会给人带来不同的游戏体验。VR 游戏的帧率处理和图像精度等都有待提升，但其独特又真实的体验是业内公认的游戏的未来发展方向之一。在通信、云游戏、VR 和区块链等底层技术发展成熟后，元宇宙游戏也许会成为游戏行业的主导者，届时，类似《头号玩家》式的元宇宙游戏也会出现。

3.3 总结

本章主要从用户、体验和反馈的角度预测游戏行业未来的发展趋势。

从用户的角度来看，因为世界人口总数的增加、人们越来越富裕及越来越容易接触到游戏，所以游戏的用户群体在不断扩大。而且，越来越多的游戏公司开始关注非典型游戏用户，非典型游戏用户群体也在不断扩大。同时，对国内的游戏制作者而言，海外也是重大的拓展方向，实际上，国产游戏已经慢慢获得了一些重要成果。

玩家的特性也会对游戏产生影响。随着玩家的居住水平及对个人隐私的关注程度不断提高，未来主机游戏可能会有较好的发展。而且，随着玩家越来越成熟，其对游戏的要求会越来越高，游戏会越来越精细，同时游戏的自由度也会越来越高。

从体验和反馈的角度来看，触觉和平衡感的新型反馈会越来越多，未来类似 VR 游戏的品类会蓬勃发展，同时游戏行业会提供更多的反馈工具，使游戏的整体体验更加真实。

第2部分

游戏策划

第1部分主要介绍了游戏的基础知识，包括游戏的定义、要素、制作过程，以及游戏行业未来的发展。本部分主要介绍游戏策划，包括游戏策划的分工、工作内容，以及如何分析游戏。

第 4 章

认识游戏策划

本章主要介绍一些关于游戏策划的知识。先讲述游戏策划的主要工作内容，再讲述游戏策划内部的分工与合作。为了方便理解，我们以日常任务为例进行讲解。然后简单介绍游戏策划的发展阶段，以帮助大家明白如何锻炼自己的策划能力。最后介绍游戏策划的常用工具，方便新人在开始时积累对应的技能。

4.1

游戏策划的主要工作内容

只有了解游戏策划的主要工作内容，我们才能知道游戏策划是如何进行分工与合作的。

游戏策划不同，侧重的工作内容也不同，而且一般会同时负责一些其他模块的工作。同一个游戏策划在不同的时间点所负责的工作也可能大不相同。

目前，游戏策划的工作内容主要包含关卡设计、系统设计、数值设计、玩法设计、IP 设计、资源制作和项目管理等，下面进行简单介绍。

4.1.1 关卡设计

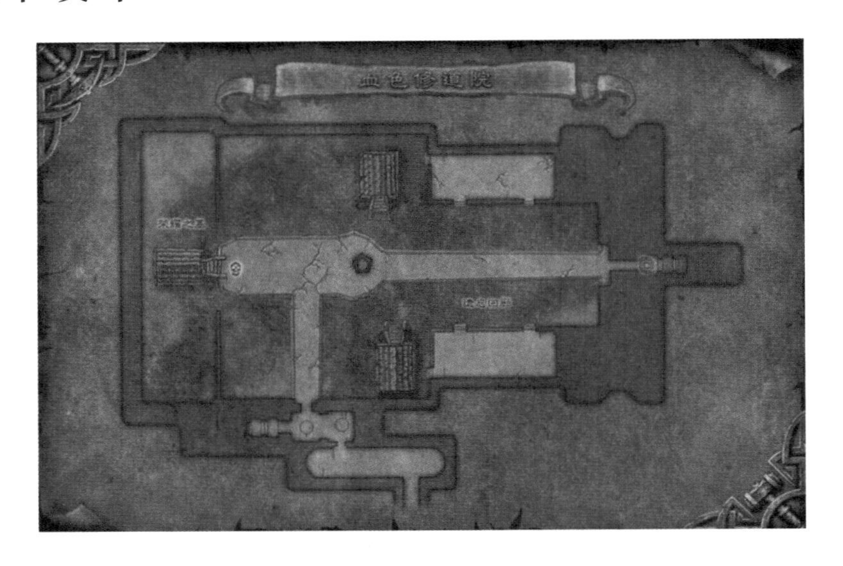

关卡设计的目标是通过场景及对应的物品让玩家产生预期的感受，而关卡设计的主要工作是设计关卡挑战，以及对关卡进行包装。

其中，关卡挑战主要与玩法有关，关注的是玩家在关卡中有什么样的挑战及对应的标准打法。常见的关卡挑战设计工作包括地图的整体布局和规划、刷怪点和刷出怪物的编排、事件点和对应事件的编排、怪物和 Boss 对应的行为设定、地图细节的调整等。比如，在《魔兽世界》的血色修道院副本里，关卡策划主要进行以下工作：画出整个地图框架，规定哪里是休息区，哪里是战斗区，设定在什么区域的什么位置应该出现对应的怪物，规划 Boss 战的打法。

关卡包装则主要与整个关卡的表现有关，强调的是整个关卡给人带来的感受。常见的关卡包装工作包括怪物形象和特征的设计、对应怪物技能的包装、场景风格和氛围的包装、怪物对话等内容和机制的设计、场景和物品的包装等。仍以《魔兽世界》的血色修道院副本为例，整个血色修道院的氛围、建筑装饰，Boss 之间的对话传递出的感觉，以及怪物更多应该具备什么包装和特色等都属于关卡包装的工作内容。

4.1.2 系统设计

系统设计更多地是负责单独功能模块的制作，确保其达到游戏期望的目标。这项工作主要以开发为中心进行划分，而非以体验为中心进行划分。

系统设计一般包含目标设计、功能设计和交互设计。目标设计主要明确这个系统在游戏中的功能定位；功能设计主要设计系统背后的运行逻辑；交互设计主要设计玩家使用对应系统时的感受。

根据功能定位来划分，系统设计工作可以划分为多个系统模块，我会在后续的章节中详细介绍如何区分系统模块，以及与设计相关的系统模块有哪些。

值得注意的是，很多系统设计对应的目标用户不只是玩家，还包括对应的开发人员。如何让对应的开发人员配置和调试更方便也属于系统设计的工作内容。比如，系统策划开发了一个英雄系统，但对应的开发人员需要用两天的时间去学习如何配置且每天只能配制出一个英雄，这意味着配置英雄的工作效率太低。因此，系统策划需要写出对应的配置工具的优化需求，交给负责程序的人进行开发。

4.1.3 数值设计

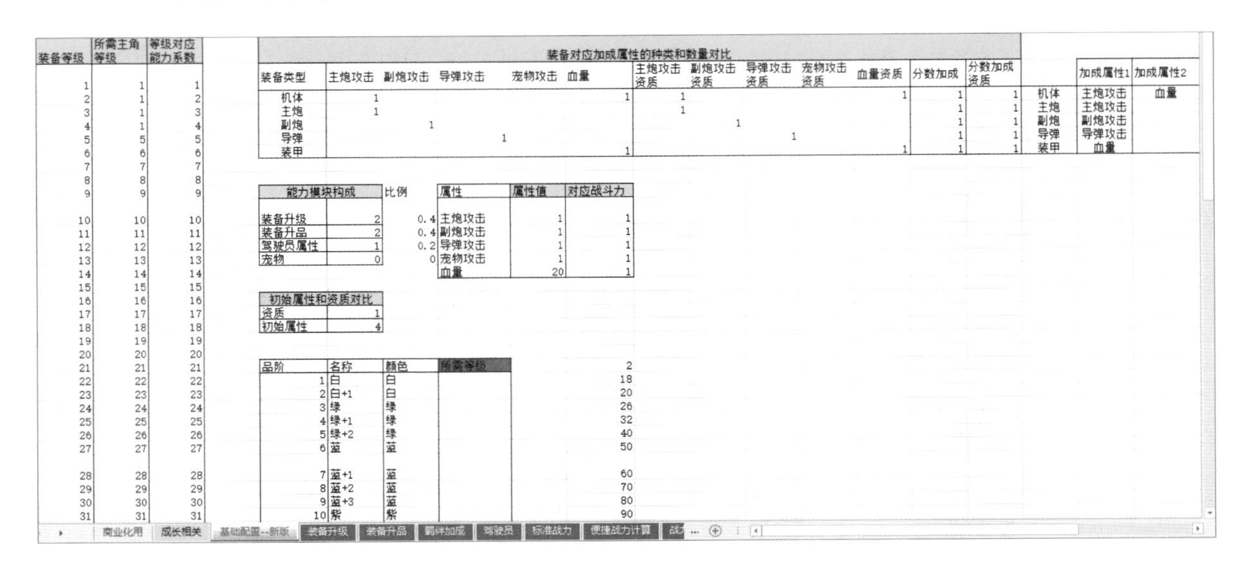

装备等级	所需主角等级	等级对应能力系数
1	1	1
2	1	2
3	1	3
4	1	4
5	5	5
6	6	6
7	7	7
8	8	8
9	9	9
10	10	10
11	11	11
12	12	12
13	13	13
14	14	14
15	15	15
16	16	16
17	17	17
18	18	18
19	19	19
20	20	20
21	21	21
22	22	22
23	23	23
24	24	24
25	25	25
26	26	26
27	27	27
28	28	28
29	29	29
30	30	30
31	31	31

装备对应加成属性的种类和数量对比															
装备类型	主炮攻击	副炮攻击	导弹攻击	宠物攻击	血量	主炮攻击资质	副炮攻击资质	导弹攻击资质	宠物攻击资质	血量资质	分数加成	分数加成资质		加成属性1	加成属性2
机体	1				1	1				1	1	1	机体	主炮攻击	血量
主炮	1					1					1	1	主炮	主炮攻击	
副炮		1					1				1	1	副炮	副炮攻击	
导弹			1					1			1	1	导弹	导弹攻击	
装甲					1					1	1	1	装甲	血量	

能力模块构成		比例
装备升级	2	0.4
装备升品	2	0.4
驾驶员属性	1	0.2
宠物	0	0

属性	属性值	对应战斗力
主炮攻击	1	1
副炮攻击	1	1
导弹攻击	1	1
宠物攻击	1	1
血量	20	1

初始属性和资质对比	
资质	1
初始属性	4

品阶	名称	颜色	所需等级	
				2
1	白	白		18
2	白+1	白		20
3	绿	绿		26
4	绿+1	绿		32
5	绿+2	绿		40
6	蓝	蓝		50
7	蓝+1	蓝		60
8	蓝+2	蓝		70
9	蓝+3	蓝		80
10	紫	紫		90

数值设计工作主要在大型游戏中出现，与计算有关。数值策划需要先进行精密的计算，再开展对应的配置工作，进而将不同的体验衔接起来，让玩家形成更为上层的整体性体验。数值设计包括战斗设计、经济设计、具体系统的支撑和辅助。

战斗设计是指通过调整各种游戏元素的数值，来保障战斗感觉符合设计目标。比如，不同批次小兵和野怪血量的计算，不同等级英雄技能伤害的计算，英雄本身各种属性的计算，装备属性的计算和BUFF对能力的加成计算等。

经济设计是指通过计算来规划玩家付出与收获对应物品的节奏，从而引导玩家做出对应的行为。根据具体项目的需要，有时又会把经济设计细分为成长设计、狭义经济设计和商业化设计。

成长设计更关注玩家能力的成长节奏，在很多游戏中又指与等级相关的数值变化。比如，玩家在每次战斗中应该得到多少经验，每项任务应该给予多少经验，玩家等级提升需要多少经验等。

狭义经济设计更关注玩家需要付出何种代价来获取对应物品。比如，完成每日任务需要做什么，对应奖励的物品是什么，每次战斗应该给多少赛季经验奖励和金币奖励，每个铭文需要多少金币或钻石等。

商业化设计更关注与厂商实际收益有关的行为。比如，应该把什么东西作为商品，抽奖应该产出什么，抽奖时对应奖励出现的概率是多少，商城该产出什么及其价格是多少等。

具体系统的支撑和辅助是指对一些系统所需的数值支持，即对应的算法是什么或对应的数据应该怎样配置。比如，在赛季排位时，积分变化规则可能由数值策划协助系统策划共同制定，某场运营活动的条件也需要数值策划帮助设定。

总之，可以认为数值设计类似人体中的血管，分布于游戏中的各个环节，为游戏输送“血液”。广义上来讲，所有涉及计算的工作基本都属于数值设计。

4.1.4 玩法设计和IP设计

如果说关卡设计、系统设计和数值设计是三大基石，那么玩法设计、IP 设计（又叫世界观设计、文案设计）更类似为了得到更好的设计效果而进行的专题设计，每个专题设计都涉及具体的关卡设计、系统设计和数值设计。

玩法设计更关注如何把实际乐趣抽象为具体规则，极限目标是使用较少的资源让玩家觉得游戏好玩。而 IP 设计更关注如何把游戏包装得更高端，让玩家有统一且深刻的认知，极限目标是即使玩法简单老套，也要让玩家只要体验了游戏就能牢牢记住它所讲的故事和其中的一些元素。

玩法设计和 IP 设计实际上并不是对立的，而是相辅相成的关系。玩法设计和 IP 设计也是关卡设计、系统设计和数值设计所追求的可联合达到的最终目标。

玩法设计

玩法设计，顾名思义，就是设计与游戏相契合的玩法。所谓玩法，是指让玩家通过什么游戏行为来达成游戏目标。举个例子，在《超级马里奥》中，核心玩法是让玩家通过各种跳跃来解决难题并走到关卡终点。那么，对应的玩法设计就是设计出一个个具体的让玩家跳跃的情景。

玩法设计包括宏观的玩法规则设计和细节的游戏感设计（如射击手感）。其中，宏观的玩法规则设计更关注宏观体验，而细节的游戏感设计更关注细节反馈。仍以《超级马里奥》为例，宏观的玩法规则设计表现为设定游戏中应该有哪些元素，如天平、深渊、蘑菇、炮弹等，它们又应该以什么挑战顺序出现，如蘑菇配合深渊就明显比会飞的乌龟配合炮弹要简单得多；细节的游戏感设计表现为设定按键的时间长短是如何影响跳跃高度和滑行距离的，吃到蘑菇时怎样的表现会让玩家感觉更爽，马里奥发出的火球命中敌人时应该播放什么样的特效能让人感觉更爽。

IP 设计更关注如何提供统一而深刻的印象。IP 设计工作包括整体性世界观的构架和细节元素的打造。整体性世界观的构架是指创建合乎逻辑的游戏背景及故事体系，从而影响对应人物、场景等的设定；细节元素的打造是指对单个游戏元素进行包装，从而让其融入世界观。整体性世界观的构架工作就是提供世界观和背景故事，并据此构建出游戏世界对应的大致时间点，以及游戏元素的科技水平、怪物的特点等。仍以《超级马里奥》为例，其世界观是一个童话王国的水管工从恶龙手中拯救公主的故事。这个故事发生在工业革命初期，里面充满了原始火药和魔法的元素。细节元素的打造就是让游戏中的每个元素都尽量贴近世界观。比如，因为《超级马里奥》中的场景多是下水道，所以怪物应该是蘑菇而非向日葵，空中碰到就死的关卡设计元素应该被包装成炮弹，旗帜后面的城堡应该是西式的。

4.1.5 资源制作

很多新人可能认为游戏策划只需要思考，之后将想法告诉大家，而程序人员、美术人员负责制作就行了。这其实是一种错误的认知，在现实的游戏制作过程中需要游戏策划制作众多的游戏资源，这些资源以配置工作为主。实际上，资源制作和检查才是大部分游戏策划的主要工作。游戏策划要制作或调整的游戏资源种类繁多，这里只简单介绍一些主流的游戏资源，包括配置文件、脚本文件、数据表格、编辑器蓝图文件和蒙太奇文件等。

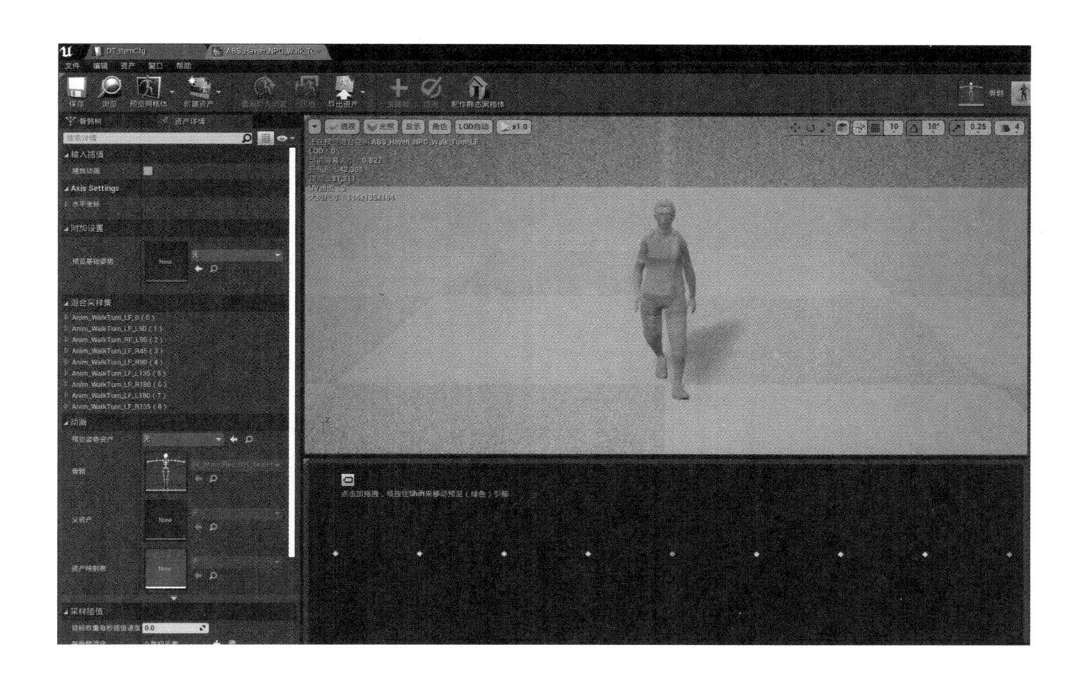

配置文件是一种类似表格的东西，以便让程序员读取并运用原始信息。比如，一件服装的配置文件中可能包含它属于什么部位、展现时运用的美术资源是什么、对应名字是什么、对应描述是什么、对应品质是什么等。

配置文件的出现带来了两个好处。第一个好处是很多工作可以由程序人员做为由游戏策划来做，而游戏策划的人工成本一般比程序人员低一些，这会直接降低开发成本。第二个好处是通过配置文件制作部分游戏内容，可以提高开发效率。因为，一般而言游戏策划是真正的需求方，当其需求有变动时可以直接实现，减少了中间的沟通环节，从而提升效率，降低失误率。比如，游戏策划想制作一项任务，就需要思考这项任务的具体流程如何、怪物的战斗逻辑是怎样的。这些都属于结构基本一致，但每种资源又有各自的特点且逻辑性较强的配置工作。如果这些工作都由程序人员来做，那么制作效率则相对较低，且具体体验未必精确。因此，程序人员会提供对应的脚本文件（如 Lua 文件接口），而游戏策划可以通过编写对应的脚本文件来实现对应的功能。

一般而言，如果是少量的数据信息（如一个人可以接收邮件的数量上限）则可以直接在配置文件中填写；但如果是大量的数据信息（如角色等级对应所需的升级经验）则会先配置成对应的 Excel 表格，然后通过程序人员提供的工具转变成对应的配置文件。常见的配置表格有物品表、怪物表、装备表、经验表等。

随着 UE4（虚幻引擎 4）等编辑器的发展，编辑器的功能越来越强大，越来越多的工作需要游戏策划通过调整编辑器文件的对应参数来实现相应的效果。因为编辑器具有可视化操作和能快速检查等优点，所以可以在其中直接对相应的蓝图文件及蒙太奇文件进行配置和验证。蓝图文件更多地用于将各种类型的文件和资源关联起来；而蒙太奇文件则更多地用于调整每个动作中的细节，如何时播放特效和发起攻击等。

4.1.6 项目管理

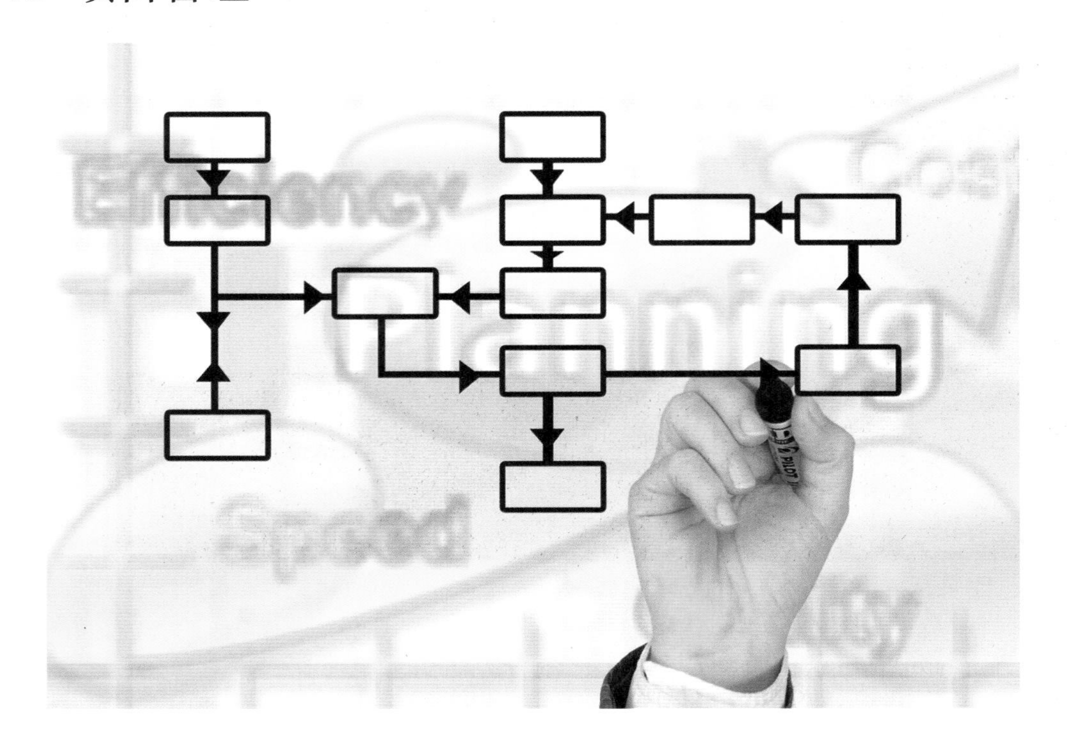

上面介绍的工作都是偏向针对事的工作，在实际工作中还有大量针对人的工作，项目管理就属于游戏策划日常需要进行的最重要的针对人的工作。项目管理的核心目的是让大家可以更好、更快地达成项目目标。总体来讲，项目管理就是使用各种知识、工具、手段和技术等，解决项目开发过程中的各种问题，以达成项目目标的过程。

常见的项目管理工作包括领导、组织、用人、计划和控制等。领导是指向参与者说清楚自己想要的东西，在成员有疑惑时帮助答疑解惑。组织是指把一群人集合起来，为了共同目标去做事。在功能开发的过程中，某个功能可能同时需要多个人来配合完成，如何保证他们有效沟通是游戏策划需要处理的问题。用人是指提前想好谁干什么事。在功能开发的过程中遇到一些灰色地带和突发状况时，也需要游戏策划指定人员或寻找支持来处理这些问题。计划一般在初始已经制订，但细节功能的小计划及开发过程中遇到的一些突发状况也需要游戏策划进行处理。在整个开发过程中，游戏策划需要处理各种突发问题，以保证项目能按时且保质保量地完成。

游戏策划是需求的实际提出者和验收者，因此他需要承担自己下方所属的各种小项目（如各种小功能、小资源的制作）的管理工作。而专职的项目经理可能更关注大团队、大版本等方面的工作。对普通游戏策划而言，以上介绍的内容已经够用了，至于团队管理工作一般是组长或主策划的工作内容，就不在这里细讲了。

4.2

游戏策划内部的分工与合作

前文讲述的是游戏策划的主要工作内容，接下来介绍一下游戏策划的分工及对应的工作内容，同时使用简单的例子来说明不同岗位的游戏策划是如何合作的。

4.2.1 岗位与工作内容

不同时期的不同团队对游戏策划岗位有不同的划分，但一般会划分为以下岗位：主策划、关卡策划、系统策划、数值策划。部分团队可能还会划分出玩法策划、脚本策划、执行策划、文案策划、音频策划和策划项目经理。下面介绍一下主流策划岗位及对应的工作内容。

主策划：游戏和版本目标的制定者，关卡、系统、数值、玩法和 IP 等设计方向的制定者，整个游戏或版本的项目管理者之一，策划团队内部沟通规则及与其他团队沟通规则的制定者，负责团队的日常管理工作。

关卡策划：关卡设计工作的主要负责人，关卡相关系统的设计者，关卡对应资源制作的执行者，关卡相关功能开发的项目管理者。

系统策划：指定系统（一般指除明确由其他策划负责的系统外的所有系统）设计工作的主要负责人，指定系统对应资源制作的执行者，指定系统相关功能开发的项目管理者。

数值策划：数值设计工作的主要负责人，数值相关系统的设计者，数值对应资源制作的执行者，数值相关功能开发的项目管理者。

玩法策划：宏观玩法规则设计的参与者，细节游戏感设计的制定者和执行者，玩法相关系统的设计者，玩法相关数值设计的参与者，玩法相关功能开发的项目管理者。

脚本策划：脚本相关资源制作的执行者，脚本相关系统的设计者，脚本相关功能开发的项目管理者。

执行策划：通用资源制作的执行者。

文案策划：文字相关资源制作的执行者。

音频策划：音频相关资源制作的执行者。

策划项目经理：策划功能开发的整体项目管理者。

4.2.2 岗位间的配合

游戏策划的各个岗位间也需要配合。一般而言，首先主策划会为对应工作分配一个核心负责人，之后每项工作的核心负责人都要沟通该项工作所涉及的其他人员来配合自己达成目标。如果发现工作有重叠的部分，则核心负责人会协商各自具体负责的范围。如果发现有未预料到的情况出现，则核心负责人应同时推进，并协商各自具体负责的范围。下面以日常任务系统的开发过程为例来讲解游戏策划各个岗位间的配合，以便大家可以更形象地了解这个过程。因为日常任务系统相对简单且涉及的岗位较多，所以比较适合作为例子进行讲解。

首先，主策划通过对游戏的理解，决定设计开发一个日常任务系统。该系统主要负责引导玩家玩游戏，体验游戏乐趣并获取对应的基础物资。随后，主策划在策划例会上公布自己的决定及原因，同时将这项工作交由系统策划小张负责。

小张在接到任务后，先规划了日常任务系统的交互和系统功能。但在确定任务类型和任务奖励的时候遇到了一些困难，他不太清楚哪种类型的任务可以让玩家能高效体验游戏乐趣，也不清楚基础物资是什么。于是，他找到玩法策划小李和数值策划小王寻求支持。

明确了小张的需求后，小李提供了具体的任务类型，小王提供了具体的奖励物品列表和对应的奖励节奏（如玩家玩大概一小时可以获得什么物品）。于是，小张开始撰写对应任务所需的功能文档。

完成之后，三人各自进行自己模块的资源制作。但在这个过程中又发现了一个新问题，其中一种任务类型需要在游戏场景内布置一个雪人。小张和小李都发现了这个问题，他们在协商后决定将这项工作交由小张负责。于是，小张找到了关卡策划小赵，小赵按照小张的要求将雪人布置到了场景中。

随后，小张又找到了文案策划小马，让其帮忙撰写对应的任务描述。至此，小张得到了日常任务系统所需的全部资源并将其配置到日常任务表中。

任务完成后，整个策划组一起体验了日常任务系统并表示体验良好。整个功能开发过程结束。

4.3 游戏策划的发展阶段

讲述了游戏策划的主要工作内容和常见的分工之后，下面简单介绍一下游戏策划的发展阶段。并非所有的游戏策划都是照此发展的，但可以给新入行的人提供参考。

4.3.1 设计的高度、深度和广度

一项设计通常包含设计原则、设计元素和设计方法三大部分。高度对应的是设计原则的抽象程度，深度对应的是设计元素的把控程度，广度对应的是设计方法的掌握程度。三者之间没有重要程度之分，它们是相互支撑的，提升广度的同时也会加强高度、强化深度，加强高度的同时也会提升广度、强化深度。游戏策划正是在这三个维度上不停成长的。

设计原则

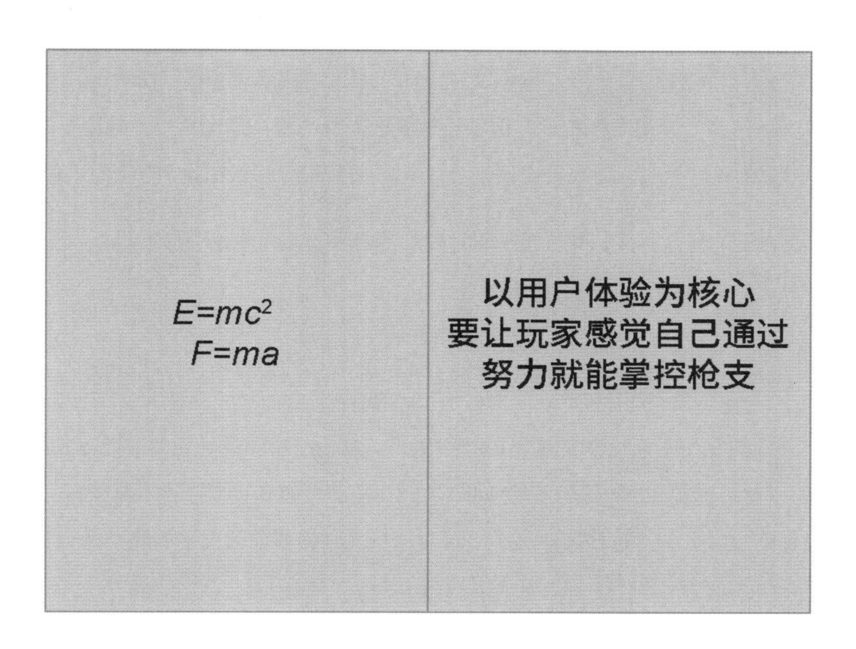

设计原则是指游戏设计领域背后的规律，若这个规律能涵盖更多的现象，则可称其具备更高的高度。我们常说某位“大神”对某个领域理解深刻，有一套独立的方法论，就是指他的思想高度比较高。

设计原则类似哲学，高度越高则越具备普遍性，但也越难直接产生具体的设计内容。比如，以用户体验为核心就是一种设计原则，它几乎适用于所有游戏的设计，但又无法直接提供任何的游戏体验。在射击游戏中，要让玩家感觉自己通过努力就能掌控枪支，就属于专业领域的设计原则。

并非设计原则的高度越高就越有实用价值，相反，设计原则的高度越高，可能实用性越低。总结出自己的设计原则能让别人对设计理解得更加通透，也更方便将其作为标杆，让整个产品的设计过程更符合逻辑且方向正确。

设计元素

设计元素是指设计师能用的具体的元素种类。就像原子构成分子一样，设计元素也有层级之分，底层元素构成高层元素。对应的元素种类越基础，则可称其深度越深。

一种设计原则对应的设计元素越基础且完整，这种设计原则就越可信和稳固，我们一般会称这个人的设计思想很有深度。

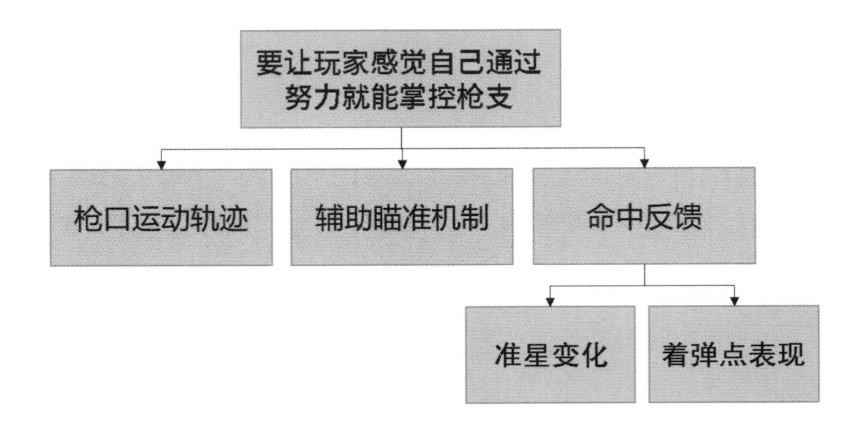

以“要让玩家感觉自己通过努力就能掌控枪支”这种设计原则为例，枪口运动轨迹、辅助瞄准机制、命中反馈等就属于这种设计原则对应的设计元素，而准星变化、着弹点表现等就属于命中反馈的设计元素。

每个人对设计元素都有自己的划分方法，甚至在不同时段对不同游戏的划分方法都不同。

设计方法

设计方法是指设计师在进行玩法或系统设计时所运用的具体手法，即如何使用设计原则和设计元素的方法。

比如，一款游戏的设计原则是使不同枪支有适合自己的使用场景，能用的设计元素有单发伤害、射击 CD（两次开枪之间的时间间隔）、枪口弹起高度（开枪后枪口弹起的高度）、开镜速度（打开瞄准镜的速度）、开镜倍率（打开瞄准镜后能看到多远的敌人）、持枪移动速度（手持对应枪支时的移动速度）和移动开镜稳定度（开镜移动时准星的稳定程度）。

一种更适合蹲坑守点的突击步枪的设计方法如下：单发伤害一般，开枪间隔时间很短且开枪后枪口弹起的高度较低，开镜速度较慢但开镜倍率较高，持枪移动速度很慢且移动开镜稳定度低（开镜移动时准星到处乱跳）。

一种更适合蹲坑守点的狙击枪的设计方法如下：单发致命，开枪间隔时间很长且开枪后枪口弹起的高度很高，开镜速度很慢但开镜倍率很高，持枪移动速度很慢且移动开镜稳定度非常低。

一种更适合冲锋用的狙击枪的设计方法如下：单发致命，开枪间隔时间很长且开枪后枪口弹起的高度很高，开镜速度很快但开镜倍率较低，持枪移动速度较快且移动开镜稳定度较高。

设计师的设计方法越多，就越能应对更多的需求。如果设计师精通多个领域的设计方法，则可称其涉及领域广、知识面宽。

4.3.2 游戏策划的发展过程

下面我们来讲解一下一个典型游戏策划的发展过程。整体而言，这是一个从关注感受到关注元素，进而关注方法，最后关注原则的过程。

游玩期

这个阶段的核心特点是会体验但不尝试分析设计方法。

在最开始，游戏策划还只是玩家，只是单纯喜欢玩游戏，可以通过自身感受来理解游戏给人带来的感觉。在这个阶段，其可能会认真研究如何才能玩得更好或如何达成更高的目标，也可能会根据自己对游戏的理解创造出连设计者都没有想到的攻略或方法。其与普通玩家最大的区别在于，普通玩家基本上没有认真思考过为什么要进行这样的设计和这种感觉是如何实现的。

萌芽期

这个阶段的核心特点是开始比较各种体验并归纳原因。

经过发展，玩家中的部分人会开始思考“为什么这款游戏好玩而另一款游戏不如这款游戏”，也会开始思考“这款游戏为什么会让人感觉很不舒服”，这就开启了萌芽。在这个阶段，玩家开始学会分析和比较感觉的不同，并且尝试归纳原因。

简而言之，当开始思考为什么时，一个玩家就逐渐脱离玩家的身份变为游戏策划了。

新手期

这个阶段的核心特点是将已有系统拆分为元素并寻找关联。

极少有玩家会加入策划团队，但在其加入策划团队后，第一项工作一般是进行游戏分析。新手会研究一款已有的游戏，并开始系统化地拆分和理解游戏，包括系统化地思考游戏究竟由哪些元素构成，它们之间的关系又是什么，进而开始试着理解一些部件的组合是如何产生游戏感觉的。最后，还会被要求给出自己的评价，如哪里做得好、哪里可以优化。

可见，萌芽期和新手期最大的区别在于是否主动思考“要是我该怎么做”及是否认真分析游戏。一般而言，如果玩家可以在入行前达到这个境界，那么面试游戏公司就相对比较顺利了。

执行期

这个阶段的核心特点是从功能的角度细化和优化需求。

新手在对某个领域进行不断的分析后，就会熟知对应系统到底是如何构建起来的。这个阶段的游戏策划能理解更深层次的游戏元素，会对游戏元素进行分层并构建它们之间的关系，同时能慢慢积累更多的游戏设计方法。当他可以熟练地对其他游戏的类似系统进行拆分时，就意味着他已成长为对应领域的一名合格的游戏策划了。

这个阶段的游戏策划可以参照其他游戏的某些系统将需求细化并落地，也可以找到某个具体的设计 BUG 并进行优化。游戏策划在这个阶段的工作特点是接到一个需求后，会先在市场上找表现好的游戏或自己觉得好的游戏，再直接整体借鉴对应的设计。

在此期间，游戏策划可能因为一些灵感而对系统做出一定的创新，听到建议后也可以分辨出优劣，但这主要基于感觉或本能。在实际工作中，游戏策划主要还是从功能的角度看待对应的设计，重点关注的是如何能更好地还原游戏且不出差错，关注点更多会放在功能完整性及 BUG 上。

成熟期

这个阶段的核心特点是从玩家的角度思考，懂得选取适合自己游戏的一些设计点。

在这个阶段，游戏策划会根据自己的想法开展对应的设计工作，而其工作成果（如方案、文档或直接体现在游戏中的功能）在输出后会在内部评审（包括策划内部评审、开发评审等）中不断被质疑，如果其设计的功能可以上线，则又会收到众多玩家的反馈。在收到反馈后，游戏策划会主动或被动地开始反思，通过反思不断深化和提炼设计思路。其设计思想也会从"什么样的设计更好"慢慢变为"什么样的设计更适合自己的用户群体"。从习惯从功能的角度思考游戏变为习惯从玩家的角度思考游戏，这意味着游戏策划进入成熟期。

此时游戏策划的核心工作会变为先根据需求罗列对应的功能框架，再逐步思考哪些设计方法和设计元素更适合玩家，进而用对应的设计方法和设计元素进行填充。在整个设计过程中，游戏策划会思考各种游戏类似的功能设定，如果发现适合自己游戏的部分，则会将这部分放入自己的游戏中并进行本地化调整。

在这个阶段将出现创新，并体现在细节设定的维度中。如果一个新手能在开始时就体现出这个层面的一些潜力和特性，则会受到游戏公司的力捧和培养。

骨干期

这个阶段的核心特点是在设计深度上形成了方法论，同时会在整个游戏的层面对自己负责的模块进行思考。

骨干游戏策划的表现之一就是开始从更高的层次对游戏进行思考。游戏策划工作到一定程度之后，慢慢就会发现自己模块的表现会受到游戏中其他模块的影响，如果想让自己模块的工作实现极佳的效果，就必须对其他模块有一定的理解并与其相互配合。在配合的过程中，游戏策划会慢慢从更高的层次来思考自己模块的定位及对应的判断标准，从而与其他模块的游戏策划更好地配合，这样就会形成良性循环。如果游戏策划从一开始就以封闭的状态面对他人，则很难进入这个境界。

骨干游戏策划的另一个表现是会形成自己的设计方法论。他会在工作中不断地思考哪些框架、哪些元素更适合玩家，慢慢地就会将设计中的各个要点更加抽象地组织起来，形成更为本质的设计方法，也就是形成自己的设计方法论。之后，他就可以从更多的领域来获取自己需要的元素或方法（如从其他类型的游戏甚至现实世界中获取灵感），从而使自己的模块更加有设计深度且表现更好。

一旦游戏策划达到这个境界，就会在设计上表现出较大数量和较深维度的创新，而且这些创新是真正的创新，更适合自身游戏。以我的经验来看，对大部分游戏策划而言，能否达到这个境界是其职业发展的真正瓶颈。这个阶段的游戏策划一般会在对应团队中扮演核心策划的角色。

这个阶段实际上是骨干期的积累进阶。这个阶段的游戏策划实际上会有两种发展方向：一种是在宏观的维度继续发展高度，另一种是在微观的维度继续发展深度。发展高度是从自己的模块中跳出来，明白整个游戏中部分模块之间的关系及设计技巧；发展深度则是针对某些模块从方法论的层面跳出来，以更加哲学化的角度去思考设计理念，同时了解更多的设计元素和设计方法。

很多游戏策划会在这个时候只关注发展高度，进而成长为主策划。但我认为这是片面的，就像一栋高楼，能达到多高自然非常重要，但地基更加重要。只有在某个领域有足够的钻研后再去提升高度才是合适的。在某个领域必须通过钻研才能获得对应的思想和方法论，从而在后续快速理解、分辨和借鉴。

这个阶段的游戏策划遇到的核心瓶颈是对玩家的理解程度不够。很多游戏策划因为天赋不够，又或者因为没有足够的数据进行验证，所以职业发展就此卡住。

至此，游戏策划的发展过程已经阐述完毕。其中的几大转折点如下：①从被动体验到主动思考和设计；②从看到设计方法到会系统化地将其分解成元素和原则；③构建自己的方法论；④对玩家有足够深入的理解。

从经验出发，我给出两点建议。

首先，最好先在对应的阶段把对应的技巧夯实，再突破瓶颈进入下一个阶段。这是因为夯实的过程会帮助游戏策划更好地突破瓶颈，而跳过基础搭建急于锻炼下一个阶段的技巧很容易造成不良后果，最后还要反过来巩固已有技巧，这样反倒浪费了时间和机会。

其次，从整体层面了解发展过程会对成长有所帮助。在修炼基础的过程中一旦对更高的层次有所感触，就要果断加深理解，这会帮助自身更快地突破瓶颈并为下一个阶段积累经验。

希望这两点建议能帮助大家更快地突破瓶颈，成长到自己期望的程度。

讲完游戏策划的发展过程，下面讲一下游戏策划的常用工具，思维方式和设计方法等会在后续的章节进行讲解。

4.4 游戏策划的常用工具

游戏策划拥有了思维方式并且开始分析和设计后，还需要借助专业的工具来将它们变为现实。本节将简单介绍游戏策划的常用工具，包括纸笔、录屏、Word、Visio、编辑器、PPT（PowerPoint）、策划案和 Excel 等。

我想更多地介绍一下这些工具的特点，以及为什么要使用这些工具，从而帮助大家了解什么状况下更适合使用什么工具。至于如何更好地使用这些工具则不是本节的重点内容，大家可以阅读一些对应的书籍来进一步拓展自己的知识。

4.4.1 记录想法和素材的工具

大脑的记忆能力是有限的，游戏策划在玩游戏时最好将自己的想法记录下来，方便后续进行分析和总结。适合记录想法和素材的工具主要有纸笔、录屏和 Word。

纸笔

相较于其他工具，纸笔具有便于携带、写作方式自由等优点，最适合在初始有灵感的时候进行记录。在使用纸笔进行记录时，不必过于在意记录的格式，重要的是把一个个思想碎片记录下来，方便后续在看到时可以联想到对应的展示内容、意义和场景。因此，纸笔最适合在头脑风暴及整理思路时使用。

录屏

为什么要录屏（截屏也属于录屏的一种）？因为大脑的记忆能力是有限的，并且处理信息的效率也是有限的，无法关注整个游戏过程中的各种变化和细节。而且，很多时候我们在有目的地玩游戏时，对应的场景需要一定的条件才能触发且转瞬即逝，想要再次触发则需要付出大量的时间和精力，这时录屏就显得极为重要。

在对整个游戏过程进行录屏后，游戏案例就可以在后续不断地对影像进行研究，每次只关注某一个设计方面。在遇到细节设定的时候，游戏案例还可以通过反复观看来获取更为精确的信息。另外，通过影像，游戏策划更便于回想起对应的场景。

目前，手机已经拥有各种录屏功能，而在计算机上按住“Win + G”组合键（Windows 10 系统自带），即可弹出录屏界面，从而进行录屏。

Word

作为 Office 办公软件的“三剑客”之一，Word 具有其自身的独特性。一般而言，当游戏案例有较为明确的思路时才会使用 Word 进行撰写，正式的策划案一般也会用它进行撰写并留案。

4.4.2 总结思路的工具

在设计的过程中，游戏策划经常需要用一些工具帮助自己总结思路，如总结不同设计元素之间的关系、系统流程，验证自己的设计成果是否符合预期。使用对的工具可以提升自身的工作效率。适合总结思路的工具有Visio、编辑器。

Visio

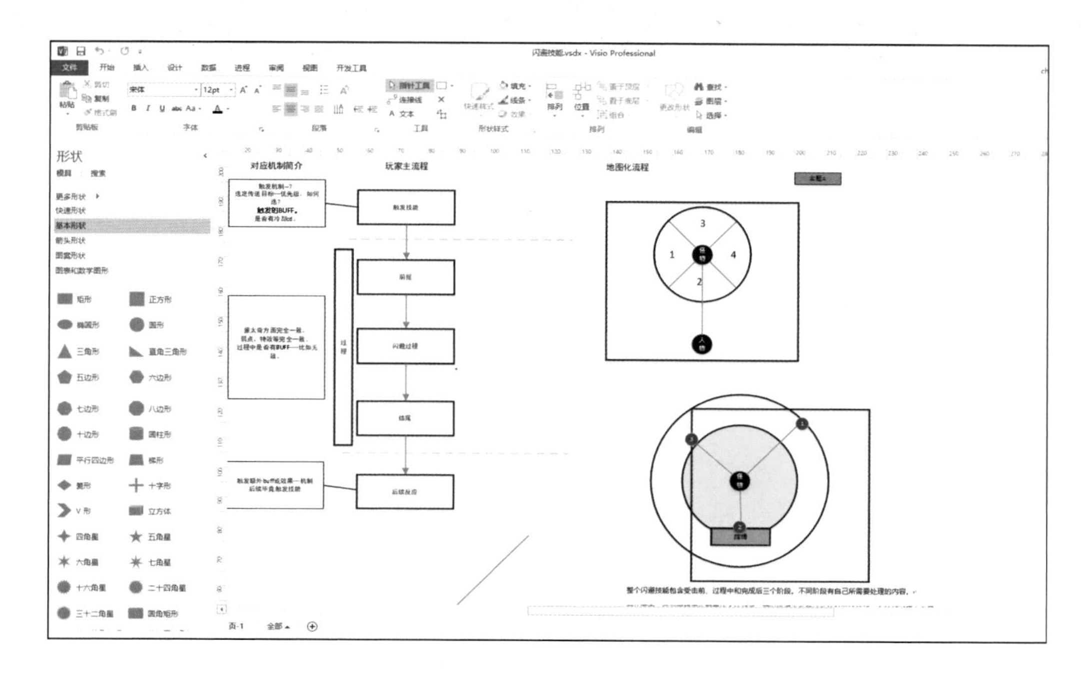

流程图是一种以特定的图形符号加上说明来表示算法或系统运行原理的图。使用图形化的方式来表示逻辑可以使整体更加清晰且更易梳理。

Visio 作为一款已经存在多年的工具，最适合制作各种关系图和流程图。因为 Visio 中包含各种对应流程图的模板，每个模板中又有对应的标准元素和连接工具，因此使用者能快速画出美观的流程图。

编辑器

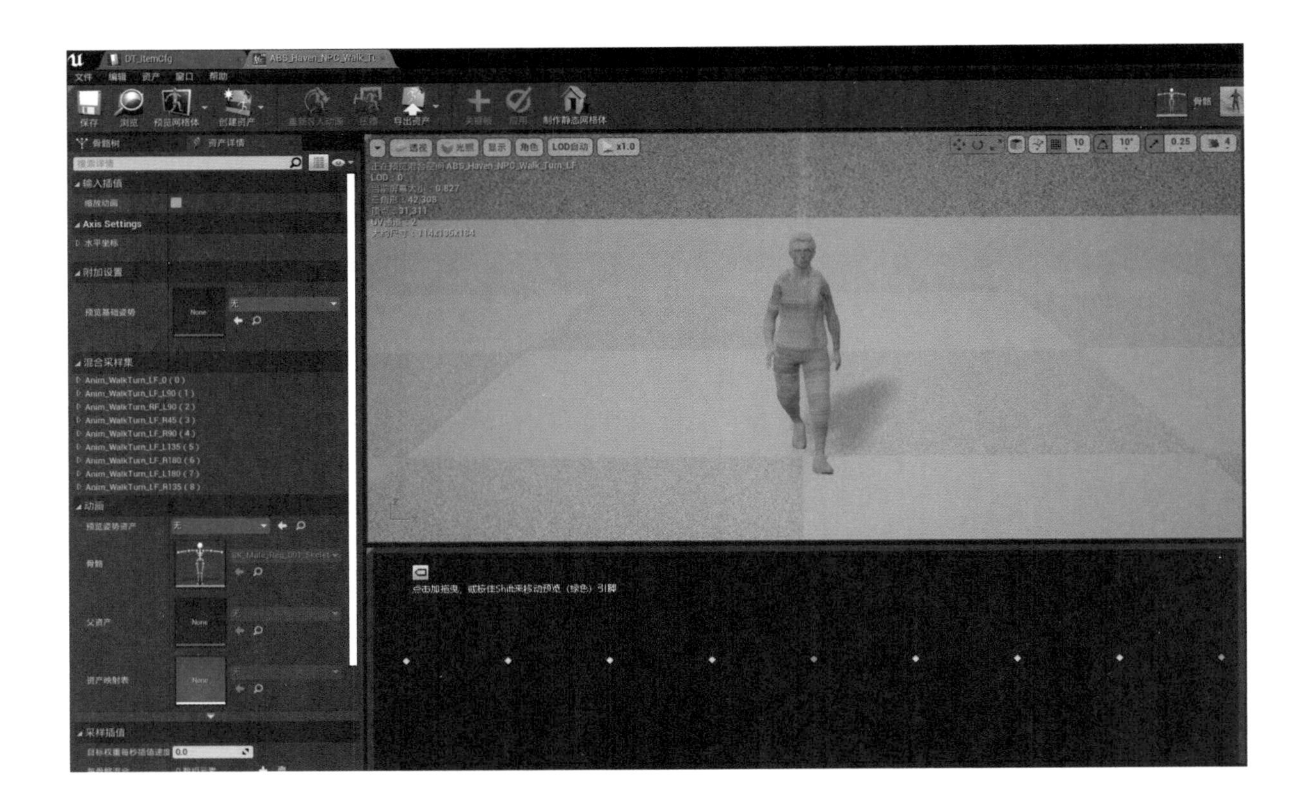

编辑器主要用于验证和调整数据与资源，目前以 UE4 为首的编辑器的功能已经非常强大。在很多团队中，程序人员已经为游戏策划准备好了对应的测试地图，游戏策划用编辑器制作好对应的资源后就可以将其直接放入测试地图中观察展示效果和简单的战斗效果。

4.4.3 展示工具

很多时候，游戏策划必须将自己的思路和想法更加具象化地展示给其他人，以帮助对方理解自己的设计思路，从而进行判断或开发。无论使用何种工具，华丽、美观等都是次要的，让人明白你的设计思路永远是第一要点，其中视频和图片本身就比文字更容易让人理解。

根据展示对象的不同，一般会分为向上展示和开发展示。向上展示一般为向项目组全员展示，大多数情况下会使用 PPT 作为展示手段，整个过程讲究言简意赅、通俗易懂，讲清楚整体脉络即可，无须过于纠结细节。

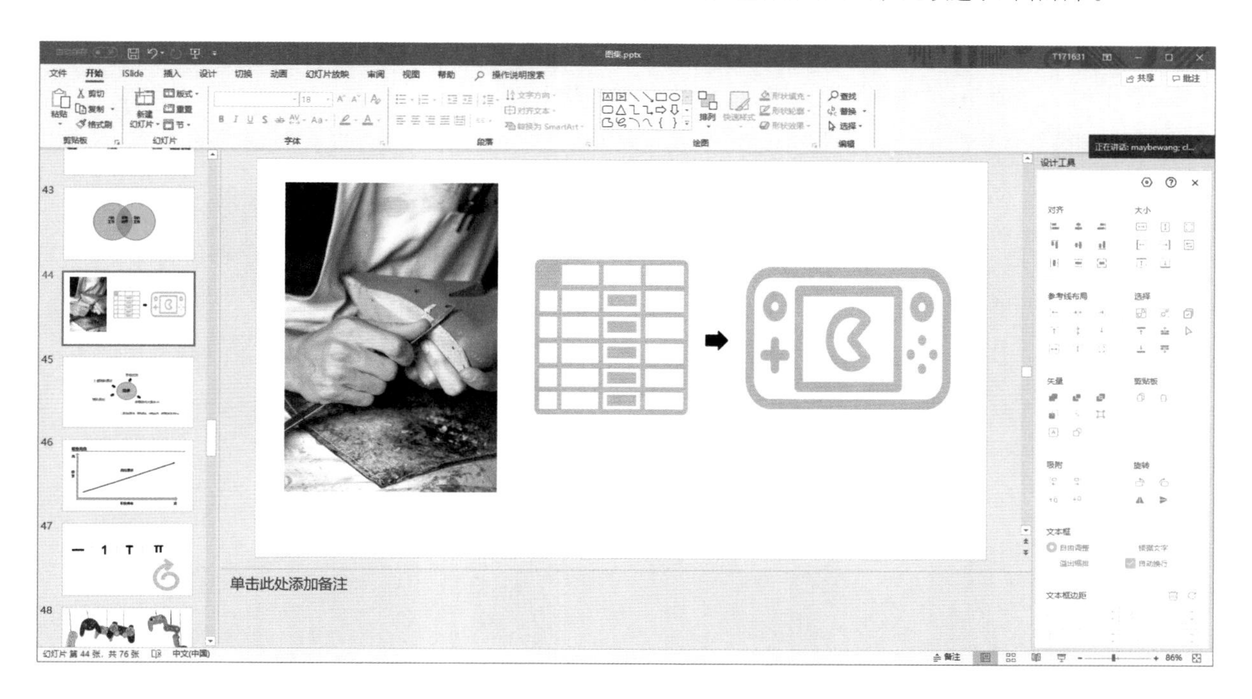

而开发展示的目标一般是开发人员（程序人员、美术人员、测试人员），这时要求细节足够清晰，不要让人产生误解。一般而言，会通过示例视频和策划案进行展示，每个开发团队一般都会有自己的策划案格式。使用策划案进行展示可以帮助游戏策划整理思路，避免遗漏重要细节，同时会让整个开发过程更加清晰易懂。

4.4.4 资源制作工具

资源制作工具的主要作用是帮助游戏策划快速且精确地制作游戏资源。

推荐关卡策划和玩法策划更多地关注一下编辑器，UE4 编辑器是开发团队使用的主流编辑器，Unity 等编辑器也足够优秀。数值策划则需要更多地关注 Excel 的使用技巧。

4.5

总结

本章主要介绍了一些关于游戏策划的知识。首先，介绍了游戏策划的工作内容一般都有哪些，其中对新人而言，开始时主要是资源制作类的工作。然后介绍了常见的游戏策划岗位及对应的工作内容，顺便简单介绍了各游戏策划岗位之间是如何配合的。简单来说就是模块负责制，由负责人来推动各处协调工作，如遇问题则向上反馈。

接着，着重介绍了游戏策划的发展阶段。一般而言，游戏策划的能力分为高度、深度和广度的发展，三者相互促进、共同发展。一名普通策划的发展过程可以总结为，从只会玩慢慢变为会分析，再到可以借鉴及懂得选择，最后到可以创新。

最后，简单介绍了游戏策划的常用工具，其中着重介绍了这些工具的应用场景，至于工具自身的使用方法大家可以自行学习对应的书籍。

第 5 章

如何分析游戏

本章将重点讲述游戏策划的基础技能——如何分析游戏。

首先讲述分析游戏的基础步骤，其中最重要的是选择和使用对应的分析方法。之后详细介绍如何选择分析方法，接着更为详细地介绍功能分析法和体验分析法的具体步骤，最后讲解如何进行游戏整体分析。

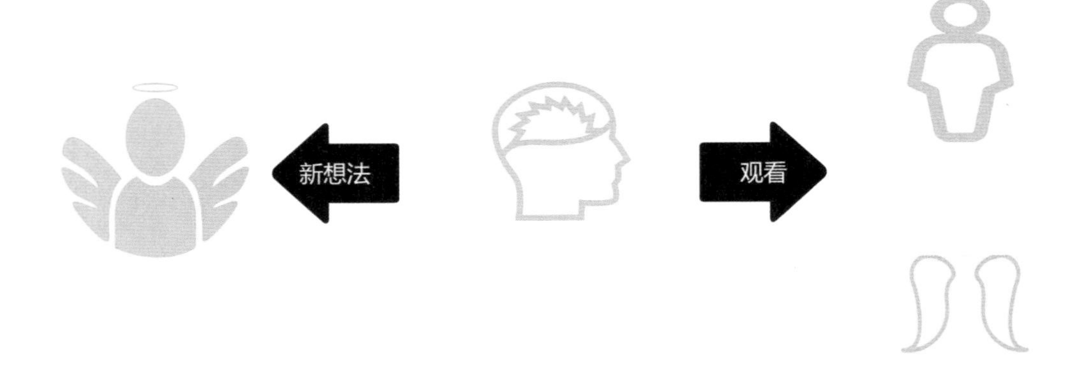

人无法凭空想象出自己从未见过的东西。想要在某个领域进行制作和创新，就要多积累关于该领域的知识，这点在游戏制作领域也是成立的。想要成为游戏策划，在一般情况下自己要先是一个资深玩家，玩大量游戏并进行分析，进而对游戏设计有更多的理解，并将自己的理解运用于游戏设计中。

我之所以把分析游戏放在其他技能或能力之前来介绍，是因为它是唯一一个可以在成为游戏策划之前就能深度积累的技能，又是一个在整个游戏策划职业生涯中都需要用到的技能。因此，越早学会自己分析游戏越好，越早养成分析游戏的习惯越好。

5.1 分析游戏的基础步骤

根据目的不同，一般会有两种分析游戏的方式。第一种是先玩，觉得哪里出彩再撰写对应的体验报告。使用这种方式需要注意如何选定要体验的游戏。第二种是带着目的去体验和分析游戏，如听闻某款游戏或游戏里的某些模块设计得出色，于是特意去体验并撰写体验报告。

无论使用哪种方式，整个分析过程都需要经历以下步骤：①选择要分析的游戏；②沉浸式体验并记录；③选择分析方法进行分析；④撰写体验报告。本节只讲述步骤①、②、④，步骤③将在后续的章节进行讲述。

5.1.1 选择要分析的游戏

行业新人和资深游戏策划对要分析游戏的选择标准是不同的，这是因为他们的出发点不同。行业新人更想积累一些游戏设计知识，而资深游戏策划更想了解行业动态或一些独特的设计。

选择经典游戏

在选择要分析的游戏时主要有以下两种情况：如果想看某个设计模块的标杆是怎样的，就从市场上找一款表现最好的游戏去体验，如想看 FPS 类游戏死斗模式下的枪支平衡是如何设计的，就去分析《使命召唤》；如果想看看某种类型的游戏体验如何，就找到市场上公认的这种类型的经典游戏去体验，如想看二次元开放世界游戏的体验和设计，就去分析《原神》。**整体而言，如果有目的地去分析游戏，就要分析经典游戏，原因如下。**

首先，经典游戏的一个特性就是被主流玩家认可。只有结果正确才能证明设计正确，经典游戏意味着其设计理念是被验证的，而且是被主流玩家认可的，这有别于一些小品类及昙花一现的作品。小品类的作品最大的问题是只获取了对应特殊条件的小群体的支持，因此其用户量较小。所以，除非是自己喜爱的游戏，否则建议分析经典游戏。

昙花一现的作品因为市场宣传或情怀等原因，会在开始时用户很多，但随着时间的推移用户越来越少直至消失。这种作品要么名不副实，要么好的体验极短，无论哪种情况都意味着不值得投入过多的时间和精力去研究。

其次，经典游戏的设计具备通用性，更适合新人分析和借鉴。

最后，经典游戏具备时间上的通用性，即当前玩家比较认可此游戏的体验。玩家的需求会随着时代的变化而不断变化，他们所认可的体验也会有一定的变化。如果一款游戏被奉为经典，那么其中的主流设计必定包含某些跨时代的设计原则。一旦学会了这些原则，就可以形成设计经验的积累。

总之，经典的东西也许有些落伍或不够好，但肯定正确，分析和学习经典游戏是一件有意义的事情。

深度分析一款游戏

深度分析一款游戏带来的好处要远远大于粗略分析多款游戏带来的好处。这是因为一款游戏中的各个模块之间存在精密的连接，而很多体验是需要通过这种精密的连接来呈现的。只有深度分析一款游戏才能准确掌握这种精密的连接，粗略体验则难以发现。

这种精密的连接有大型的也有小型的，小型的如手雷爆炸的例子，而大型的更多体现在数值体系、世界观构架和 IP 建设等方面。

5.1.2 沉浸式体验并记录

在选定了游戏后，下一步是进行沉浸式体验，然后将过程中的体验、功能和数据等记录下来，这是进行分析的前提。想要分析得透彻，就需要进行较长时间的体验，且必须带着感情去体验。

自己体验和云游戏

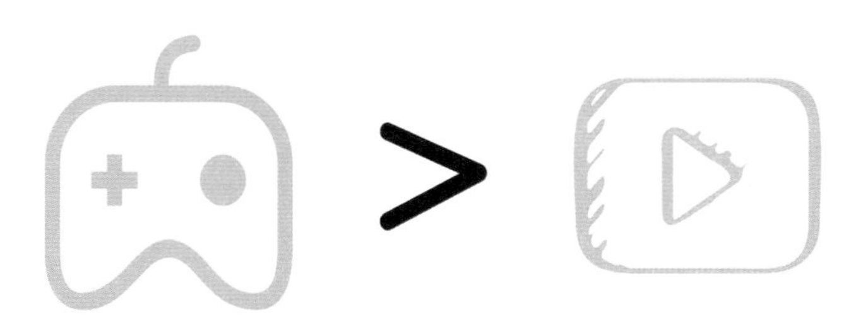

很多时候，人们可能因为没有足够的时间或金钱（不能购买太多游戏）而选择观看对应的游戏视频来了解游戏，这就是业内俗称的“云游戏”。但想要对某款游戏进行分析，建议先深度体验这款游戏。这是因为游戏是一种互动的体验型产品，而视频只是一种被动的体验型产品，两者给人的感觉会有一定的偏差。且越是细微和主动的体验，对应的偏差就会越大。另外，视频有体验顺序，无法体现出游戏完整的体验感。基于以上原因，建议先完整地体验游戏后再进行分析。

当然，云游戏也有自己的用途。玩家完整地体验完游戏后，在尝试分析时会遗忘很多细节，也会漏掉一些周边的体验，这时可以通过云游戏来激发对应的回忆或观察其他情况下游戏的状态。

总之，想要分析一款游戏，必须先亲自体验一遍，再通过云游戏进行补充。

体验时间

想要分析一款游戏，尤其是网络游戏，体验时间要足够长。这是因为很多感觉需要长时间体验才能获取，如成长体验和战斗体验。另外，很多游戏的设定是为了满足游戏的整体体验而非单个场景的体验，只有通过长时间体验才能知道这样设定的原因。比如，手雷爆炸引起的屏幕晃动，在当时看来会提升玩家的代入感，但如果是一款战斗频繁的游戏则会导致玩家难以操作枪支进行战斗，因此偏爽快型的游戏就会去除这种特性。这就是需要长时间体验才能得出的结论。

记录

光体验是不够的，还必须进行记录，记录是为了给后续分析准备基础素材。

记录的内容一般包括体验、功能和数据。在整个游戏过程中，遇到了心动的点，就需要记录整个体验过程是怎样的。具体方法是简单描述对应的感受和场景，如果可以再把对应的系统也记录下来。不需要那么严谨，只需要采用随手写便笺等方式进行快速记录，方便后续能回想起对应的场景即可。记录体验是为了在后续分析时能根据记录回想起当时的场景，从而进行系统的查看或详细的观察。

记录功能主要是对功能模块涉及的系统、对应的操作反馈和界面等进行记录，方便后续查看细节设计点。一般而言，建议直接录屏进行记录。

记录数据则相对繁杂，一般是对数值等的具体变化进行记录，方便后续找到数据背后对应的规律。一般而言，建议使用 Excel 进行记录。

不必玩得非常好

很多人可能认为想要分析一款游戏，就必须达到“骨灰级玩家”的程度，这实际上是一种误解。

玩游戏和体验游戏是两种行为。玩游戏是指利用游戏规则来达成游戏设定的目标；而体验游戏是指通过玩游戏来获得对应的体验。前者主要是进行自我挑战和锻炼，如在一个关卡中追求无伤通关；而后者是为了了解设计技巧，如如何让大部分玩家做到一命通关。

不可否认的是，如果能在某款游戏中达到“骨灰级玩家”的程度，那么对分析这款游戏肯定是有帮助的。但人的时间和精力等都是有限的，因此在大部分情况下，在体验游戏时只需达到一定程度即可，无须达到“骨灰级玩家”的程度。我建议达到中等偏上的程度即可，如玩《王者荣耀》，除非专门研究这款游戏，否则只要达到钻石级别就可以了。

5.1.3 撰写体验报告

分析一款游戏的一般流程为，首先体验和记录，然后根据自身目标选择对应的分析方法进行分析，最后撰写体验报告。后续会详细介绍如何选择分析方法，这里先介绍为何要撰写体验报告。

很多人可能认为有了对应的结论就可以了，但我建议一定要撰写体验报告，主要原因有以下几点。

①人是健忘的。分析一个系统模块或一款游戏是一项较大的工程，不进行记录会很容易忘记当时的想法。

②整理思路。一般而言，想要在大脑中形成想法需要对内容有一定的理解和想象，而想要将这个想法记录下来则需要对内容有更深刻的理解。如果记录的文字是面向他人的，期望他人通过文字了解自己的想法，那么这就需要越发深刻地理解内容。因此，撰写一份给他人阅读的体验报告，会帮助自己对内容有更深刻的理解。

③方便自己进行深度思考，从而整理模块之间的联系。在撰写体验报告的过程中，自己对事物的理解会逐步加深，慢慢地可以找到不同模块之间原本未被发掘的联系。

总之，养成撰写体验报告的习惯会对人的成长有很大的帮助，至于文字、格式等是否工整则没那么重要。

5.2

如何选择分析方法

前文讲述了分析游戏的基础步骤，本节将讲述如何选择分析方法。

5.2.1 认清功能、资源和体验

第1章从产品的角度讲述了游戏的三大要素：用户、体验和反馈。这里从物品的角度简单介绍游戏的两大组成元素：功能和资源。

功能和资源

游戏在客观世界中属于一种虚拟物品，这种虚拟物品主要是由功能和资源组成的。

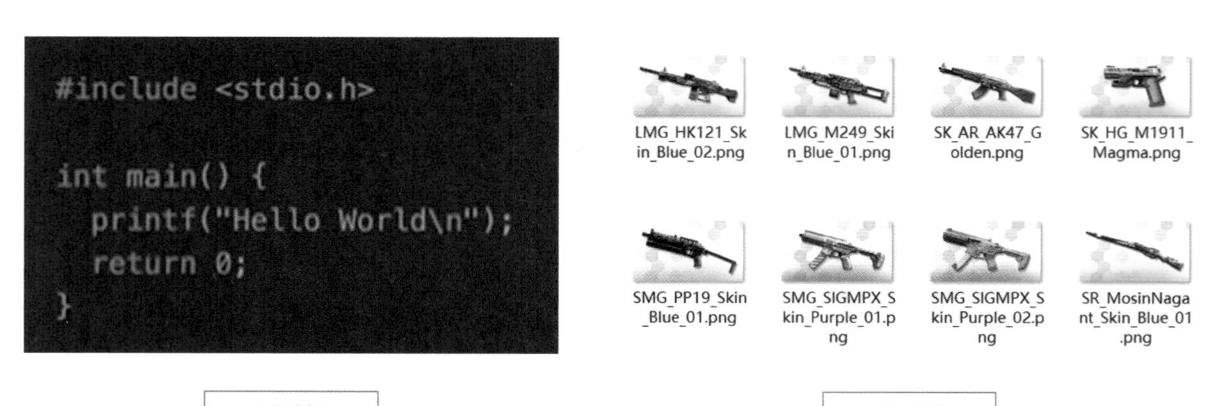

资源是指游戏内比较实体的元素，如声音、数据、模型、特效、地图和界面等。而功能则是资源通过一定规则聚集起来的集合，包含资源之间的关联。比如，点击射击按钮会射击就是一个功能，其中子弹、射击按钮和角色是该功能使用的资源，而玩家点击射击按钮后角色会抬起枪并射出一发子弹则是资源之间的关联。我们平时说某些功能的时候，其实默认包含该功能所涉及的资源。

大功能是由一系列子功能组成的。比如，用武器射击对方产生伤害是一个功能，它包含伤害判断、目标受击反馈等子功能。

玩家通过游戏获得体验，也可以说玩家通过与游戏的功能和资源互动而获得体验。在这个过程中，玩家是主体，功能和资源是客体，体验是主观感受。

是分析功能还是分析体验

在开始分析前需要先弄清楚自己的目标。一般而言，如果是看功能设计则使用功能分析法，如果是看体验设计则使用体验分析法。当然，在实际的分析过程中会同时使用两种方法，只是因为目标不同所以侧重点不同而已。

功能设计主要从功能出发，分析功能的结构是怎样的，带来了什么样的体验。比如，想要分析一款游戏的好友系统，就需要看这个好友系统有哪些功能模块，它们的关系和设计理念是怎样的，带来了什么样的好友社交体验。

体验设计主要从体验出发，分析涉及哪些系统的功能，它们是如何组成对应的体验的。比如，想要分析一款游戏的射击手感为什么那么好，就需要分析涉及的命中反馈、射击时枪支的抖动等功能，看它们是如何组合起来得到对应的体验的。

功能是因，体验是果，二者缺一不可。其实，无论是从功能分析还是从体验分析，核心都是通过分析找到两者之间的关联，即找到什么样的功能设定会得到什么样的体验。我们要吸纳好的设计方法，优化或摒弃坏的设计方法。

5.2.2 选择分析什么级别

前文讲过，体验是分层次的，众多低级体验汇总后形成高级体验，功能也可以进行同样的分级。

值得注意的是，多个小体验加在一起形成的体验不只是它们的体验之和，多个功能加在一起产生的体验也并不只是各个功能产生的体验之和。比如，命中时有伤害提示、有瞄准镜准星变化、有敌人的受击音效。只有其中两个因素时玩家未必会有感知，但三个加在一起就能让玩家明确知道自己命中了目标。

因此，在开始分析时，不仅需要明确是分析功能还是分析体验，还要尽量确定分析的是哪个级别的功能或体验。比如，分析战斗体系的构建和英雄体系的构建是两件事情，分析战斗的爽快感和射击的爽快感也是两件事情，因为这两个例子中前者都包含后者。

5.2.3 如何搭配不同级别的功能和体验分析法

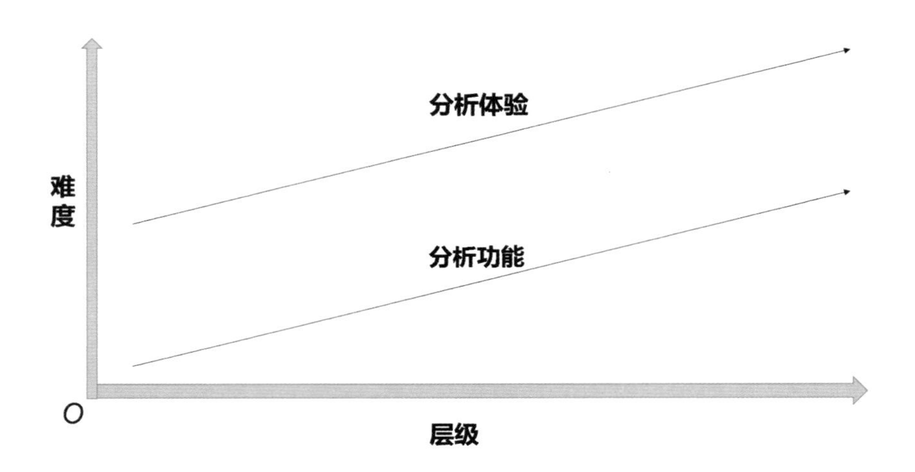

一般而言，功能分析法上手相对容易，开始时新人应多采用功能分析法。从层级来看，无论是体验还是功能，越是高级的就越难分析。新人应从低级入手，一步步地向高级进阶。对于有一定基础的人，建议从自认为能把控的层级开始往下推，因为从上到下更容易弄清楚架构和细节，效率会更高。综合来看，新人在进行分析时应从低级功能入手，而有一定基础的人则可以直接从高级体验开始进行分析。

对于不太熟悉的游戏，我建议先对其进行简单的功能分析，即将游戏分为几个大的功能并用功能分析法进行粗略分析，再根据记忆点进行体验分析，最后将两者汇总，对体验对应的功能进行更精细的分析。如果后续还有时间和精力，则可对多款类似的游戏进行分析并对比。

5.3

功能分析法

功能分析法是以功能为中心的分析方法。功能分析法主要分为以下步骤：首先进行记录，然后将功能拆分为更细的子功能并寻找它们之间的联系，最后查看子功能及它们之间的联系会形成什么样的体验，进而总结其设计技巧。对某一功能进行分析之后，如果还有时间和精力，则建议以此功能为中心向上推衍，从而进一步加深对功能设计的理解。

5.3.1 记录

因为之前的章节介绍过记录想法和素材的工具，所以本节主要讲述记录哪些内容及需要注意的要点。根据功能目标的不同，一般会将功能拆分为玩法、关卡、系统、数值等部分，目标不同，记录要点也不同。

对于玩法，如果是单局体验，则建议从外层进入玩法的入口就开始录制视频，一直到整个玩法结束。比如，录制《王者荣耀》的排位赛玩法，就从点击“排位赛”按钮一直录到回到大厅。如果是长期体验，则建议先拆分为子玩法，再单独进行录制。

对于关卡，既可以录制对应的视频，又可以收藏一些对应地图的截图，还可以去对应的网站寻找相应的地图。

对于系统，建议从交互入手，录制完整的操作流程视频，同时可以对涉及的各个界面进行截屏。

对于数值，则相对较为麻烦，需要自己在体验过程中记录对应的数据，或者去官网和其他网站寻找对应的记录。

5.3.2 拆分功能并寻找联系

记录了对应的素材后，就要开始寻找构成功能的各个子功能及它们之间的联系。不同类型的功能有不同的拆分方式，但大体思路是相同的。整体而言，都是将功能拆分为子功能，并弄清楚它们之间的联系，而拆分的入手点一般都是找到子功能的核心中介物，以此为中心寻找与其他子功能的联系。

拆分技巧

功能分为偏显性的功能和偏隐性的功能。直接通过界面就能了解的属于偏显性的功能，如投票功能；而无法直接通过界面看到其背后规律的则属于偏隐性的功能，如伤害计算功能。

一般而言，要先根据交互找到对应的显性子功能，接着寻找这些子功能之间的联系，在寻找联系的过程中可能不断发现新的子功能，也会加深对已发现子功能的理解。

子功能越多整理、联系越麻烦。较好的整理方法是先找到对应子功能的核心中介物，了解核心中介物的属性，再看其他子功能与核心中介物的联系，这样就可以知道大部分子功能及它们之间的联系了。

以邮件系统为例

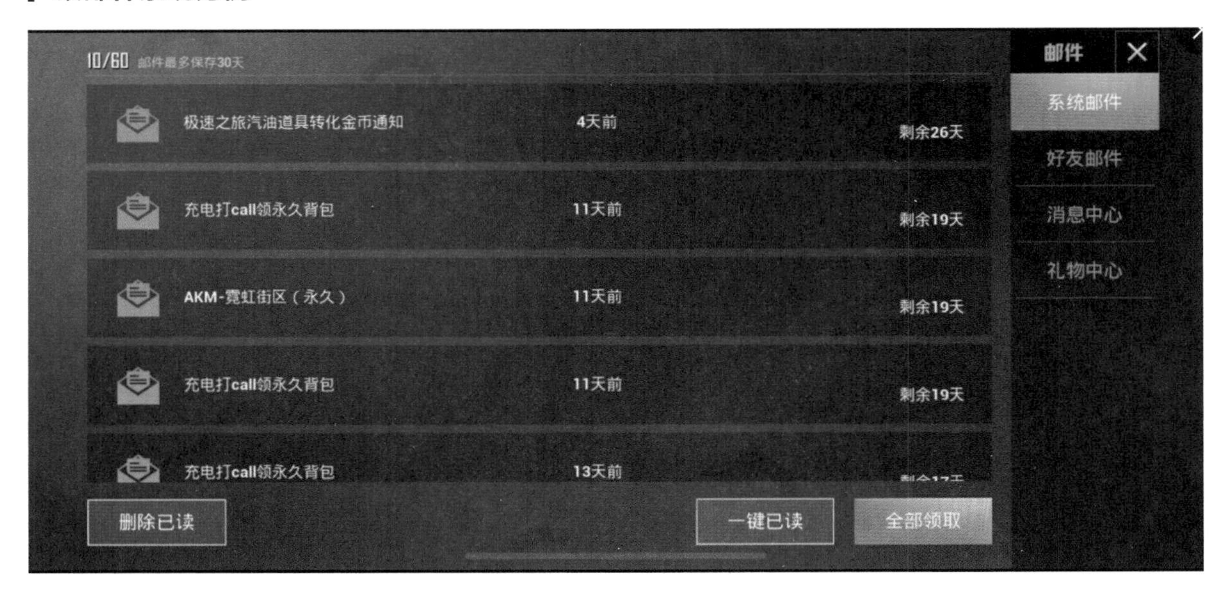

下面以一个常见的邮件系统为例进行拆分，让大家感受一下这个过程。从界面上可以把邮件系统拆分为以下子功能：①邮件列表和信息展示；②查看邮件详情；③删除已读功能；④一键已读功能；⑤全部领取功能。因为篇幅有限，所以下面只分析删除已读功能、一键已读功能和全部领取功能。

首先，寻找这些子功能的核心中介物。我们发现各个子功能基本都是以邮件为中心相互关联的，那么就要先弄明白邮件的属性，对应到游戏制作过程中就属于邮件的配置功能。经过观察，发现邮件至少包括以下属性：接收时间、是否已读、标题、正文和附件。

进一步观察邮件和其他子功能的联系。删除已读功能是删除处于已读状态的邮件，一键已读功能是将部分邮件变为已读状态，全部领取功能则是领取附件。以上三个子功能涉及下列问题：①什么是已读状态；②一键已读功能的作用范围；③全部领取功能的实际影响。

通过更细致地观察，我们得出对应子功能较为正确的描述，具体如下：对于文字邮件，通过查看邮件详情就会变为已读状态，但对于有附件的邮件，只有领取附件之后才会变为已读状态，删除已读功能就是删除全部处于已读状态的邮件；一键已读功能是将所有没有附件的邮件变为已读状态；全部领取功能则是将所有有附件的邮件变为已读状态并领取附件。

5.3.3 查看体验并总结设计技巧

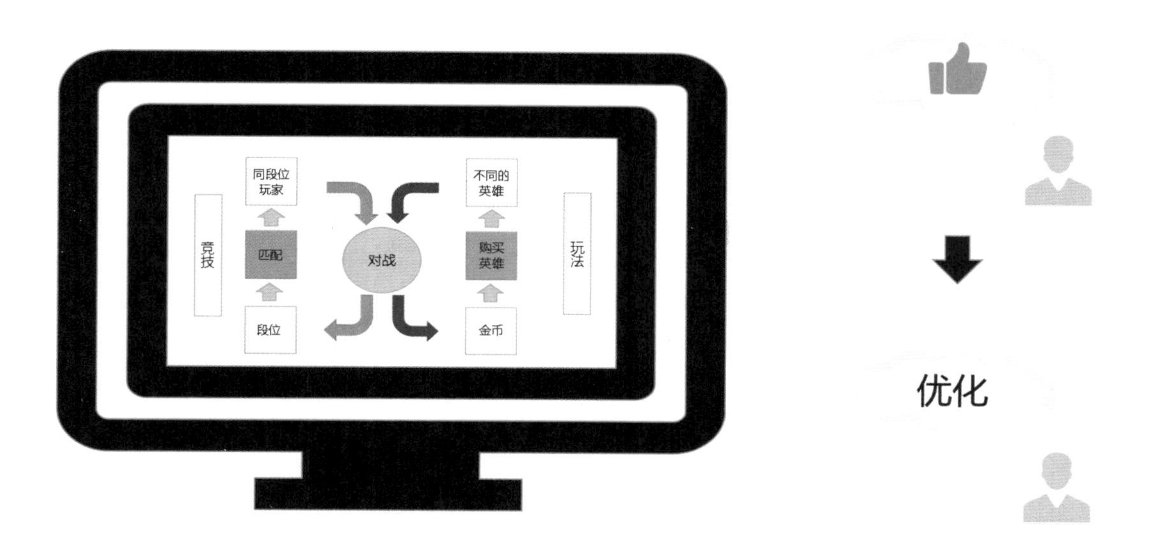

明白了功能对应的各种子功能具体是什么之后，就要思考它们为什么被设计成这样。分析的切入点是看它们到底会带来哪种体验。具体方法是把自己假想成使用对应功能的玩家，使用该功能并得出自己的评价。评价有好有坏，无论是好还是坏都建议先记录在案，不急于做出评论。

在明确了功能和体验之后，很多人就到此为止了，但我建议继续深挖，思考如果自己负责这个功能会如何进行调整或优化。如果是成功游戏的较为重点的设定，则需要对这个功能的设计进行深思，通过深思可以让自己对游戏的设计理解得更为透彻。

仍以邮件系统为例进行分析。当邮件数量较多时，如何更方便地整理邮件成为一个问题，这时通过一键已读功能和全部领取功能进行操作就方便了很多。因为邮箱的接收数量是有上限的，所以可以通过删除已读功能把读过的邮件删除。这些子功能都是用户真正需要的。

至此，初步的功能和体验已经分析完毕，但我们决定继续深挖，看看有什么问题或有什么地方是可以进行优化的。第一个问题：为什么要分为一键已读功能和全部领取功能？直接用一键已读功能把所有附件都领取，并且把所有邮件都变为已读状态不是更好吗？第二个问题：所有邮件都应该被一键已读吗？如果是非常重要的系统邮件怎么办？

先看第一个问题。通过观察和思考可以发现有些奖励是时效性道具，一旦领取就会开始计时。有很多玩家还是很在乎时效性道具的，而分为一键已读和全部领取两个子功能，既可以满足大众玩家的快速操作需要，又可以降低时效性道具浪费的概率。代价只是从点击一次变为点击两次，是可以接受的。

再看第二个问题。非常重要的系统邮件还是需要玩家认真查看之后才可以删除的，因此将其优化为高级别的系统邮件，挂在邮件列表的第一个，且不会被快速阅读，只有点击进去查看了邮件详情后才能变为已读状态。

至此就分析完毕了，这时可以把自己的想法记录下来，方便后续进行对比并形成文档。

5.3.4 向上推衍

详细分析了对应功能之后，如果还有时间和精力，我建议以此功能为中心向上进行简略的拓展分析。这是因为很多在分析单个功能时觉得不是很好的设定，在分析整体时则会发现设计得很合理。相反，一些在分析单个功能时觉得不错的设定，在分析整体时反倒觉得不合理。因此，通过对上层的分析，将带来更深层次的思考和理解。

仍以邮件系统为例，我们发现游戏还有公告功能，而且是弹窗的，在登录时不阅读一段时间并点击“确定”按钮就不能进入下一步。因此，如果是特别重要的系统邮件，针对个人的可以用登录弹窗，针对全员的可以用公告弹窗，两者都比邮件系统的触达率高很多，表现形式也更好。因此，前文提到的“非常重要的系统邮件不应该被一键已读”是一个伪需求，邮件系统也不需要刻意区分出“重要邮件”的类型。

不停地向上推衍还可以使新人更好地了解对应功能在整个游戏或对应模块中的定位。通过加深对模块或游戏整体框架的理解，提升自己设计思维的层级。

5.3.5 小结

整体而言，使用功能分析法需要先进行妥善的记录，然后拆分功能。拆分的目的是找到该功能是由哪些子功能构成的及它们之间的联系。拆分的技巧在于先找到子功能的核心中介物，再寻找与其他子功能的关联。

明确了功能的结构之后，还要分析背后的设计意图。在此期间，我们不仅要对功能进行评价，还要尝试给出优化方案，这些都会提高我们的策划能力。最后，如果还有时间和精力，还要努力尝试以当前功能为基础向上推衍，以形成更为广泛和完善的知识体系。

5.4 体验分析法

体验分析法是以体验为中心的分析方法，首要目标是弄清楚什么样的功能设计产生了对应的体验。因此，首先应明确想要的体验是什么，是否可以拆分为更具体的体验。明确了大致的体验之后，就可以寻找涉及的功能有哪些。之后对涉及的功能进行分析，至少把与体验相关的子功能分析到位，并且明确不同功能是如何形成对应体验的。

同功能分析法一样，进行基础分析后最好进行评价和优化。如果有更多的时间和精力，则试着以体验为中心向上推衍，以便对体验有更深刻的理解。

5.4.1 明确分析目标

体验分析法与功能分析法最大的区别在于前者的分析目标不明确。比如，你想研究枪支系统只要去游戏内寻找对应的枪支系统就好，而你想研究枪支手感，那什么是枪支手感？这个概念的范围很大且目标不清晰，后续相对难以开展。

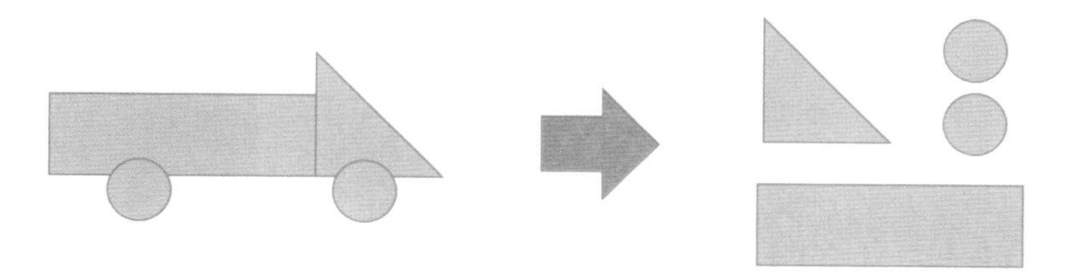

一般而言，我们在初始时会确定一个相对抽象但清晰的目标，如在研究枪支手感前可能会确定一个“某游戏的射击体验很好，我要去看看它是怎么做到的”之类的目标。有了目标之后，下一步就需要将其细化，在细化的过程中目标自然而然会变得更加明确。简单来说，就是将最初的目标体验拆分为各种子体验，并努力找到各种子体验之间的联系。比如，对于“某游戏的射击体验很好”这种体验，我们至少可以将其进行如下拆分：战斗节奏好——战斗既不那么频繁也不那么稀缺；作战信息清晰——容易知道队友和敌人的位置，以及自己能干什么；枪支手感好——使用枪支射击时操作反馈很好；受击反馈好——敌人受击时会给出各种受击反馈，让人感觉很爽，而受击反馈还可以继续向下拆分为敌人表现、自己表现、界面表现和环境表现等。

在拆分体验的时候，我们要努力将其细化到自己能想到的最小体验，具体有两个好处：第一，如果分析的是大型体验，那么这会帮助我们更清晰地明白该体验的架构；第二，在拆分的过程中可能发现面对的问题超过了自己当前的能力，就可以降低自己研究目标的层级，先去搞定拆分下来的子体验。比如，在拆分“某游戏的射击体验很好”时，感觉自己把握不住，就可以先专心研究“受击反馈好”这个子体验。

5.4.2 明确涉及的功能

明确了要分析的体验及对应的层级结构之后，下面就要开始分析一个个具体的子体验是如何形成的，而这要从功能入手。

体验和功能实际上是相辅相成的，体验本身具有难以量化的特性，因此很难从体验开始分析，而要从体验涉及的功能开始分析。在明确了分析目标后，就要认真查看涉及哪些功能。一般而言，如果分析的是小型体验，则建议先录制相应的素材，然后认真观察涉及哪些功能。

因为体验是由各种功能相互作用产生的，所以最好将体验涉及的功能一一列出。如果还有时间和精力，则可以对功能进行排序，明确功能与体验的相关性。

以射击命中敌人时的体验为例，对其进行分析。第一步，先录制相应的视频；第二步，拆分出涉及的功能。假设只涉及三个功能——敌人血条提示、得分提示和勋章提示，分别对应上面的三张图。

5.4.3 分析功能并寻找与体验的联系

拆分出对应的功能之后，要对相关功能进行分析。如果能完全细化那是最好的，即使时间不足也至少要对整体进行简单的分析，并且对涉及体验的部分进行细致的分析。

分析完功能之后，要寻找与体验的联系。先总结出产生体验的具体过程，以便明确通过哪些功能产生了我们想要的体验，然后从这些功能的运转方式中尽量抽象出背后的设计规律。

仍以射击命中敌人时的体验为例，先分析涉及的三个功能的基本规则。先看敌人血条提示，基本规则是队友头上有白色血条，敌人无伤无血条，敌人受伤且在视野内则有红色血条，红色血条会持续显示一小段时间且有变化。再看得分提示，基本规则是有得分提示时会显示对应的得分数字及简要原因。最后看勋章提示，基本规则是满足触发条件后会在屏幕中心出现对应的勋章，相对比较有冲击力。

明白了三个功能的基本规则之后，再与体验匹配，就能总结出体验产生的大致过程。玩家可以通过血条认出敌人，随即展开攻击并从血条变化看出攻击进度；击杀时立刻获取对应的分数，并且可以在屏幕上看到对应的提示，只是提示力度较小；当完成较为厉害的击杀时，如在爆头或连杀之后，会获取勋章，并且在屏幕上有较为明显的提示。

根据体验产生的过程，我们可以总结出一些规律。比如，根据前面的击杀过程即可得出以下规律：①要让玩家尽快且便捷地分辨出攻击目标；②攻击后立刻要得到对应的反馈；③重点事件发生后要有相应的回馈，如击杀时会有得分提示；④需要给高难度行为更多的反馈，满足玩家的荣誉感并留下深刻的记忆点，如在爆头或连杀之后会有勋章提示。

5.4.4 给出评价和优化方案

与功能分析法一样，在完成了对应体验的分析之后，如果有更多的时间和精力，则建议给出对应的评价和优化方案，并且努力向上推衍，以便对体验有更深刻的理解。

仍以射击命中敌人时的体验为例，看看如何优化。①在玩家看到敌人之后，敌人的头顶会显示对应的名字且名字变为红色；②攻击后有声音提示；③重点事件发生后有声音提示，类似《王者荣耀》里击杀对方英雄时的语音提示；④间歇性地给高难度行为更多种类的反馈。

下面再看如何向上推衍。因为命中敌人的爽快体验属于交战体验的一部分，所以对交战体验也要进行简要分析。比如，如果交战体验中的信息过多则会导致玩家难以快速发现和跟踪目标。从整个交战体验的维度审视、优化后就会发现：①如果在看到敌人后其头顶就显示红色的名字，则会影响探索的乐趣，因此在攻击敌人且敌人受伤后头顶才显示红色的名字会更好一些；②给出更多勋章反馈之后，太容易出现可能导致玩家不再觉得勋章稀缺，同时会遮挡屏幕影响战斗体验，因此要控制勋章弹出的种类和数量。至此，针对这个小体验的分析结束。

5.4.5 小结

体验分析法相对更难一些，因为体验比功能更加抽象和难把控。在整个过程中，首先需要根据环境或其他条件，将体验拆分为一个个子体验并弄清楚它们之间的联系。然后对每个子体验进行更为细致的分析，方法是先找到这个子体验涉及的所有功能，再使用功能分析法挨个分析对应的功能，将功能与体验对应起来，从中找出背后的设计原理。最后还要尝试优化和向上推衍，以锻炼和提高我们的设计能力。

5.5 游戏整体分析

随着能力的提升，我们要进行游戏整体分析。游戏整体分析的核心是通过功能分析法和体验分析法来弄清楚设计的逻辑。但作为宏观维度的分析，游戏整体分析具有一些独特的特点，还有一些需要我们额外关注的内容。

5.5.1 游戏整体分析的特点及问题

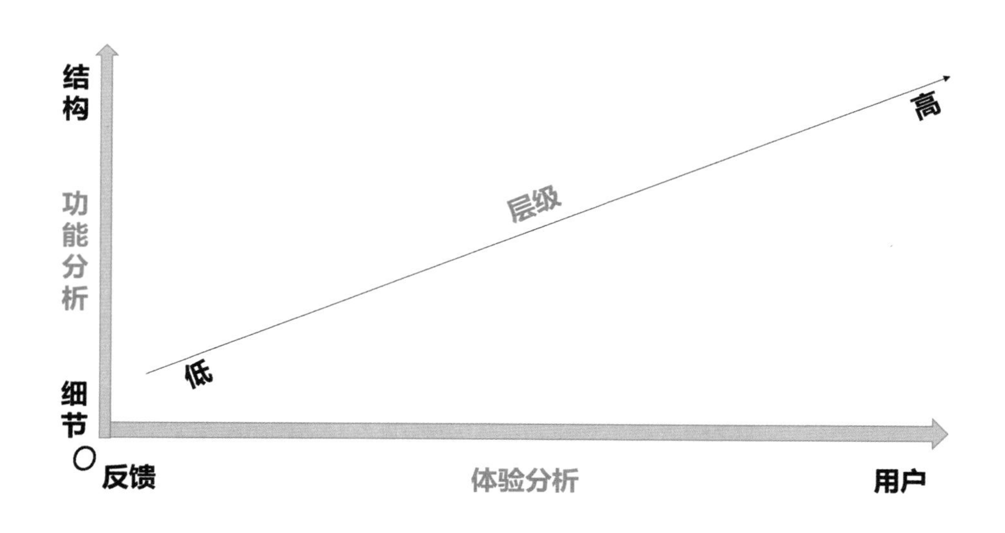

在进行游戏整体分析之前，需要先对一个个功能和体验进行分析，下面介绍一款游戏在研究不同层级的功能和体验时对应的关注点。

对于功能分析，分析目标的层级越低就越需要关注细节，而层级越高则越需要关注结构。举个例子，射击时枪口上扬多少是细节，而枪口上扬的角度、方向与子弹数量等之间的关系就是结构。细节和结构是相对的概念，每个细节对应的模块也可以较大，如好友系统就可以属于细节，而在整个社交体系中，好友系统与个人中心、游戏玩法、小队等是如何产生联系的就属于结构。

对于体验分析，分析目标的层级越低就越偏向关注具体的反馈，而层级越高则越偏向关注用户群体的特点。比如，同样是战斗体验，分析较低层级时可能更多地关注命中反馈的具体做法和体验，而分析较高层级时则更多地关注战斗节奏或难度是否符合该游戏面向轻度射击用户的初衷。

除明白不同层级的功能分析和体验分析的关注点不同外，游戏整体分析还需要解决一些特殊的问题：①游戏的目标用户是谁及是否匹配；②游戏整体的功能结构是怎样的；③游戏的未来预期如何。下面将进行着重介绍。

游戏的目标用户是谁及是否匹配

游戏整体分析的重要关注点是游戏的目标用户，要看游戏的整体设定是否满足目标用户的需求。这里的满足并不是指游戏内全部的设定都满足目标用户的需求，而是观察游戏的设计目标与目标用户的重合度。比如，游戏内的主体游戏体验和主体游戏结构符合目标用户，则属于重合度较高，少量细节不符合目标用户是可以接受的。

那么，如何寻找目标用户呢？一是自我总结，二是到游戏的官网、论坛等地方宣传。而判断游戏的设计目标是否与目标用户重合则要从核心玩法、世界观和核心架构入手。关于核心玩法，除了看玩法受众，还要看其难易程度。一般而言，难度越小越偏向大众，更强调乐趣；难度越大越偏向“硬核”玩家，更强调挑战和荣誉。世界观则较为直接，需要看对应的细分领域及其在游戏内的体现。关于核心架构，将在后面进行详细讲述。

游戏整体的功能结构是怎样的

从整个游戏的角度来看，分析的核心是玩家面对的挑战与对应的成长之间是如何循环的。如果分析的是偏向社交或网络的游戏，则还需要看社交与玩法之间是如何衔接的，以及部分模块内部的结构关联。下面着重介绍一下挑战与成长的循环。

大部分游戏是由一项项挑战和玩家的成长构成的。玩家完成一项挑战后会得到成长，进而迎接下一项挑战，而游戏的其他方面则会根据挑战和成长的变化进行对应的设定。挑战与成长的循环往大了说，就是竞技与玩法的循环。因此，只要找到竞技与玩法的循环就掌握了游戏的脉络。

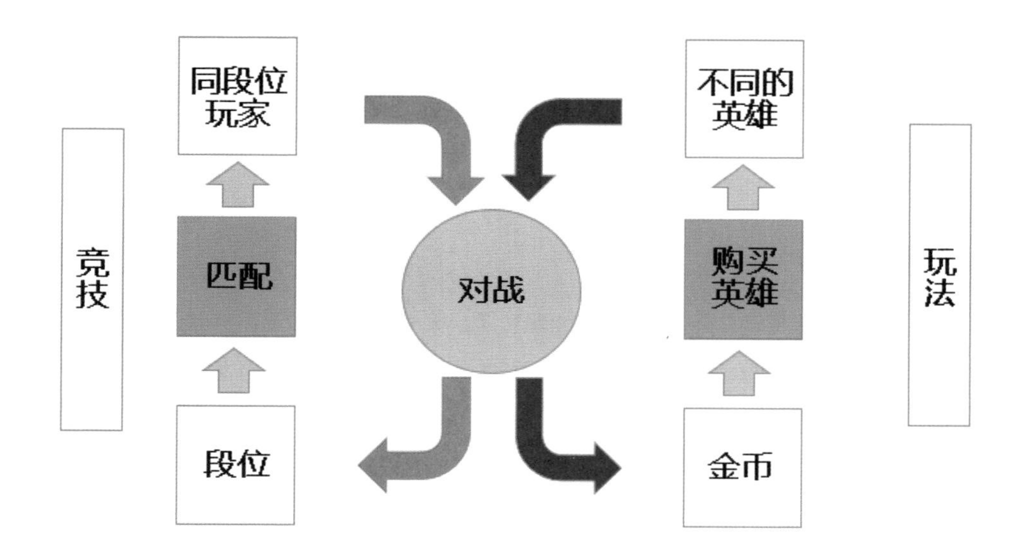

竞技与玩法的循环既可以是简单的也可以是复杂的。简单的循环只需表明核心玩法的主要流程即可。以《王者荣耀》为例，其核心循环就两大块：一是通过对战获取金币等资源，通过金币等可以购买英雄，使用不同的英雄就会有不同的对战体验，这是玩法的循环；二是通过对战可以得到对应的积分，积分可以影响玩家的段位，通过排位赛的匹配制度可以将同段位玩家聚到一起进行竞技，这是竞技的循环。

复杂的循环则包含更多种类的玩法、成长、核心中介物和功能模块等。

游戏的未来预期如何

未来预期部分主要关注未来内容的更新及商业化发展。在对游戏进行分析时，未来预期部分会相对比较重要。

分析未来预期要先看内容更新，即到底有哪些内容可以更新，玩法的深度和广度如何。所谓深度，是指玩家的成长和挑战空间；所谓广度，是指在同样深度的情况下有多少不同的体验。以《王者荣耀》为例，深度是指玩家对整个游戏的玩法机制和英雄操作的理解，从不停送人头到五杀，就体现了玩家在深度层面的变化；广度是指英雄打法和英雄种类，从只能用韩信到还可以用露娜，就体现了玩家在广度层面的变化。因此，从理论上讲，只要玩家对 MOBA 玩法不厌倦且《王者荣耀》项目组可以持续推出有个性体验的新英雄，其未来内容的更新前景是非常广阔的。

关于游戏的商业化发展会在后续部分进行详细讲述。

5.5.2 多款游戏的对比

有时，为了更深刻地理解游戏设计的原理，以及设计与体验之间的变化规律，我们需要对多款游戏中类似的模块进行体验，通过对比等方式总结出对应的设计方法和变化规律。跨游戏分析的基本方法与前文相同，下面主要介绍一下分析过程中需要特别关注的部分。

明确目标并记录过程

与之前的分析方法相同，先要明确分析目标是体验还是功能，以及目标的层级是整体的还是细节的。比如，我们明确了本次的分析目标是赛季系统。然后要选择对应的对比游戏，最好选择与本游戏玩法类似但用户群体有区别的游戏。比如，我们分析的是《和平精英》的赛季系统，那么对比游戏选择《堡垒之夜》就比较合适，如果要添加则选择《使命召唤》《命运 2》和 *Apex Legends* 比较妥当。当然，如果自身对游戏的理解已经达到相当的高度，那也可以选择差异较大的游戏，如《王者荣耀》和《原神》。

明确对比游戏后，接下来就是体验对应的游戏并进行记录，在这个过程中应当着重记录不同设计的相同点和不同点。建议先把一款游戏内的对应功能或体验细化，再根据分析目标列出对应的重点维度，进而记录对比游戏对应功能或体验的设计。仍以赛季系统为例，为简化叙述这里只拆分为两个维度：①如何获取赛季奖励；②如何获取赛季经验。将《和平精英》和《堡垒之夜》进行对比，详情见下表。

对比项目	和平精英	堡垒之夜
如何获取赛季奖励	免费获取奖励，花小钱买通行证后获取付费奖励	免费获取奖励，花小钱买通行证后获取付费奖励
如何获取赛季经验	以每周挑战和赛季挑战为主。其中大部分无须刻意做一些事情，正常战斗即可	以每日挑战、每周挑战和赛季挑战为主。其中需要刻意做一些事情的任务占比较高

值得注意的是，在进行游戏对比时，如果已经对目标有了一定程度的了解，则不需要进行特别细致的罗列和对比。比如，类似赛季手册满级之后的处理等，除非需要进行对应系统的设计或对自我要求较高，否则可以先不管。

通过比较相同点和不同点来总结规律

列出对应的相同点和不同点之后，就可以对其进行分析了。无论是相同点还是不同点，都是为了通过对比分析得到对应设计的底层逻辑。一般而言，对于相同点可以直接分析底层逻辑，而对于不同点则要先区分设计在不同游戏中是如何变化的，进而理解为何变化，最后分析底层逻辑。

仍以赛季系统为例。我们发现两款游戏获取赛季奖励的方式是相同的，甚至连开通通行证的花费都很类似。通过详细分析可以知道，赛季系统就是为免费玩家和小 R 玩家（每月在游戏内付费金额较少的玩家，一般在 100 元以下）服务的，即通过付费效应的增强（随着游戏时间的延长，游戏等级会不断提升，花钱可以获取更多奖励）来促使他们付费，同时鼓励大家通过活跃获取更多的奖励。

我们发现两款游戏在获取赛季经验上有较大的差别。先寻找相同点，发现它们都以每周挑战和赛季挑战为主，这也反映了它们都期望通过不同的行为频率要求来让玩家更多地登录游戏。但两者在具体的行为内容上有较大的差别，《和平精英》以日常行为为主，而《堡垒之夜》则以特殊行为为主。通过分析发现，这是因为两者的核心体验有差别，《和平精英》更强调团队共同行动的社交层面的体验和相对紧张的战斗体验，而《堡垒之夜》则更强调趣味性和探索性体验。《和平精英》不想因为赛季活动而破坏主体验，所以设定玩家在开展日常行为的过程中就能满足大部分的赛季经验要求；而《堡垒之夜》则想通过赛季活动让玩家接触更多游戏内的小体验，因此设定玩家在进行特殊体验时可以获取较多的赛季经验。

5.6 总结

分析游戏是游戏策划必须掌握的技能，因此需要着重练习。

分析游戏的整个过程包含选择要分析的游戏、沉浸式体验并记录、选择分析方法进行分析、撰写体验报告。在选择要分析的游戏时我推荐优先选择经典游戏。在沉浸式体验并记录时我推荐一定要自己体验而非云游戏，要关注体验而不是玩得有多好。

在选择分析方法时，首先我们需要明白功能和资源分别是什么，这能帮助我们从用户和游戏构成的角度分析游戏之间的区别。然后我们需要明白无论是体验还是功能都可以进行分级，要清楚如何区分不同级别的模块。最后我们应该了解在进行细节分析时是选用功能分析法还是选用体验分析法。

本章对功能分析法和体验分析法进行了重点介绍。其中，功能分析法更为基础和简单，而体验分析法更为上层和困难。

本章简单介绍了进行游戏整体分析时要注意的事项。首先介绍了在一款游戏中分析不同层级的体验和功能时对应的关注点有哪些，然后介绍了游戏整体分析的一些关注点及对应的方法。

第3部分 游戏策划专业知识

第 2 部分主要从准游戏策划的角度出发，介绍了游戏开发的常识及如何分析游戏。
第 3 部分则从专业的游戏策划的角度出发，介绍如何更好地设计对应的游戏模块，
这也是本书最重要的部分。

本部分会先从方法论的角度进行介绍，分析游戏策划运用的最主要的设计方法——系统化设计。了解了对应的方法之后，我会在后续章节详细介绍如何使用系统化设计方法设计对应的游戏模块。

根据个人以往的经历，我对数值部分比较熟悉，对玩法和系统部分也有一定的了解，因此我将从玩法维度、战斗维度、经济维度、商业化维度和系统维度来介绍对应的系统化设计方法。

本部分会从设计思路和方法的角度进行分析与介绍，以帮助大家培养策划思维模式，因此较少关注技巧部分。

为了方便大家理解，在介绍方法论时会举例说明。需要注意的是，对应的设计技巧可能只适用于对应的特定情况，因此不要过于聚焦案例展示的设计技巧，要领悟系统化设计方法在对应的游戏模块中是如何运用的。

第 6 章

策划专业能力介绍

游戏策划需要的专业能力种类繁多，本章将选择非常重要的几种进行介绍，其中系统化设计能力是最重要的。

本章会先简单介绍游戏策划一般都需要具备什么专业能力，然后对游戏策划如何调整心态进行简单讲解，之后介绍本章甚至本书最重要的内容——系统化设计，最后简单介绍一些其他能力。

因为后续的 5 章都在介绍系统化设计方法在不同游戏领域的运用，所以建议大家重复阅读本章直至完全理解。

6.1

导言

一般，我们在做一件事情时需要先调整心态，再明晰目标，然后制订计划，最后开始行动，游戏设计也是如此。下面简单描述一下在不同阶段游戏策划需要具备的专业能力。

第一，要在设计前调整好心态。需要明白整件事情不是一蹴而就的，也不是灵光一闪就能完成的，而是需要一步步地推衍和思考并慢慢设计出来。

第二，要明白目标是什么。这个过程可以分为两个阶段：第一个阶段是想清楚目标对应的框架，包括其中对应的元素及元素之间的关系，在这个过程中需要使用系统化设计方法；第二个阶段是了解框架背后的设计细节，这个过程也需要使用系统化设计方法，但更关注精细化能力。

第三，弄清楚设计框架和细节后，还需要将设计方案转变为开发人员可以理解的需求，进而让想法变成可以运转的软件。在这个阶段，游戏策划需要具备一定的软件开发能力、审美能力和文档撰写能力，这些能使其与开发人员的沟通更顺利。

第四，要将需求落地。在这个过程中，游戏策划需要具备较强的沟通能力及一定的项目管理能力。

6.2

心态调整：别想用一个好点子搞定一切

心态调整包含很多方面，我认为最需要知道的是，**别想用一个好点子搞定一切**。

游戏行业是一个崇尚创新的行业，而游戏策划也是一个需要创新的岗位，这导致很多从业人员有这样的想法：如果我有一个好点子，就可以设计出一款好游戏。这种想法是不全面的，甚至是有害的。一个好点子可能会启动一个好体验，但只靠一个好点子是不能设计出一款好游戏的。

事实上，我们在设计游戏的时候，必须精心推导和设计每个细节，同时要努力让不同的体验和功能之间产生合乎逻辑的关系。这是一个理性且复杂的过程，而非一个感性且简单的过程。

好点子并不意味着好体验

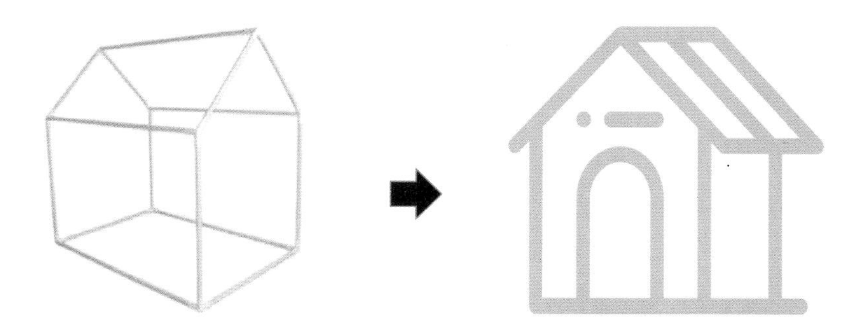

首先，好点子只能描述大致的体验，而无法描述具体的体验。其次，就算可以描述具体的体验，但把点子变为现实的体验还需要很多步骤。最后，即使还原出体验，也可能存在各种问题，需要进一步调整。

所以，好点子距离好体验还是相当远的，好点子并不意味着好体验。好点子可以作为出发点，但不能作为终点，甚至不能作为游戏的框架。想要使好点子成为好体验，就努力围绕它构建对应的框架吧！

拿《口袋妖怪》举例，多年前《口袋妖怪》的设计师产生了一个好点子：新时代生活在大城市的人们，应该很少去乡野间体验大自然带来的乐趣。所以，他要研发一款游戏，让玩家可以在大自然中接触各种各样的生物，重新体验这种认识、收集新鲜事物的乐趣。

这真是相当不错的想法，实际上整个《口袋妖怪》系列就是基于这个好点子产生的。但玩家记住的应该是其有趣的战斗、众多的精灵和道馆。比如，不同精灵是在不同区域捕捉的，且它们都很符合对应的环境。只有将好点子变为一个个功能并形成对应的体验，它才具备价值。

一款好游戏是由一系列好体验构成的

即使一个好点子已经成为一个好体验，也还不够，因为一款好游戏是由一系列好体验构成的。这些体验包含核心玩法体验、其他玩法体验、众多关卡体验和周边辅助体验等。核心玩法的好点子可能造就新的游戏类型，重要功能的好点子可能造就经典系统。哪怕是 *Defense of the Ancients* 这种在主玩法级别上进行创新的游戏，也需要在明确主玩法后不停地修正，并且设计众多英雄及其他功能后才会成为经典游戏。因此，只有一个好点子还不够，想要做出一款好游戏需要一系列的好点子。

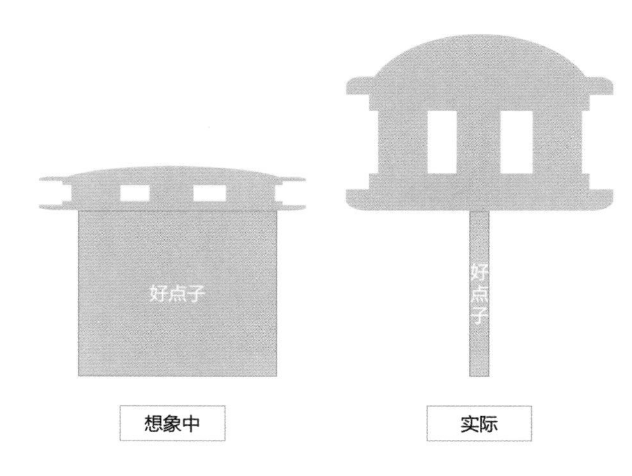

想出一个高层级的好点子是极低的概率事件

还有一个容易犯的错误是，认为想出一个高层级的好点子并不是一件难事。事实上，创新要在有很多积累的基础上才能进行。之前讲过体验是分层级的，因此推荐从低层级开始创新。在对游戏的理解逐步加深后，再从更高的层级去创新。

在现实世界中，玩法级别的好点子至少要两三年才能出现一个，并且呈现需要的年限越来越长的趋势。最近的两个大众玩法级别的创新是 MOBA 和吃鸡，但这已经是很多年前的事情了。而模块级别或系统级别的创新（这里是指完全创造出新体验的创新，如红点系统和赛季系统），所需的时间也是以年为单位的。因此，在大家一起努力的前提下，仍需要以年为单位进行玩法级别、模块级别或系统级别的完全创新。实际上，在现实中更多的是细分级别（如将玩法精细化为更小的玩法）或优化级别的创新。大部分游戏的差异化主要体现在更精细、更漂亮上，或者是 IP 包装级别的创新。

6.3 系统化设计能力——最重要的设计能力

系统化设计能力实际上包含不同类别的能力。首先是能找到核心需求并将其框架化的系统化思考能力，然后是将框架细化的精细化能力，最后是将设计想法变为具体功能需求的转化能力。下面简单介绍一下系统化设计能力的内涵。

6.3.1 系统化思考

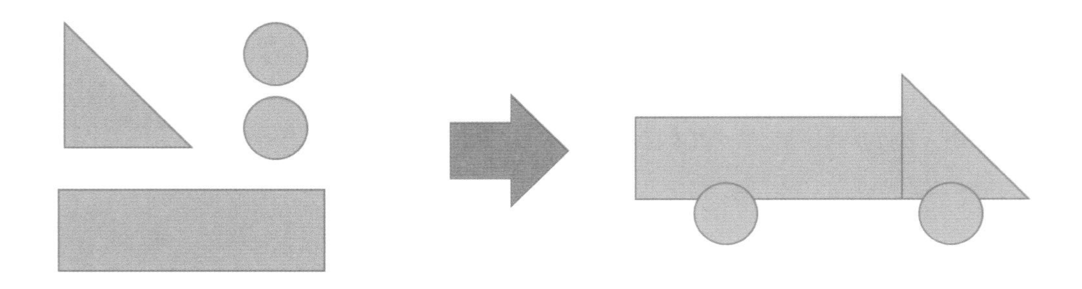

所谓系统化设计，就是在遵循系统化思考的前提下进行设计，因此我们要先明白什么是系统化思考。

系统化思考实际上是一套基于唯物辩证法的方法论。它可以在一定程度上解释客观世界的本质规律，从而帮助人与世界进行互动，还可以应用于游戏设计之类的工作或行动中。下面先简单讲述唯物辩证法中涉及的系统化思考。

这个世界是由物质构成的，而物质是按照一定的规律运动的。只要掌握了物质的运动规律，就可以更好地预测和改变这个世界。那么，什么是规律呢？一般而言，物质内部包含各种要素及要素之间的矛盾（要素之间的互动），我们在其中随便选两个要素，观察它们之间是如何相互影响的，这就可以称为两者之间的关系。物质是运动的，所谓运动就是要素之间基于矛盾的不断变化。

事物的规律就是构成它的所有要素及所有要素之间的关系。对于一种事物，如果我们知道构成它的所有要素及所有要素之间的关系，我们就可以从容地分析、设计这一事物并预测事物的发展，这个过程就是将事物系统化了。

在面对一个问题或一种事物时，我们会下意识地将其分解为不同的要素并且弄清楚要素之间的关系，这就是系统化思考。

事物内部包含各种矛盾，其中必然有主要矛盾和次要矛盾之分。只要抓住主要矛盾就可以牵一发而动全身，还能更轻松地梳理清楚其他次要矛盾。因此，对于系统化思考，最重要的是先找到其中的主要矛盾，也就是找到核心要素及它们之间的关系，进而推出其他要素及它们之间的关系。

简单来讲，系统化思考的目标是弄清楚事物内部的构成要素及要素之间的关系，要点是抓住主要矛盾进而推导出其他要素及其之间的关系。

6.3.2 从不同视角观察同一事物

在实际的生活或工作中，因为人的认知和精力等都有限，所以在分析或设计事物时，切入的角度会不同，观察到的现象也会有所不同。“横看成岭侧成峰，远近高低各不同”讲的就是这个道理。

因此，在进行系统化思考的时候，应选定一个角度去分析或设计。比如，在设计枪支时，除非你有完整的方法，否则在思考外观时就不要管战斗力，不要考虑什么战斗力的枪才配得上这个外观。只需要对外观进行系统化设计，之后再去考虑如何将外观和战斗力进行匹配的问题。

对同一事物的解释不同，并不意味着其中必定有一个是错的。所以，我并不反对从其他角度获得方案。最好的办法是，先搞定自己的方案，再吸纳他人方案中的合理部分，整合出更高级、更合理的方案。仍以枪支设计为例，当你从玩家的玩法体验角度出发去设计枪支时，可能有负责运营的同事批评你没有考虑如何商业化。这时不要将其理解为对你的指责，而是要先努力搞定玩法体验，再思考如何将自己的设计与商业化结合，进而得到更好的方案，以提升自己的能力。

6.3.3 系统化设计

将系统化思考运用于设计就是系统化设计。游戏是一种事物，设计游戏是一种活动，因此系统化设计也适用于设计和分析游戏。游戏的系统化设计就是在游戏设计领域找到对应的元素及其之间的关系。其中，最重要的是找到核心元素和核心关系，然后基于核心元素和核心关系推出其他元素及其关系，进而构建一个相对完整的系统框架。

其实我们在分析游戏的方法中已经用到了这个技巧。**设计游戏和分析游戏最重要的区别在于，分析游戏是基于已经存在的事实进行系统化设计，而设计游戏则是基于想要的目标进行系统化设计。**

将游戏的系统化设计过程细化：①找到核心目标，明确核心需求；②拆分构成目标的元素，找到其中的核心元素；③寻找不同元素之间的关系，包括不同层级元素之间的关系，思考如何把元素拆分为更低维度的元素组合及它们之间的逻辑关系；④构成框架后进行应用，并在后续过程中不断地细化和优化。

比如，想调整战斗平衡，首先要找到核心目标——战斗平衡，然后找到构成战斗的核心元素及相应的关系。职业A与职业B相互击杀的时间相同就是平衡。平衡涉及的元素是双方的攻击和双方的可承受伤害。将平衡用元素表达出来：职业B的可承受伤害 ÷ 职业A的攻击 = 职业A的可承受伤害 ÷ 职业B的攻击。

接着将核心元素继续细化，如攻击可以拆分为暴击和普通攻击：攻击 = 普通攻击 ×（1- 暴击率）+ 普通攻击 × 暴击伤害倍数 × 暴击率。同理，可承受伤害也可以简单分为护甲和血量：可承受伤害 = 血量 ÷（1- 护甲减伤系数）。持续进行细化，最终形成调整战斗平衡的系统方法论。形成方法论之后，就可以用这套方法论批量生产游戏所需的内容，并且在此过程中不断打磨和优化这套方法论。

在游戏设计中，不同的模块都可以用系统化设计的方法进行设计。不同模块的目标、元素和关系等各不相同，因此会有不同的设计思路和设计方法。具体模块的系统化设计方法会在后续章节进行介绍。

系统化设计其实很简单，理解起来也并不复杂，真正重要的是养成系统化设计的习惯并在不同的领域进行运用。

6.4 其他能力

下面简单介绍一下精细化能力、文档撰写能力和落地能力。

6.4.1 精细化能力

通过系统化设计，我们可以很容易地构建出目标的对应框架。在明确了对应框架之后，需要对设计进行精细化处理。从一定程度上讲，精细化能力是确定和丰富细节的思维能力，可以分为细化和精化两个维度。

细化更强调没有遗漏，是一种查漏补缺的思考方式。比如，在按下购买按钮的时候，既要考虑金币充足时的反应，又要考虑金币不足时的反应。细化主要关注的是设计的全面性，即对众多情况的处理。对于玩法设计，需要考虑玩家极限行为的处理；对于系统设计，需要注意异常情况的处理，如购买商品时突然掉线该如何处理。

精化更强调完美，是一种提升效果的思考方式。比如，在进行关卡设计时，对应的关卡是一片城市废墟，在废墟的路旁有一段断裂的水管，让水管偶尔滴一两滴水且在下方设置一个小水坑，这就属于精化。一般而言，游戏的精化主要是在反馈上做文章。

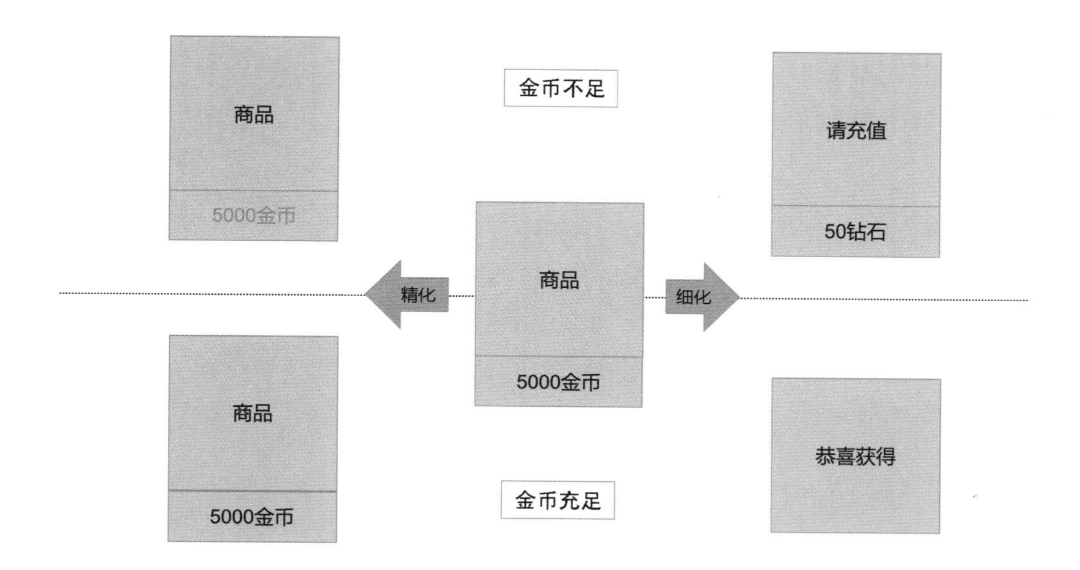

细化和精化之间的区别并没有那么严格，主要是方便在开始时有一个框架去思考。总体来说，细化更强调功能完整，而精化更强调效果好。举个购买商品需要付金币的例子，考虑玩家金币充足和不足时的情况就属于细化；考虑让商品价格的颜色不同，使玩家可以在开始时就发现金币不足，这就属于精化。

6.4.2 文档撰写能力

明白自己的需求后，还要清晰地告知对应的开发人员。告知可以分为口头告知和文档告知，前者主要发生在日常及开评审会的时候，而后者则需要撰写对应的文档。游戏策划撰写的具有说明功能的文档又叫策划案。

对于以上两种告知方式，选用哪种并不重要，如何更清楚地表述自己的需求是最重要的。如果游戏策划具备一定的开发知识，则会使工作更顺畅且有效，这既包括在设计期间可以预先知道自己的需求是否能够落地，又包括在沟通和制作的过程中可以降低开发人员的理解成本。

至于策划案的撰写，每个人都有自己的习惯。只是如果有相应的模板，就能帮助游戏策划梳理思路。我常用的策划案模板如下，仅供大家参考。

1 目标
2 大纲
3 基础功能
3.1 BP周期
3.1.1 整体描述
3.1.2 赛季开始时
3.1.3 BP即将结束提醒
3.1.4 BP结束至下期BP开始前
3.1.5 参考表格
3.2 BP等级
3.3 其他功能
4 界面与交互
4.1 BP入口
4.2 BP主界面
4.2.1 总述
4.2.2 右上角信息区
4.2.3 左侧信息区
4.2.4 奖励列表
4.2.5 下方信息区
4.3 赛季通行证购买界面
4.4 赛季经验购买界面
4.5 充值、付费、获取经验弹窗-简版
4.6 赛季升级界面
5 资源需求
5.1 美术需求
5.1.1 UI需求
5.1.2 图标需求
5.1.3 模型需求
5.1.4 其他需求
5.2 音频音效
5.3 数据统计
6 其他备忘

标题：文档的正式名称。

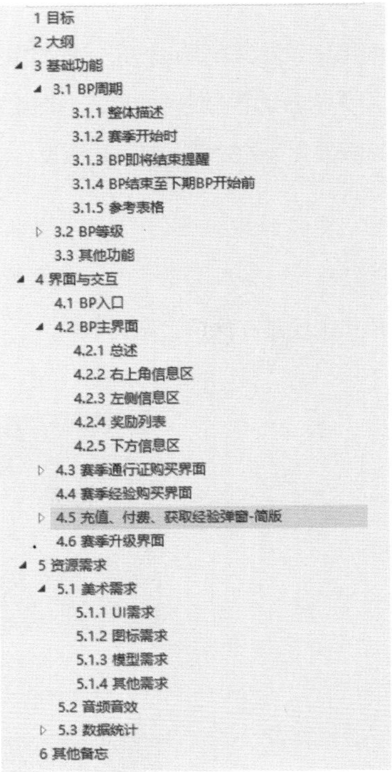

变动说明：文档在什么时候进行了变动及变动的原因。如果可以，则最好把变动部分用特殊的底色进行标识，方便他人查看。

目录：通用的文档目录。

目标：设计对应系统或玩法的原因，以及撰写本篇文档时的设计原则。

大纲（含名词解释）：整个系统的大致框架和游戏的主要元素。

基础功能：整个系统的运转逻辑，包含各种细节。书写时可以按功能顺序进行切分，也可以按玩家操作顺序进行切分。

界面与交互：整个系统的外观，对应的信息、按钮和反馈等。注意，很多时候游戏团队会用自己的交互团队进行交互设计工作，但我还是建议游戏策划先画一版交互图，这样不仅便于自己梳理思路（更深刻地理解玩家如何体验玩法或系统，让自己注意到更多的细节），也便于其他合作者（负责交互、开发、美术资源等的同事）理解设计思路和功能需求。从长远来看，还能提升自己的设计能力（毕竟交互也是一种非常重要的游戏体验）。

资源需求：包括美术需求、音频音效、数据统计等。

- 美术需求：美术资源（交互、模型、特效、动作等）需求列表或对应索引链接。可以不够精准，但必须有。列出明细可以让自己在设计时进行更完整的思考，也便于负责美术资源的同事明晰要求并帮助游戏策划查看美术需求是否有缺失。
- 音频音效：一般包括音效、原画（宣传图）和 CG 等。
- 数据统计：包括想要了解的反馈，获取信息的方法，以及对应的程序埋点需求。其中，写明想要什么，以及认为什么方式可以实现比较重要，因为对应的负责开发或运营的同事可以根据这些了解游戏策划的真实需求，从而提出更好的替代方案。

其他备忘：其他未实现的功能、未细化的想法和存疑的设计等。

良好的文档撰写习惯能帮助游戏策划更好地成长。其中的变动说明、目标等部分能方便自己后续复盘思路，如果出现问题也方便找出原因；资源需求部分能帮助自己在后期整理思路，避免忘记某些需求。总之，建议大家尽早养成撰写文档的习惯。

6.4.3 落地能力

在实际工作中，游戏策划还需要具备将想法落地的能力，也就是将想法变为现实的能力。

首先，游戏策划必须具备一定的项目管理能力。实际上，对每个功能而言游戏策划就是一个小的项目经理，除协助相关人员进行顺畅沟通外，还要进行风险控制，设定各种节点，进而检查和优化实际效果。其次，由项目管理衍生的沟通能力也是游戏策划不可或缺的能力。这既包括如何让其他人更快地明白自己的需求，又包括如何高情商地化解成员间的矛盾。下面简单介绍一下实际工作中的落地技巧。

标题	状态	预估工时
【DEV-Client】处理策划验收反馈	未开始	2
【DEV-Server】自测及前后台联调	未开始	3
【DEV-Server】处理cs交互逻辑：获取符合条件对话列表、…	未开始	2
【DEV-Server】配置表字段、条件枚举、RPC接口、DB字段…	未开始	2
【DEV-Client】对话中打断细节 + 各种限制条件	未开始	2
【DEV-Client】UI展示	未开始	1
【DEV-Client】状态流转 + 表格配置(前后置动作 + 音频 + 对…	未开始	2
【DEV-Client】对话开发 + 基础结构	进行中	2
【DEV-Client】NPC占位+触发器配置 + 禁止AI行为	进行中	2

首先建立一个功能清单，包含程序员需要实现的功能点及美术资源的列表，其中的各个条目是由负责程序和美术资源的同事提供的。有了清单就可以为其填写对应的负责人及完成时间，方便后续跟进。当然，在一些大型的工作室或公司中，这项工作可以由项目经理推进，由负责程序和美术资源的同事完成。但是，如果没有人帮忙，则建议游戏策划自行建立一个类似的功能清单。

1 基础功能
　1 赛季开启与关闭功能，BP开启与关闭功能
　　待测试
　2 赛季初次登录游戏有动画，赛季初次进入BP有动画
　　待测试
　3 赛季即将结束时的处理，是否有对应的提示
　　待测试
　4 赛季结束后是否有对应的奖励邮件
　　待测试
　5 BP升级机制是否有效，是否为初始1级
　　OK
　6 战斗是否获得BP经验，任务是否可以奖励BP经验
　　后续测试。Gm指令获取经验OK
　7 达到对应等级后是否可以领取对应的奖励，通行证是否可以领取对应的奖励
　　OK
　8 赛季通行证的打折配置是否有效
　　OK
2 交互-入口和主页面
　1 入口NPC有奖励时是否有冒号，对应提示文字和图标是否符合对应的场景设定
　　有奖励时的提示、领完奖励没开通通行证时、开通行证后、满级的表现OK。赛季等待过程中待测试
　2 整体布局是否OK，常规的上方和下方的通用栏是否可以
　　OK，有上方，下方没有
　3 对应头像提示功能是否OK
　　有显现：剩余几天结束，没买通行证让玩家买，待验证：买了后的提示
　4 BP状态提示是否正确，含通行证转改、等级、经验加成信息、结束信息等
　　初看OK，还需看经验加成的状态
　5 对应通行证状态是否OK和有变化
　　待测试
　6 选择物品后对应的名称和描述等是否OK，状态描述是否OK

然后建立一个验收清单。功能清单主要从开发的角度来看问题，而验收清单则不同，虽然大部分还是功能列表，但游戏策划是从体验的角度来罗列的。有了验收清单，验收功能或优化功能会更快速，能有效避免出现纰漏。验收清单完全可以在程序开发期列出，这样可以避免在程序人员交付功能时，游戏策划因慌乱检查而出现各种纰漏。

最后建立对应的工作群。无论是企业微信群还是 QQ 群，总之要有一个平台能让相关人员进行沟通并发布信息，以便让大家可以快速得知对应的变动和状态。

6.5 总结

本章虽然篇幅很短，但非常重要。本章的核心是理解系统化思考，以及根据系统化思考进行系统化设计。简单来讲，系统化思考的目标是弄清楚事物内部的构成要素及要素之间的关系，要点是抓住主要矛盾进而推导出其他要素及其之间的关系。另外，需要注意的是，拆分可以从多种维度进行，要从自己的工作习惯或工作需要的维度进行拆分。系统化设计主要根据系统化思考来设计和分析游戏的不同模块，可用于整理对应模块所包含的元素及其之间的关系。

本章还简单介绍了游戏策划需要的其他能力。首先介绍了要养成别想用一个好点子搞定一切的心态，然后介绍了细化和精化的区别，之后讲解了沟通的重要性，同时提供了一个标准的策划案模板，最后介绍了一些技巧来帮助游戏策划让游戏落地更加顺利。

第 7 章

玩法的系统化设计方法

所谓玩法，就是玩家玩游戏的方法。本章主要讲述如何系统化地设计玩法。每种类型的游戏都有自己的设计技巧，本章讲述较为通用的元素和方式，包括玩法的相关介绍，构建单局玩法的常见套路，如何由核心玩法拓展出多局体验，如何由核心玩法演变出多种类型的子玩法。

7.1

关于玩法设计的基础知识

在讲述玩法的系统化设计方法之前，我们要先知道一些基础概念，方便后续更准确地理解其中各种元素之间的关系。

7.1.1 玩法型体验和情感型体验

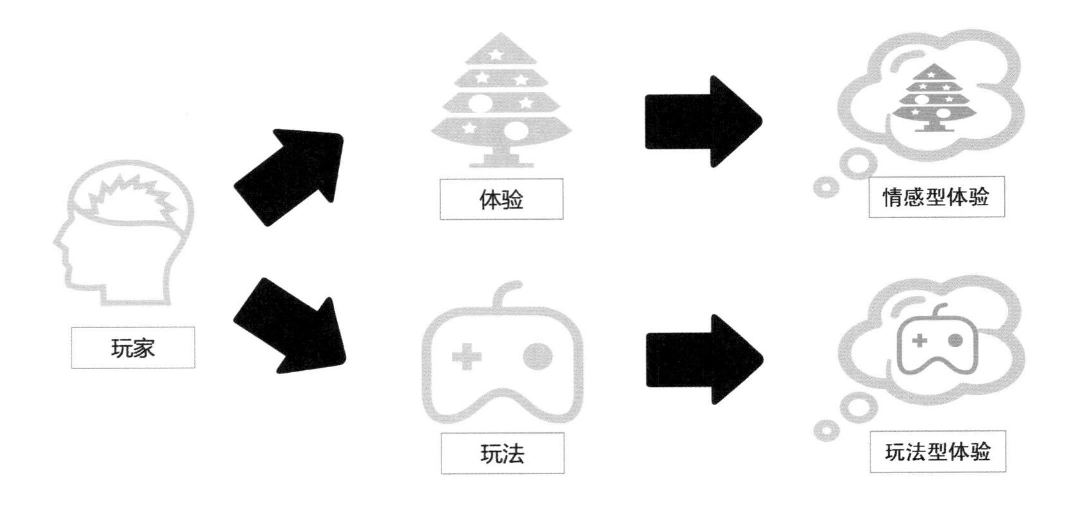

我们需要先讲一下玩法和体验的含义。所有游戏都需要具备玩法，就是玩家可以做什么以及玩家的行为可以得到什么反馈，说白了就是规定玩家怎么玩游戏。体验则是玩家玩游戏时的感受，玩法是产生体验的重要方式，但不是唯一的方式 。

由玩法直接产生的体验叫玩法型体验，如进行团战或 Boss 战时的紧张感，基本是由玩法直接产生的。不是由玩法产生的体验就叫非玩法型体验，我们将其称为情感型体验。比如，感觉游戏场景非常漂亮，在游戏里读到一个感人的故事等，都属于情感型体验，而这些体验基本与玩法无关。

为什么要区分这两种体验呢？这是因为玩法虽然重要，但不能以玩法为中心否定其他要素。有些游戏是以提供玩法型体验为主且作为卖点的，如《王者荣耀》《和平精英》；而有些游戏是情感型体验的占比较大且作为卖点的，如《神秘海域》《刺客信条：奥德赛》；还有一些游戏则是两者兼具，如《艾尔登法环》。

一般而言，偏向单局循环式体验（以不断重复的单局体验为中心）的游戏，如《王者荣耀》《使命召唤》等多以玩法型体验为中心，情感型体验则处于相对弱势的地位，我们将这种游戏叫作玩法型游戏。《开放世界》《魔兽世界》等重视成长的游戏则比较重视情感型体验，对故事、世界观构架等会有较重的着墨，我们将其叫作情感型游戏（并非只关注情感，只是占比较大）。当然，这并不意味着情感型游戏的玩法不够优秀，也不意味着玩法型游戏不关注情感，绝大部分游戏在这两方面都很优秀。

对这两种体验进行区分，方便我们在分析或设计游戏时能尽快抓住要点。

7.1.2 玩法型体验的三要素——规则、体验、玩法

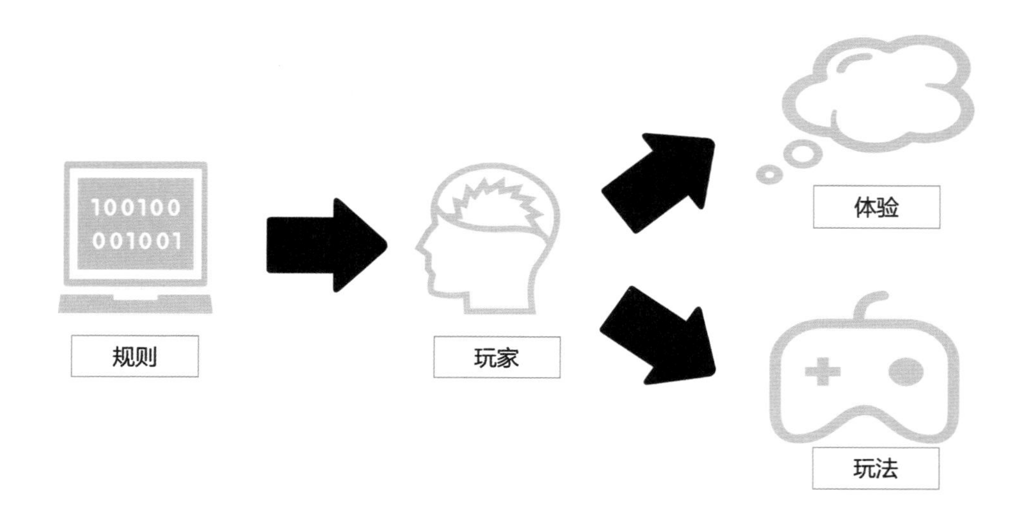

我们对玩法型体验进行拆分，得出以下三个重要的基础要素：规则、体验和玩法。它们之间主要是通过玩家进行关联的。简单来讲就是玩家通过感受游戏规则，进而形成自己的行动策略和过程中的体验，其中玩家的行动策略就是玩法。

一般而言，我们在设计游戏时所说的玩法，实际上是玩家的玩法和游戏规则的组合，这很容易混淆。混淆后会导致在分析问题时无法厘清思路，难以精确地寻找、分析和拆分问题。因此，需要先弄清楚它们之间的区别。

玩法和规则的区别

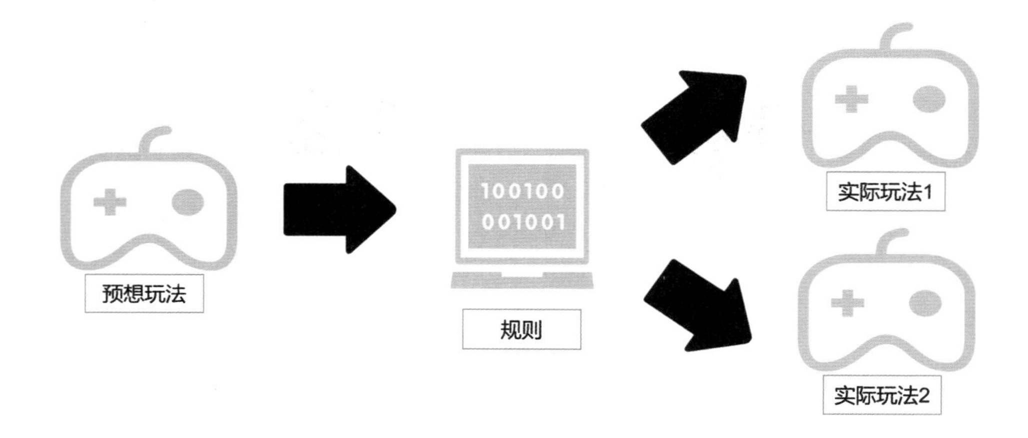

玩法和规则的核心区别在于对应的主体。规则对应的主体是游戏，而玩法对应的主体是玩家。规则是游戏内的各种客观规律，而玩法是玩家面对规则做出的各种反应。

规则实际上是游戏中触发的事件，如在《和平精英》中，开局几分钟后开始缩圈就属于规则。一局游戏中会有各种各样的规则，而且设置了规则生效的顺序和相互之间的逻辑关系。比如，第一次缩圈后，过几分钟后会进行第二次缩圈，这属于规则之间的关系。这些规则和对应的关系形成了游戏的整体规则。

规则也分为核心规则和周边规则，两者是相对的，如缩圈规则就属于核心规则，轰炸区的出现规则则属于周边规则。我们平时所说的游戏规则更多地是指游戏内的主要规则及它们之间的联系。

玩家在游戏中了解规则后就会展开行动，玩家的行动策略就是玩法。从游戏设计者的角度来看，玩法是游戏策划期望玩家采取的行动策略，以及游戏策划提供的行动策略。仍以《和平精英》的经典模式为例，缩圈规则需要玩家不停地向中心点移动，来躲避毒圈伤害。缩圈规则对应的玩法是期望玩家每隔一段时间就进行移动，将玩家聚集起来使交战更激烈。玩家也可以通过预判缩圈的位置来获取一定的战略优势。

游戏策划在设计规则时会通过预估玩法表现来衡量自己的规则是否合适。游戏策划预期的玩法可能比较单一，但玩家的实际反应则会多种多样甚至完全相反。这个过程有点儿像炒股，游戏策划是庄家而玩家是散户，庄家大批抛售股票时一般股票价格会大跌，但有时也会遇到抛售无效的情况。

游戏策划设计的规则可能产生多种多样的玩法，其中很多未必是游戏策划在开始时就能想到的。如果玩家摸索出的玩法过于破坏游戏平衡，游戏策划就只能通过修改或添加规则进行调整来限制对应的玩法。

玩法和体验的区别

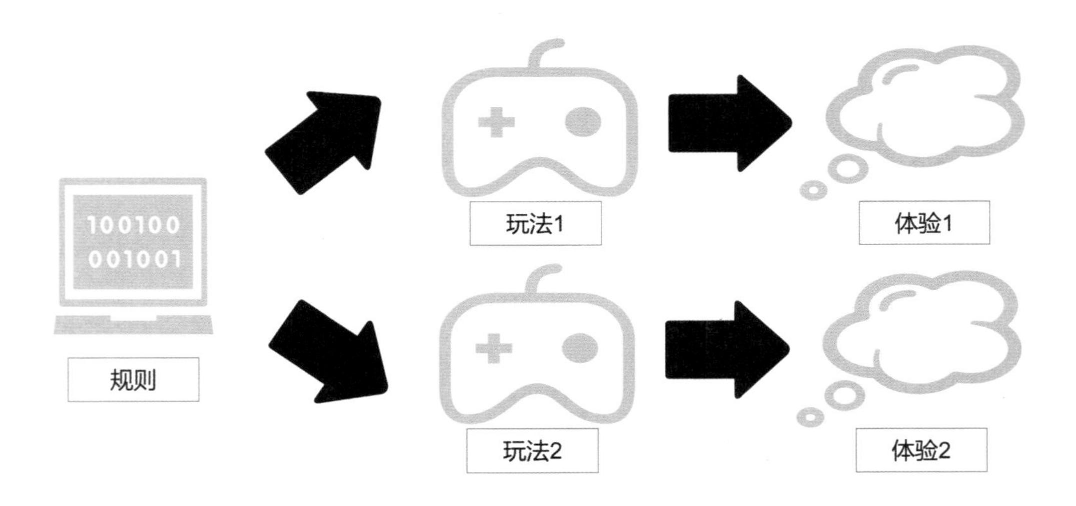

玩法是一种选择，玩家在面对同样的规则时会选择不同的玩法，因为玩法不同，所以产生的体验不同。比如，同样是《和平精英》，在开始时选择在港区“刚枪”还是去野外收集物资会产生完全不同的体验。

还有，当玩家选择先发育后“阴人”的玩法时，前期的体验不出意外就是偏安静且无聊的，而后期则更多是暗杀的体验。

在设计游戏时，大部分情况下会从假设玩家体验入手反推玩法，进而抽象出具体的游戏规则。仍以《和平精英》中的缩圈为例，在设计时游戏策划考虑更多的是玩家的战斗节奏需要维持在一个合适的范围内。如果没有缩圈，随着玩家的淘汰，玩家密度下降会导致战斗节奏越来越慢，玩家需要越来越长的时间才能进入下一场战斗。因此，在玩法上就要限制玩家，随着时间的推移玩家只能在更小的范围内活动。基于玩法来抽象出游戏机制，而缩圈就是一种较好的游戏机制，它通过不停地、阶段性地缩小玩家的活动区域从而保持玩家密度，来保证战斗节奏且提供更多的战术体验。

一种值得注意的情况是，一种玩法可能对应多种体验，因此不能想当然地只看某种玩法的好处，要通过用户群的不同进行取舍。比如，在吃鸡类游戏中，如果允许玩家在开始时就携带一些初始武器，就会避免出现很多玩家在开始时没有还手之力的情况，缓解部分玩家的挫败感。但这样做又降低了玩家进入建筑物获取装备的需求，不仅会导致前期的成长感减弱，还会导致前期的战斗频率降低，减少刺激感。因此，让玩家在开始时就带武器进入游戏并不是一件只有好处、没有坏处的事情。

另一种值得注意的情况是，一种体验可以由多种玩法产生，因此不必担心某种玩法调整后某种体验会消失，只要有类似体验且对整体体验影响不大即可。比如，在战斗时的爽快感，使用枪支击杀、使用导弹轰炸和使用手雷攻击等都可以提升爽快感，但考虑到使用导弹轰炸会特别影响平衡，就会去掉导弹轰炸这种玩法。

总结玩法的简单方法

明白玩法的定义后，就要学会如何抽象出玩法。这里介绍一种简单的方法，虽然有些死板，但可以抽象出大部分游戏的核心玩法，适合新手使用。

首先，明确目标，弄清楚玩法的设计目标是什么，如典型 MOBA 类游戏的设计目标是推倒敌方水晶并阻止敌方推倒我方水晶，吃鸡类游戏的目标则是活到最后。

其次，寻找玩家的主体行为，也就是玩家是如何达成该目标的。比如，在 MOBA 类游戏中，玩家成长后通过团队配合来达成目标；吃鸡类游戏则是通过不断进行规划和局势判断，和同伴一起进行战斗和走位，最后或“刚”或“苟”地达成目标。

最后，考虑环境，也就是玩家在什么样的客观环境下能达成这个目标，一般用于阶段性或子玩法分析。比如，MOBA 类游戏中的大龙玩法，其背景是玩家都发育得不错，且进入了整场战斗的中后期；吃鸡类游戏则是随着缩圈的实施，对战环境会各有不同。

将这几点合并就是简要的玩法分析。比如，吃鸡类游戏的玩法就是玩家通过战略规划、局势判断及对战，在逐渐拥挤的环境中努力活到最后。

7.1.3 单局体验和多局体验

单局体验

多局体验

在玩游戏时，我们经常会遇到一种情况，某种玩法的规则是相对固定的，但每次玩该游戏的体验是不同的，在类似《王者荣耀》或《使命召唤》的单局循环型游戏中，这种体验尤其突出。我们将玩一局游戏形成的体验叫作单局体验，玩多局游戏形成的综合体验叫作多局体验。以《使命召唤》为例，玩一局死斗模式带来的体验就是单局体验，而玩多局死斗模式带来的体验就是多局体验。

我们将体验分为单局体验和多局体验，主要是因为两者关注的点不同，方便进行对应的分析和设计。单局体验更关注规则的统一性和完整性，即是否可以构成一个小型的、完整的体验闭环，从进入体验到结束体验都有较为明显的感知，如一局死斗模式就是一个完整的单局体验，而死斗模式中一条命的整个战斗过程则不是。多局体验更关注其中元素的统一性和变化性（如能否让多个单局体验之间既有共同的体验，又有不同的体验），更关注不同单局体验之间的关系（如单局体验的数量、相似度和区分度、排列顺序和衔接方法、成长感等维度的感受）。

通过上面的讲解可以知道，单局体验和多局体验的区别大多是相对不变的规则和相对易变的变量之间的区别，用于区分单个独立完整体验及多个独立完整体验之间的关系。因此，在非循环型游戏中也可以应用这两个概念及对应的设计思路，如玩 RPG 的体验也可以分为单局体验和多局体验，一个副本或一张地图是单局体验，多个副本或多张地图就是多局体验。

7.1.4 基础玩法、核心玩法和衍生玩法

在玩游戏时，我们经常遇到的一种情况是一款游戏内有多种规则类似的玩法，那么我们就需要找到其中的抓手（引申为重要工作、途径、突破口等），以此为中心分析和设计游戏。在分析游戏时一般需要找到核心玩法和衍生玩法；在设计游戏时一般需要找到基础玩法和衍生玩法。

先说核心玩法和衍生玩法。玩家常玩的玩法模式叫作核心玩法，而其他与核心玩法类似的玩法则叫作衍生玩法。比如，在《王者荣耀》中，匹配赛和排位赛属于核心玩法，而无限乱斗则属于衍生玩法。

核心玩法和衍生玩法的整体规则基本一致，细节规则略有不同。至于谁是核心玩法、谁是衍生玩法并没有明确的定义，只是为了在分析游戏时有一个固定的标杆。比如，在《王者荣耀》中，可以说匹配赛是核心玩法而排位赛是衍生玩法，也可以反过来，影响不大。

设计游戏则需要找到基础玩法和衍生玩法。一般而言，由最基础的规则构成的玩法叫作基础玩法，如在 MOBA 类游戏中，匹配赛不需要禁用英雄，而排位赛则需要禁用英雄，那么匹配赛就更适合作为基础玩法。简单来讲，基础玩法类似于一系列类似玩法的最大公约数，但一定要保证自身体验是完整的，核心体验不能丢失或变形。

另外，还要说明游戏类型和玩法之间的关系，这里的游戏类型更多地是指玩家或业内对某种游戏体验约定俗成的称呼。我们经常说某游戏是卡牌类游戏，某游戏是 MMORPG，这是指该类游戏产生的体验是类似的，而玩法和规则却未必相同。比如，都是 RPG，《艾尔登法环》和《荒野大镖客 2：救赎》的核心玩法就有非常大的区别，但都是在广大的开放世界中不停地探索和解决问题。当然，一款游戏可能有多个游戏类型的标签，如《艾尔登法环》既是魂系游戏又是开放世界游戏。通过游戏类型，我们可以快速地了解一款游戏的规则和玩法。

7.2 单局玩法的设计

设计单局玩法的核心是制定相关规则来保证游戏可以达到预期的单局体验。因为游戏类型过多且不同游戏的设计技巧是完全不同的，所以具体哪种游戏的体验更好，这里不进行描述。此处仅以常见的射击类游戏为例，讲述设

计单局玩法时对应的设计理念。

本节先讲述在游戏不同阶段的玩法和体验之间的关系；然后讲述规则和反馈之间的关系，以及在设计游戏的过程中应该遵循什么原则和顺序来处理它们之间的关系；接着讲一下不同层级体验之间的关系，以及它们是如何一步步推衍而出的；最后简单讲述如何细化反馈。

7.2.1 玩法和体验

我们都是以用户为核心来设计游戏的。在设计游戏时，因为玩法是玩家的主动选择，而体验是玩家的客观感受，所以我们需要先弄清楚玩法和体验之间的关系，到底谁是因谁是果。

从设计的角度来讲，在设计游戏时，一般会分为初始、中期、后期三个阶段。而在游戏设计的不同阶段，玩法和体验之间的关系可能略有不同。

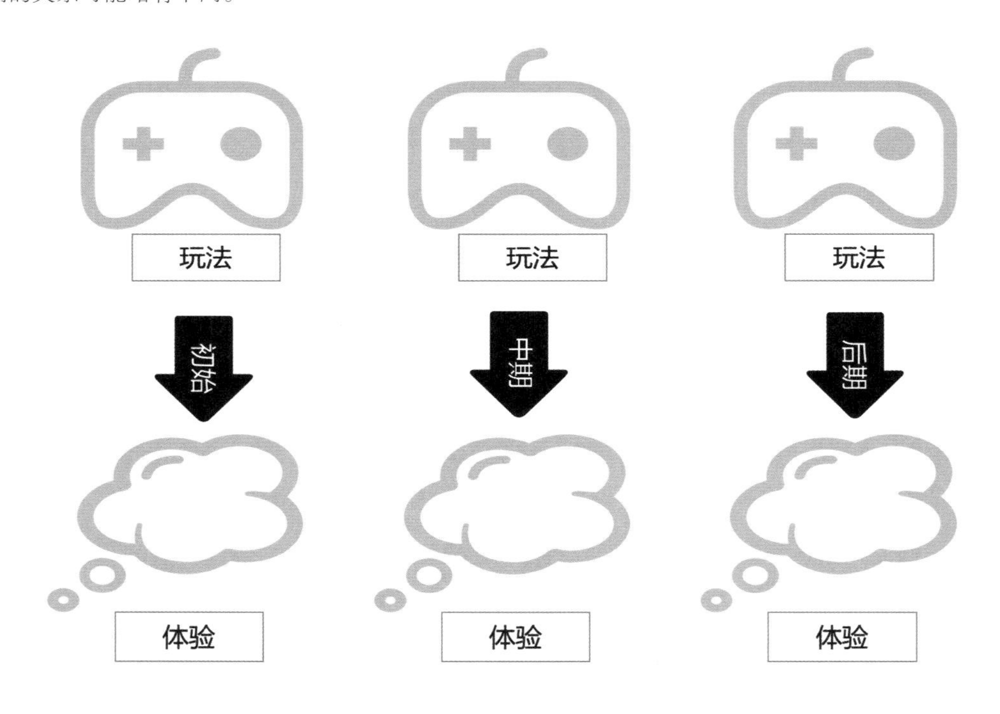

在初始阶段，主要由体验决定玩法。一般是游戏策划或团队有了对应的想法，预设了一种用户体验，之后会根据预设的用户体验来确定一些玩法设计原则。这种玩法一般包含体验的类型和玩家的处理方法。比如，游戏策划在开始时会想："如果让玩家谨小慎微地闯关，那么他们在通关后应该很有成就感，并且这个过程非常紧张、刺激。"根据这个预设的玩家体验，游戏策划确定了玩法的方向：这是一款以战斗为核心的游戏，玩家通过对时机的判断迅速做出对应的反应来解决问题。整体的玩法设计原则如下：①战斗是刺激的——战斗过程要刺激，玩家要很容易"挂掉"，因此一旦遇到战斗，玩家就需要谨慎处理；②战斗是规律的——玩家可以通过多次尝试来掌握怪物的出现规律，进而取得胜利；③战斗是考验反应能力的——大部分情况下，玩家可以预知怪物的行为进而做出反应；④玩家的行为应该是谨慎的——玩家每次操作都要相对谨慎，尽量不要随意进行多种操作；⑤资源是稀缺的——玩家要谨慎规划如何使用稀缺资源。

确定了玩法设计原则后，进入中期阶段。在这个阶段，一般会将玩法变为规则，之后再验证或假设用户体验。游戏策划为了实现“战斗是刺激的”，制定了以下规则：①无论是大怪物还是小怪物，伤害都很高，玩家被怪物打到是一件危险的事情；② 玩家血量的增长速度有限，不会大幅度地增长。设计好规则后，开始验证或假设用户体验，发现玩家在玩的过程中非常小心，不敢被怪物打到，游戏策划很满意。

有了玩法、规则并得到对应的用户体验后，如果大方向是一致的，那么一般会进入后期阶段。在这个阶段，游戏策划会先找到用户体验中不如意或存在疏漏的地方，然后进行调整和优化，进而得到新的规则。之后继续体验、继续调整，直到找到令人满意的状态。游戏策划在体验的过程中发现，玩家虽然谨小慎微，但得到药品后就大量使用，从而变成一受伤就快速回血的体验，玩家再也不需要谨小慎微了。游戏策划开始思考如何补救，于是补充了以下规则：首先，进入战斗后，限制玩家使用药品的次数；其次，玩家每次使用药品时，给其较长的施法时间（在使用期间会对玩家进行行为限制，如移动缓慢、不可开展其他活动等）。新增了这些规则后，新的体验让人满意。

我们来总结一下：在初始阶段是根据预设体验来制定玩法；在中期阶段是将玩法细化成具体的规则，然后看实际产生的体验；在后期阶段则是对比现实体验与预设体验，看差异点是否偏向好的方向，如果不是则修改其中不合适的地方，进入下一个循环。

7.2.2 规则和反馈

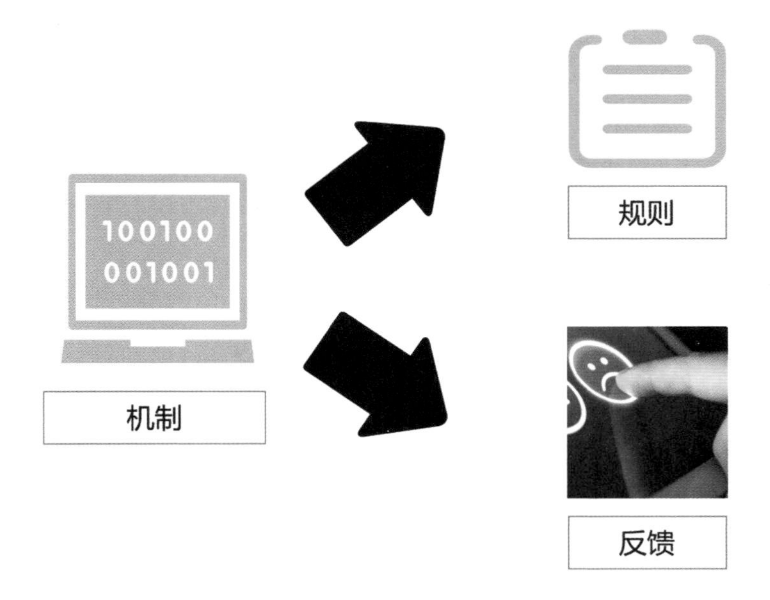

玩法和体验更多地是从玩家的角度思考问题，更关注游戏的目的。这个目的最终要通过代码和资源等在游戏中实现。因此，下面讲一下规则和反馈之间的关系，这里更关注游戏的实现。

游戏是按照写好的逻辑来运行的，这种逻辑对应的规律就叫作机制，如什么时候进行缩圈就属于机制。而机制本身可以进行进一步的细化，拆分为规则和反馈。规则一般指宏观层面的东西，而反馈一般指微观层面的东西。可以说，反馈构成规则但规则本身具有额外的意义，就像人是由头、身、手和脚等组成的，但人又包括除头、身、手和脚等外的部分。比如，以《和平精英》为代表的吃鸡类游戏中的缩圈就属于规则，缩圈的倒计时提醒和光圈变化等就属于反馈。还有一种更简单的区分规则和反馈的方式。一般而言，规则更多地用于引导玩家做出对应的行为，而反馈则更多地用于引导玩家获取对应的感受。只要掌握这个要领就更容易区分规则和反馈了。

在设计游戏时，区分规则和反馈具有重要意义。这是因为当你需要面对一些问题或分析、设计一些内容时，它们属于规则还是反馈决定了问题的重要程度，也决定了设计时的考虑顺序。一般而言，规则是不可或缺的，一旦失去了部分规则，就会导致整个体验发生变化。而反馈则多多益善，能更好地帮助玩家获取信息和理解规则。因此，只要不是大范围地出问题就还能支撑下去。当然，想要游戏体验更好就必须在反馈上做文章。

明白了规则和反馈的区别后，后面的事情就简单了。在设计游戏时，需要先制定规则，如果规则本身不错，再考虑丰富和细化反馈。遇到问题后，需要看看到底是规则出了问题还是反馈出了问题。如果是规则出了问题，那么必须重视且尽快解决；如果是反馈出了问题，则还有一段时间可缓冲。

无论是规则还是反馈，都是为玩法和体验服务的，都是为了确保游戏能达成玩法和体验的目标。因此，查看规则和反馈是否与目标相关就非常重要了，千万不能本末倒置。

从整体来看，设计游戏是为了给玩家提供感受。因此在设计层面，玩法和体验是目标，规则和反馈是结果。这样整个链条就完整了，也就是根据体验设计玩法，根据玩法抽象出规则，根据规则细化反馈。

7.2.3 不同层级的体验

明白了设计玩法的基础流程之后，下一步需要解决的问题是如何切分体验，了解在一局游戏中不同层级的体验之间是什么关系。了解了各种子体验及它们之间的关系后，就可以根据设计玩法的流程不停地将各个体验细化和落地了。

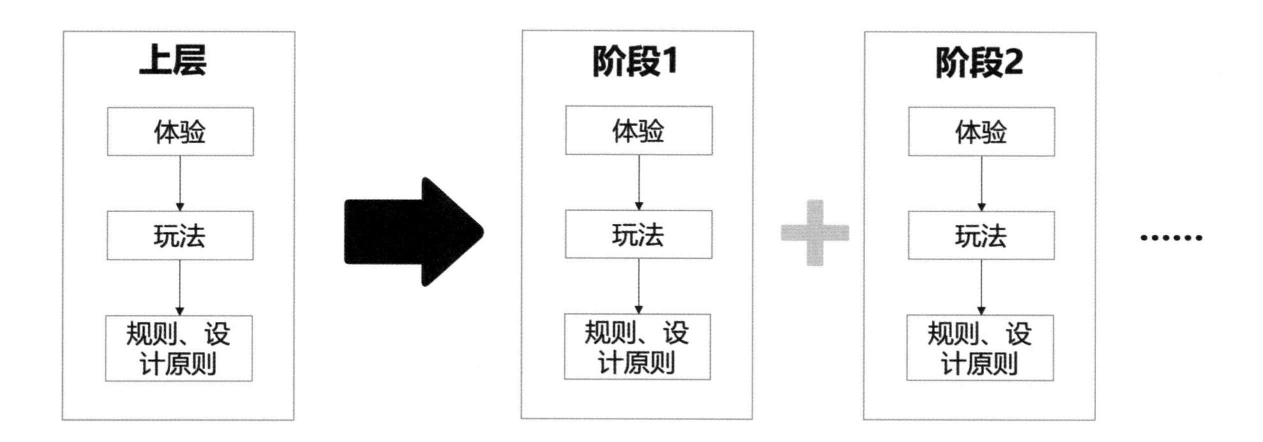

对单局游戏而言，体验是可以分为不同层级的，如整体体验和单次战斗体验属于不同层级。因为体验是分层级的，所以玩法也需要分层级。其中，上层玩法（游戏中的整体玩法）决定阶段玩法，阶段玩法决定具体玩法和规则。层级的切分方法是千差万别的，我习惯**以时间或阶段目标为维度对玩法进行切分**。无论何种切分方法，只要能达到目的就是好方法。

明确整体体验和上层玩法

先要清楚自己想要的整体体验和上层玩法，上层玩法决定了游戏的整体规则，整体体验则决定了所有后续体验都需要遵守的设计原则。

以《王者荣耀》为例，整体体验是玩家团队高效配合，和敌方队伍博弈并取得胜利。在整个过程中要有成长且张弛有度，并在 20 分钟左右结束战斗。因此，设计原则就包含英雄不需要全队配合，如果某个阶段时长超过预期就要有机制来反向修复，等等。

对于上层玩法，需要玩家通过英雄的配合来推倒敌方水晶且确保我方水晶存活，在战斗过程中玩家还可以不停地成长。因此，由上层玩法推出的整体规则如下：推倒敌方水晶就会获胜，不同阶段可能有额外的事件修正，战斗失败要有惩罚但可复活，等等。

切分体验

明确整体体验、上层玩法、整体规则及设计原则后，下一步是将体验切分成不同的子体验。一场游戏可以分为不同的阶段，不同的阶段有自己的体验、玩法、规则和设计原则。同整场游戏类似，每个阶段也是根据阶段体验决定阶段玩法的，然后看实际体验如何，进而继续调整玩法。

下面仍以以《王者荣耀》为代表的 MOBA 类游戏为例，如果将时间作为切分方法，那么可以将一局体验切分成以下几个阶段的体验：①准备阶段，明确自己队伍使用的英雄和面对的对手；②基础发育阶段，英雄还未学会“大招”，防御塔并未受到破坏，玩家以对线发育为主，打野也基本在本方区域内活动，在此期间玩家要熟悉自己的英雄以及和队友的配合；③团战阶段，随着英雄能力的提高，团战变得越来越激烈，大家从打怪物变为参与团战及破坏防御塔，玩家的成长变得更加具有针对性，队友之间的配合也越来越熟练；④收尾阶段，攻入最后的阵地，推倒水晶；⑤结算阶段，进行比赛总结，计算对整场游戏的影响。

细化子体验的规则和设计原则

将上层玩法切分为不同的阶段之后，就要明确各个阶段玩法的目的、行为和环境。要注意每个阶段的玩法都是为上层玩法服务的，都要符合上层玩法的要求。阶段玩法是上层玩法的补充和变形，而非完全不同的玩法。以收尾阶段为例，这个阶段的环境是大家基本都已经满级了，比赛进行了较长的时间，玩家比较劳累。这个阶段的核心目的是推倒敌方水晶，但为了保证上层目的的实现——将战斗时长控制在 20 分钟左右，这个阶段就额外产生了一个子目的——如果对战已经进行了很久则制造变数，让双方可以更快速地结束游戏。

明确阶段玩法后，细分对应的规则和设计原则，这些都是为实现阶段玩法的目的而服务的。同玩法一样，这些一般也是整体规则和设计原则的补充与变形。仍以以《王者荣耀》为代表的 MOBA 类游戏为例，为了增加变数需要对已有的规则进行调整：在后期让玩家复活速度变慢，进而让敌方有更多的时间展开进攻；后期小兵对塔的攻击力也变得更强；同时增加大龙这个要素，以造成阶段性的不平衡并且促进团战进一步发生。通过这些规则和设计原则的修改，加快了后期的游戏节奏。

我们在每个阶段都根据其体验和玩法的需求将规则和设计原则设计完毕后，上层玩法的大纲就已经设定完毕了。

7.2.4 如何细化反馈

规则反馈

体验反馈

明确规则后，就要开始细化反馈。一般情况下，玩法的反馈包含规则反馈和体验反馈。规则反馈主要用于介绍与玩法相关的重要信息，基本属于系统主动告知玩家的反馈，如缩圈的提醒，队友、目标和敌人的标识等。体验反馈更多地是对玩家具体行为的反馈，如射击命中反馈、移动反馈等。两者并没有严格的区分，只是为了在设计时有一个模板，方便查漏补缺。

规则反馈

设计反馈时要抓住对应的设计目标进行具体设计。规则反馈的设计目标是让玩家在合适的情形下得到对应的信息，是条件加目的的结构，一般表述为“某时明白某事”，如快缩圈时明确知道要开始缩圈了。因此，细化规则反馈时应先找到规则变动的时间点和对应的内容，明确要展示的信息；然后考虑以什么形式在什么时机来展示；最后罗列对应的展示形式并不断优化。

以缩圈为例，先找到缩圈的时间点和规则，如游戏开始 3 分钟后会以目标点为中心进行缩圈，直到缩到下个圈的边缘为止。经过思考确定要展示的内容，包括什么时候开始缩圈、缩圈的目标是什么。然后考虑形式、时机。比如，对于距离开始缩圈的剩余时间，应该进行日常提醒且当倒计时剩 30 秒时进行额外提醒，而缩圈的目标在一开始就应该明确告知玩家。最后考虑罗列展示形式并不断优化。以缩圈倒计时为例，可以在小地图下方出现，在触发倒计时的预定时间点时进行全员语音广播、主屏弹窗提醒（时间显示为红字并跳动）等。

体验反馈

体验反馈的设计目标是玩家的什么行为能得到什么感受，是动词或动作情景加形容词的结构，一般表述为“某行为怎么样”，如射击手感很有规律和挑战性。明确设计目标后可以将行为或行为导致的状况细化，并将行为影响的游戏元素罗列出来。然后看对应元素在对应状况下，需要怎样表现才能达到对应的感受。如果有些元素无法达到对应的感受，那在不影响整体感受的前提下，有一个对应反馈信息提示也是好的。在整个过程中，我建议做一张对应的表格，可以帮助我们更体系化地思考和细化反馈。

命中目标类型	子类型	攻击方的表现		受击方的表现	
		界面	声音	模型	声音
人	头部	在血条前加一个“爆头”的图标	自身发出“嘣”的声音		
	身体				
	暴击				
物	敌人的装置（如无人机）				
	墙体等				
	可破坏场景等				

以射击命中反馈为例，来看如何借助表格更体系化地细化反馈。先列出对应的影响元素，包括命中了什么，攻击方和受击方的表现。然后将对应元素细化，如命中目标为人时可以细分为命中头部、身体和暴击，命中时机可以细分为破甲和击杀等。而攻击方的表现可以细分为界面、声音等。在细分的过程中，主要工作是创建表格和形成对应的思维体系。至于表格涵盖得是否完整及分类关系是否准确等都可以在后续设计中慢慢进行补充和调整。

设计完表格后，就可以在对应的表格内填写对应的具体设计了。比如，以命中敌人头部为例，我们想一下对应的界面表现应该有哪些。通用的血条显示等肯定要有，这里着重写一下对应的细节处理，如在血条前加一个“爆头”的图标。明确后就填写到对应格中，然后填写其他格。

7.3

多局体验的设计

本节的重点是探讨通过什么样的设计能让玩家的多局体验拥有既熟悉又陌生的感觉，既能让已有经验发挥作用，又有额外的探索、挑战空间。

本节将讲述在基础玩法已经确定后，如何将其拓展为可以支持多次游戏的程度，即如何根据基础玩法进行衍生和丰富多局体验。

7.3.1 玩法由挑战和方案构成

我们必须先明白玩法的本质和要素，然后才能谈如何根据基础玩法进行衍生。因为玩法是玩家在游戏中的行动策略，是挑战和方案的组合。挑战是指玩家在游戏里面对的问题，如需要穿过某座山谷或击杀某只怪物。方案是指玩家面对问题时如何解决，如需要到山谷对面，是跳过去还是走过去。

挑战和方案之间并不是一对一的关系。一项挑战可能有多种方案，如在《塞尔达传说》里击杀怪物，你可以选择用刀砍、用棒子打、用弓箭射击，还可以用滚石砸、用野火烧和推落悬崖等。一种方案也可以用来解决多项挑战，如在《艾尔登法环》中，击杀怪物可以用刀砍，击碎场景物件也可以用刀砍。当然，如果是设计需要，挑战和方案也可以做成一对一的关系。比如，在玩《暗黑破坏神2》的第2幕时，如果不能完成要求的任务就不可以进入王宫。

明白挑战和方案的意义后，我们就可以把游戏的玩法设计拆分为方案设计、挑战设计和两者的组合。这样做的好处是可以降低设计难度并提升设计效率，坏处是可能会把玩法设计得相对“撕裂”一点儿。如果面对新问题，建议先拆分后再进行处理，而面对非常熟悉的问题时建议做统一化处理。

7.3.2 玩法的评价标准

下面将介绍玩法的评价标准。在多局体验中，常见的设计目标有两个：和而不同，难易得当。

和而不同

玩家在玩多局游戏时，会对多局的体验进行对比，进而获得一种感觉，我们期望这种感觉是和而不同的。和而不同在预设体验上的目标是让玩家每局的体验都是“整体相似、又有区别”；在设计上的目标是让玩家感觉“易上手、难精通”。

和而不同又分为挑战的和而不同和方案的和而不同。挑战的和而不同讲究整体挑战的战斗方式一致且不违背整体设计，但每项挑战之间又略有区别。比如，《艾尔登法环》里的Boss，有的笨拙但伤害高，有的迅猛但血量少，甚至还有法师，但里面绝对不会出现狙击手或机枪兵。

方案的和而不同讲究的是解决套路基本一致，但具体方法各有不同。最典型的例子是Roguelike，面对基本一致的关卡，每次的挑战体验有很大区别，而整体套路是一致的。

不同的游戏有不同的设计和而不同的方法，但整体来讲都是从核心玩法开始推衍的，对其中的元素进行各种变化但不改变整体结构。后面会讲述如何拆分方案和挑战，进而达成目标。

难易得当

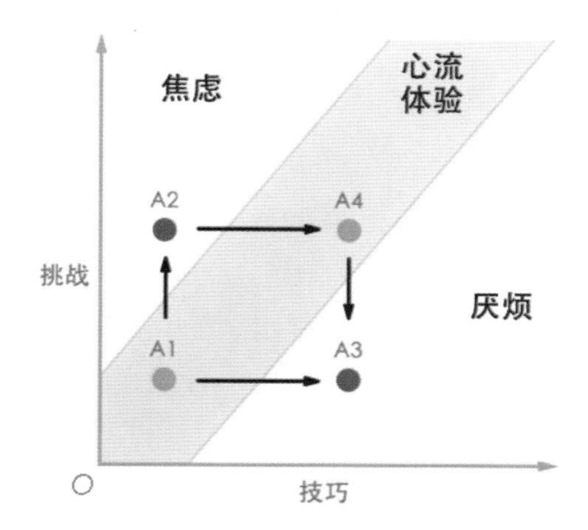

玩家在玩多局游戏时，会对各局体验的连接顺序有一种感觉，我们期望这种感觉是难易得当的。难易得当在预设体验上的目标是让玩家感觉难度是一点一点增加的，玩家在任意时间都可以选择一项对自己来讲略有挑战性的任务；在设计上的目标是让玩家可以循序渐进，逐渐成长并面临更高维度的挑战，同时要为玩家能否选择挑战保留一定的自由度。

难易得当最终的目标是心流。心流本身具有一系列特征，简单来说，当挑战的难度略高于能力时，人最容易进入心流状态。玩家在心流状态下可以感觉到愉悦并忘却时间，在解决问题后会有很大的成就感。关于心流的具体内容可以看《心流：最优体验心理学》这本书。

玩家的能力在很多时候是不停成长的，面临的挑战也会不停地发生变化。整体的变化过程如下：开始时处于心流状态，随着技巧的升级，能力高于挑战的难度，进入厌烦的状态，这时面临更难的挑战则可能再次进入心流状态。

体现在游戏内：如果玩家达到一定的技能层次而游戏在长时间内没有更多的内容更新或新挑战，则玩家会进入厌烦的状态甚至会放弃游戏；如果玩家的能力没变，面临更难的挑战，则会进入焦虑的状态。后续，如果玩家面临挫折且长期无法解决问题或无法提升能力，则会放弃游戏；如果玩家的能力提升了则可能再次进入心流状态。

7.3.3 方案的拆分

无论是和而不同还是难易得当，我们都需要对玩法的构成和难易有足够的把控。想要把控就必须先对方案和挑战进行拆分，这里先讲如何拆分方案。

方案就是玩家如何解决问题，由玩家的主观行为和涉及的客观要素组成，简称行为和要素。举个例子，玩家使用枪支射杀怪物就是一种方案，其中射击是行为，而枪支、距离、伤害等是要素。区分行为和要素可以方便我们在平时缩小关注范围，进而更高效地进行设计。

大部分要素都需要以游戏内的元素为载体，如伤害高低、操作手感等都需要以枪支为载体，玩家通过更换枪支来实现不同的体验，同时更改对应的要素。一个要素可以有不同的载体，如对于射击时的震动，若某个技能可以降低射击时的震动，则这个技能就是对应的载体，若某种枪支的降震效果很好，则这种枪支就是对应的载体。

明确游戏的核心行为及核心差异行为

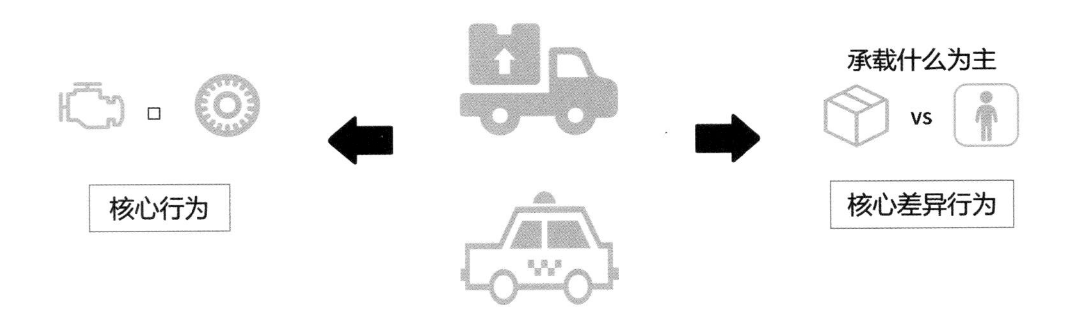

先说如何拆分行为。拆分行为也需要抓手，这个抓手就是找到游戏的核心行为及核心差异行为。核心行为及核心差异行为是两个概念。核心行为是指游戏主要用什么类型的行为来解决问题，如吃鸡类游戏的核心行为是成为最后一个活着的玩家。核心差异行为是指该游戏与类似游戏之间在行为方面的核心差异，如《绝地求生》与《堡垒之夜》的核心差异行为是后者可以搭建和破坏环境。

那么，如何寻找核心行为及核心差异行为呢？首先明确游戏的玩法类型，如看游戏是 MOBA 类（类似《王者荣耀》）还是射击类。如果游戏属于 Roguelike，则每次体验面临的挑战和解决问题的方法都是随机的，需要玩家在每局的游戏过程中不停地探索：到底是传统偏 ARPG 型的 Roguelike 还是射击型的 Roguelike。

找到玩法类型后就能很容易地知道游戏的核心行为。这是因为不同类型的游戏有自己独特的核心行为，这些已经被业内人士不断地研究并且公布了，无须费力探索。比如，FPS 类游戏里的核心行为是奔跑、观察、射击等，其中射击是与其他类型游戏最不同的核心行为。

核心差异行为未必是核心行为，可能是一个完整且独特的非核心行为，如《使命召唤》里的超级武器。核心差异行为也可能是核心行为中一个单独的小行为，如《使命召唤》里的开镜瞄准。

我们在设计游戏时，一般而言，除非是创新品类，否则不会增加核心行为，最多增加少量非核心行为。比如，我们需要设计一款新型FPS类游戏，一般也就加一个召唤连杀奖励或投掷手雷的行为，而不会更换射击这个核心行为。

拆分行为

找到核心行为及核心差异行为之后，我们就可以对其进行拆分。拆分方式多种多样，最简易的标准是依据时间发展顺序进行拆分，也可以依据行为的触发场景进行拆分，还可以按照多个条件组合起来进行拆分。无论哪种方式，在拆分的过程中都要尽量将行为拆分得细致一些。比如，射击动作可以拆分为找到目标、抬枪、开镜、瞄准目标和放枪等步骤。就动作场景而言，可以拆分为单次射击、持续射击，开镜射击、不开镜射击，移动射击、站立射击、架枪射击、蹲下射击和卧倒射击等场景。

拆分要素

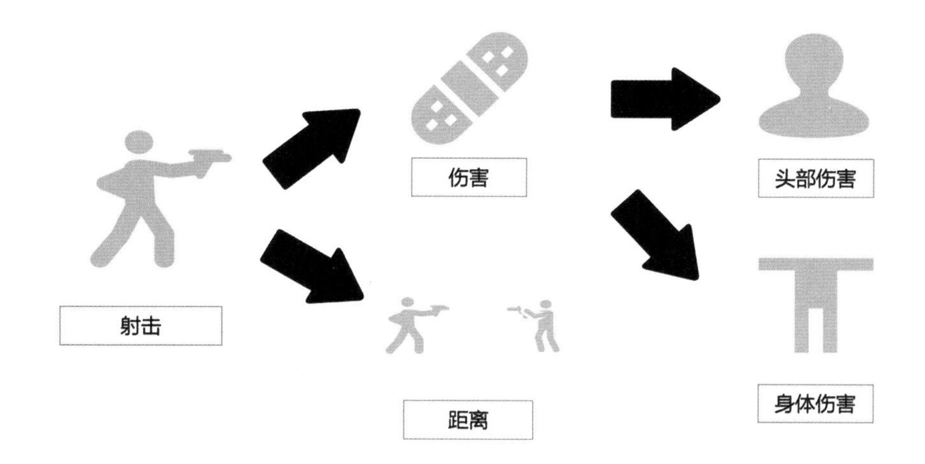

我们可以根据行为寻找影响该行为的要素，整个过程是先将主行为拆分为子行为，然后寻找主行为的要素及各个子行为的要素。

要素也需要分级，一个大要素可以拆分为各个子要素。我们可以通过主行为对应的大要素来推出子要素，也可以先总结各个子行为的子要素，再将其安插到对应的要素层级。仍以射击为例，最基础的要素包含伤害、距离等。每个大要素还可以继续拆分为各个子要素，如伤害可以拆分为头部伤害、身体伤害等。子行为也可以拆分出对应的子要素，如开镜射击和不开镜射击，可以拆分为开镜速度、关镜速度、瞄准镜观察距离和视野遮挡范围等。

在拆分要素的过程中，要注意的第一个原则是围绕想要的体验进行拆分，没必要也做不到应拆尽拆。比如，一款PVE 型游戏（以人机对战为主的游戏叫作 PVE 型游戏，以人人对战为主的游戏叫作 PVP 型游戏），区分“爆头”伤害和其他伤害就行了，没必要像 PVP 型游戏那样分出那么多的部位伤害。要注意的第二个原则是先拆分核心行为（主行为），再拆分子行为。这样可以帮助我们更好地明白各个要素之间的关系，方便后续整理层级和关系。

要素和机制

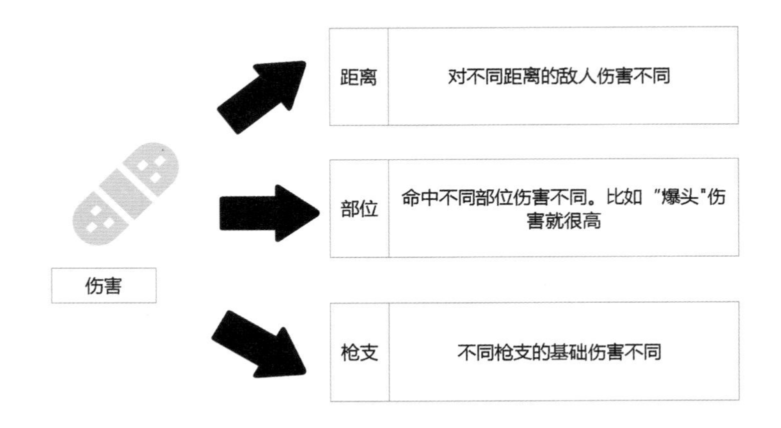

在拆分过程中和拆分后要记得对各个要素进行分类，并构建对应的关系树。通过这些关系树，可以检验是否能实现我们想要的玩法。仍以射击为例，考虑伤害时拆分出距离、部位和枪支，这 3 个要素符合让玩家根据距离不同选择不同枪支，且努力攻击致命部位的玩法。

在游戏中，要素会通过机制表现出来。比如，在射击类游戏中，距离要素可以通过“当射击距离达到 100 米时子弹伤害降低一半”这种简单的机制表现出来。如果先明确要素就需要为其设计相应的机制。不同要素之间可以相互影响，这种影响也需要通过机制表现出来。比如，在射击类游戏中，我们想让距离和部位两个要素相互影响，就可以通过“当射击距离达到 100 米时子弹伤害降低一半，但命中头部不受影响”这种机制表现出来。在分析一些游戏时，我们也可以通过机制反推对应的要素。

明确了要素和对应的机制后，就可以为要素设计合适的载体了。载体一般是依据游戏的世界观来进行包装的，但这只是表层的包装。如果从深层的功能角度来考虑，也会将不同的要素包装在一起。比如，面向大众的内容可能包装成枪支，而面向高端玩家的内容则包装成天赋。

量产方案

经过拆分，我们依据行为设定了要素，依据要素设定了机制和载体。明白了这些，我们就能很容易地量产不同的方案。有了一种方案之后，只需要将对应的要素改变一下即可得到新的方案。继续以射击为例，我们知道影响射击的核心要素有距离和部位，同时我们已有一支设计好的射速一般、伤害一般的突击步枪。那么，只要将其所有属性都复制一遍，调整为近距离伤害更高而远距离伤害更低，它就成了一支新的冲锋枪。还是这支突击步枪，我们设计了一个配件，装配效果是增强头部伤害但降低身体伤害，只要玩家得到这个配件就可以自行选择实现另一种射击体验。

我们还可以根据要素的分层对方案进行分层。比如，让枪支的大种类只影响射程，而大种类下不同的枪支则只影响震动等其他要素。这样就能形成一个类似体验，在选了突击步枪的基础上，如果觉得自己的手法厉害且追求高伤害，就可以选择突击步枪体系下的 AK74 步枪。

以上就是变化要素得到新体验的示例讲解，当然在实际的游戏中会有更多的元素变化，但整体的规则和方法基本就是上述内容。

7.3.4 合理安排方案的体验顺序

明白了方案的拆分逻辑之后，下面我们需要了解如何根据难易来为方案排序。

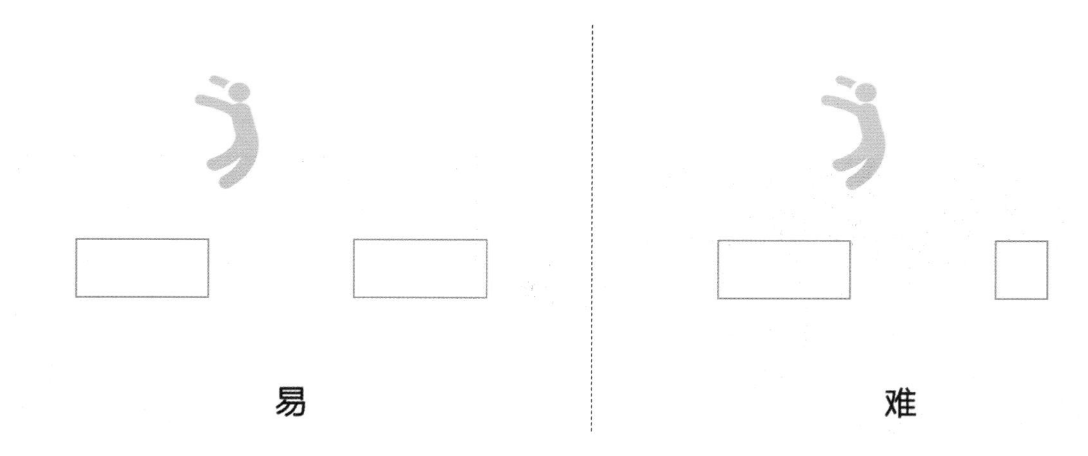

难易的标准

虽然每款游戏的难易排序规则有所不同，但也有几个较为通用的规则。尽量先针对每个单一要素明确衡量难易程度的标准。举个例子，一款游戏以跳跃为核心要素，那么对于跳跃的容错范围就属于衡量的关键点之一。如果需要玩家多次使用同一要素，那么在短时间内需要连续使用的次数越多就越难。比如，在 3 秒内需要连续准确跳跃 3 次就比需要连续准确跳跃 2 次难。

如果同时使用多个要素，那么在一段时间内使用的要素种类越多则越难。比如，射击玩法 A 需要玩家跳过一个深坑、走一小段距离，然后遭遇几个敌人；而射击玩法 B 需要玩家跳过一个深坑后立刻遇到几个敌人；射击玩法 C 则需要玩家在跳过深坑的过程中消灭敌人。那么，它们的玩法难度是：射击玩法 C ＞射击玩法 B ＞射击玩法 A。

一般而言，在一段时间内，需要玩家做出同样数量的反应时，玩家使用要素的种类越多就越难。举个例子，射击玩法 D 需要玩家连续射击消灭 3 个敌人；射击玩法 E 需要玩家消灭 1 个敌人后立马进入掩体来躲避火箭弹袭击，然后出来消灭第 2 个敌人。那么，射击玩法 E 就比射击玩法 D 难。

举例

明白了方案对应的要素和难易标准之后就可以进行分档了。整体而言，要先拆分出要素并明确不同要素的难易标准，再根据不同方案使用的要素进行分档。以在沙盒游戏里搭建房屋为例，我们来看一下如何进行玩法难度的分档。

第一步，提取搭建玩法的要素，主要如下：材料的模块大小——是用一座座房子来搭建城镇，还是用一块块砖块来搭建城镇；系统辅助程度——是让玩家自己想办法建房子，还是根据系统提示一步步建房子；材料获取难度——所需材料数量和获取难度等（先简单抽象为只有所需材料数量和获取难度两个要素）。

第二步，对每个要素进行难易排序。根据材料的模块大小将方案从易到难排序：①使用整座房子进行搭建；②使用单个建筑单元进行搭建，如厨房、卧室、客厅、书房；③使用单个建筑要素进行搭建，如砖块、灯、门等。根据系统辅助程度将方案从易到难排序：①无须玩家思考，给足材料系统自动搭好；②系统给予提示，玩家可按提示顺序进行搭建；③系统不给提示，玩家自行搭建。根据材料获取难度将方案从易到难排序：①所需材料数量少且单个材料好获取；②所需材料数量多但单个材料好获取；③所需材料数量少且单个材料难获取；④所需材料数量多且单个材料难获取。

直接摆放整体

自己慢慢用砖块搭建

第三步，将不同难度的要素组合，形成一个个对应的方案并进行难易排序。比如，对于初始时需要的小屋，只需要玩家提供对应数量的简单材料再选定地点，系统就会直接在对应的地点建造对应的小屋。之后需要更高级的小屋时，则需要玩家凑齐更多数量的材料来购买对应的建筑单元，然后进行搭建。对于英雄大厅，需要玩家按照系统提供的图纸，把材料按顺序一步步地摆放，进而搭建出房屋。对于参加建造大赛时需建的城镇大厅，则需要玩家自己设计，自己搭建。

7.3.5 挑战的拆分

说完了方案再说挑战，第一步也是将挑战拆分成具体的要素。实际上，就像硬币有正反两面一样，大部分要素是挑战和方案共存的，只是因为视角不同才导致拆分顺序不同而已。举个射击的例子，新玩法需要玩家重点射击敌人的左手。从方案的角度来分析是需要玩家进行更精确的射击，而从挑战的角度来分析，则是只有特定部位受到攻击才有效，但两者拆分出来的设计要素都是命中部位。

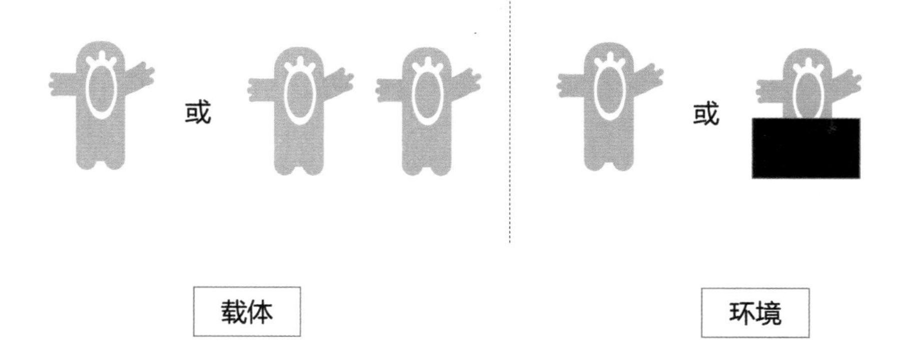

在拆分挑战时，可以将载体和环境作为抓手来拆分和组合要素。如果说挑战是一幅人物画，那么载体就是人物，而环境则是背景。载体是指对应挑战的主体是什么，环境是指对应挑战的客观环境如何。举个具体的例子，我们要打一个 Boss，Boss 本身是载体，而 Boss 所在的竞技场就是环境。

一般而言，我们会先对载体进行拆分，而环境则需要借助载体才能拆分。以射击类游戏为例，要设计一场遭遇战，会先考虑敌人的特点，然后才考虑对应的环境。在考虑敌人的特点时首先考虑怪物类型，即面对的是小兵还是大 Boss，这会带来完全不同的体验。其次就是数量，即面对的是一个敌人还是多个敌人，这也会带来完全不同的体验。而怪物本身还可以继续拆分，如对应技能、伤害、血量和移动速度等。

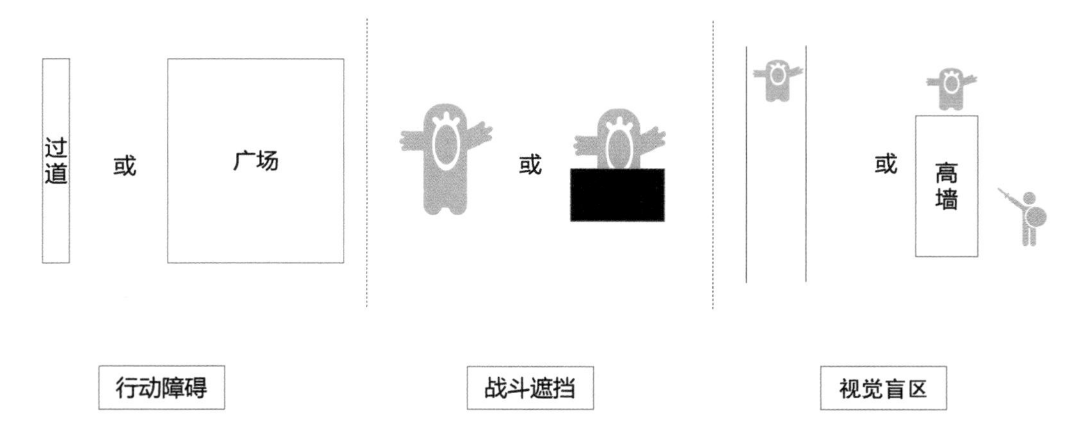

我们假设已经将怪物拆分完毕，下面就可以拆分环境了。环境的影响多种多样，常见的有行动障碍、战斗遮挡、视觉盲区。行动障碍是指对玩家行动区域的限制，如一只骑马冲锋的怪物在一条过道里和在一个广场里的威胁是不同的。战斗遮挡是指场景物件对玩家或怪物的保护，如在射击类游戏中玩家在广场中心对狙，那么有堵残墙当掩体的玩家就拥有很大的优势，或者面对怪物时，在城市废墟中的狙击手的威胁远比在广场中心无掩体的狙击手的威胁大得多。视觉盲区是指对玩家获取信息区域的限制，如在《艾尔登法环》中，一片草原上的小鬼就没什么威胁，但是在墓地中躲在墙后甚至头顶的小鬼则威胁巨大。

在具体的设计过程中，可以先考虑载体再匹配环境，将上面的例子组合。例如，我们决定让玩家面对一个狙击手，这时如果需要让挑战更难一点儿，就将狙击手放到废墟里。当然也可以先考虑环境再考虑载体，如对于一张有桥的地图，可以将近战怪物放到大桥中间而将远程怪物放到近战怪物的后面。

7.3.6 合理安排挑战的体验顺序

和方案的难易排序规则类似，挑战排序也有几个较为通用的规则。先为每个要素明确衡量难易程度的规则。比如，对于掩体遮挡，遮挡的部位越多就越难；而对于怪物的移动，显然移动速度越快、移动轨迹越多变则越难。当同时使用多个要素时，在一段时间内玩家面对要素的种类越多则越难。比如，在窄桥遇到有掩体保护的狙击怪物，比在窄桥遇到没有掩体保护的狙击怪物要难。

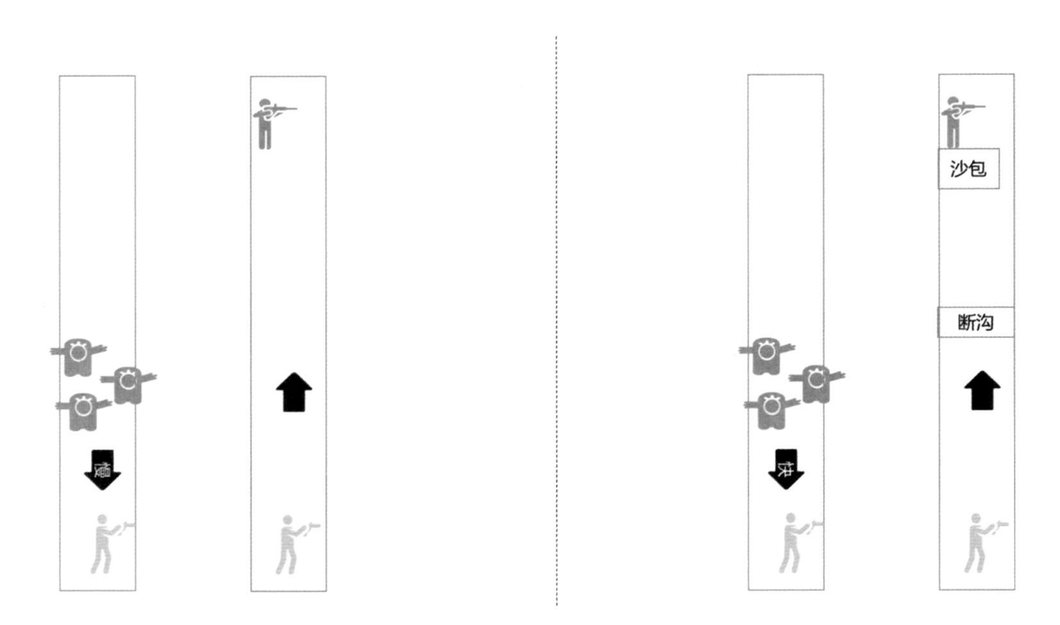

这里举一个整体性的例子来看挑战是如何进行难易设计的，为了方便讲解我们将设计元素控制在较小的范围内。假设要设计一种射击小玩法，只有一座长桥，玩家开始上桥时会有一群近战怪物冲过来，走了一段路之后，需要击败桥尾的远程怪物。这种玩法只有两种怪物和一张基础地图，怪物分别为会普通攻击的近战怪物和会普通远程攻击的远程怪物。首先，提取载体要素。怪物的要素至少包含移动速度、攻击力、攻击范围和血量。地图则是一座大桥，因此包含位置和障碍等要素。其次，为各个要素进行难易排序。我们只选移动速度和障碍两个要素，怪物移动速度快会更难，怪物有障碍遮挡也会更难，两者结合就形成了难易不同的两关。在简单关卡里，近战怪物的移动速度较慢，远程怪物无掩体；而在困难关卡里，近战怪物的移动速度较快，能快速贴近玩家，而远程怪物有沙包遮挡难以被瞄准。如果在路上加条断沟，玩家一不小心就会掉下去，那就更难了。

7.3.7 组合挑战和方案

前文已经对挑战和方案进行了分类和排序，最终它们会被组合成玩法并呈现给玩家。在这个过程中，主要需要做以下三件事：一是根据玩法所在位置选取对应难度的挑战和方案，这是宏观维度的事情；二是根据从具体的玩法体验中选定的挑战和方案的特点，来使其相互适应，这是微观维度的事情；三是从玩法的角度来看多种方案之间的关系是否可以接受，这是容易漏掉的事情。

首先，如何根据玩法所在位置选取对应难度的挑战和方案。这里面最重要的就是定义玩法本身所在的位置，这个位置一般指玩法所处的时间定位和难度定位等。时间定位，即看玩法处于整个游戏的前期还是中期，处于某些能力系统的开放之前还是开放之后等。难度定位，即看玩法属于普通难度还是困难难度，是一种主流程上的玩法还是一种专门为高手准备的挑战型玩法等。总之，先根据上面列出的各种维度进行列举，再将对应的挑战和方案往里填并进行调整。这样，就能得出每种玩法在设计阶段的大致重点了。

其次，如何根据从具体的玩法体验中选定的挑战和方案的特点，来使其相互适应。因为很多时候挑战和方案是分开设计的，当将它们组合起来时很容易出现不太对应的地方，因此需要对玩法进行微调，使其变得更加和谐。比如，在某个小场景中，从方案来讲期望玩家使用枪支和投掷物，从挑战来讲期望玩家面对大量的近战怪物。但在设计时发现，要求玩家在怪物冲过来的过程中抓住时机将手雷投到一群怪物中有些难了，这种时机本身也较少出现。因此，为了达成预期目标，可以将玩法微调，变为初始时好几只近战怪物躲在碉堡里，碉堡有一扇小窗户，如果玩家将手雷投掷进窗户则会有较大收益，将众多怪物全部炸残。但如果玩家稍微靠近，则会惊动怪物并且使其从门内涌出。通过这种设定，让玩家在特定的时间段使用特定的技巧，进而满足玩家使用对应技巧的需求，又避免了同时使用多种技巧的限制。

最后，如何从玩法的角度来看多种方案之间的关系是否可以接受。当一项挑战有多种方案时，我们期望的是不同类型的玩家可以找到适合自己的方案。除非刻意设计，否则不会提供面对所有玩家的“最优解”。刻意设计的“最优解”可能是为了实现玩法外的目标，如《艾尔登法环》里的第一个 Boss 大树守卫，是一个前期非常难打的 Boss，但设计方特意在其活动区域旁边增加了一个大型高台，玩家站在上面可以用远程武器慢慢“磨”死 Boss。实际上，这个设定并不是不能更改，但官方保留了它，这是因为《艾尔登法环》是一款非常“硬核”和困难的游戏，而这种非主流玩法直接制造了话题，让游戏在上市初期就有大量自发的相关视频和直播帮助炒热，身为“小白”的大多数玩家也因为打过知名 Boss 而获得了成长感，同时建立了玩家和视频制作者之间的关系，可谓一举多得。

7.3.8 更多的方法

除了在内容层面进行调整，还可以通过规则对玩法进行调整来得到不同的体验。整体的设计方法是先明晰规则，将其拆分为不同阶段和不同要素，然后改变其中的几个要素，随后通过纸面评估得出可能产生的结果，最后经过验证调整玩法。

以 MOBA 类游戏为例。将其分为不同阶段，如选择英雄阶段、战斗过程阶段，战斗过程阶段又分为前期成长、中期推塔、后期决战等阶段。这时我们先只看选择英雄阶段包含的要素，如英雄池、选取顺序、英雄互斥规则等。接下来我们改变其中的一两个要素来看游戏是如何变化的。作为通用标准模式，大家都会使用自己的英雄池，每个英雄只能由一个玩家选取，对于选取英雄的次序没有要求。这时我们改变英雄池和选取顺序，让游戏更具策略性和博弈性，使其更适合排位赛或战队对战。于是，变为双方玩家按照一定顺序搬掉（禁用）和选取英雄。增加该要素后，经过纸面评估发现，如果像普通模式一样只在开始对战时才知道对方的英雄是什么，就会降低游戏的策略性，因此在选取英雄界面直接展示双方的英雄。后续经过测试，发现玩家在搬掉英雄和选取英雄时没有足够的时间进行讨论，因此将这一过程的时间拉长。通过总设计，我们得到了新的排位赛或战队对战模式的子玩法。

另外，如果我们改变英雄互斥规则，变为所有玩家都可以选同一个英雄，甚至所有玩家必须选同一个英雄，这样在游戏内便可以使对战更具趣味性，因为平衡的缘故这个只能作为娱乐玩法。至于游戏过程中的变化，则更容易使游戏演变出不一样的玩法，如“大招”时间和“回蓝”时间等都极限缩短，那就变为无限火力。

值得注意的是，上面说的做法适合前期的头脑风暴，即通过思考列出众多选项，然后从中择优，属于自下而上的过程。在平时大多是抱着目的去修改对应玩法的，要根据目的来看对应的要素和阶段。比如，我们想要增加玩法前期的策略性，就要看哪些要素会影响策略性，如何构建一个谋战的场景，这是一个自上而下的过程。

7.4

总结

玩法是一款游戏的重中之重，需要认真对待。同时，玩法又千变万化，因此本章只能讲述一些基础的道理。

在本章的初始，讲述了一些基础的概念，其中最重要的是规则、体验、玩法三者之间的关系。玩家通过对规则的了解选择对应的玩法，进而获取对应的体验。我们知道了单局体验和多局体验的区别及侧重点，其中单局体验在设计时更需要重视体验本身形成的闭环，而多局体验在设计时则更关注玩法本身的变化和拓展。我们还了解了基础玩法、核心玩法和衍生玩法的区别。基础玩法是我们设计游戏时的标杆玩法，基于基础玩法变化出来的是衍生玩法，而玩家常玩的玩法模式叫作核心玩法。

本章讲述了如何设计单局玩法。首先讲述了玩法和体验之间的关系，整体而言，在初始阶段根据预设体验来设计玩法，在中期阶段根据实际玩法查看产生什么体验，在后期阶段根据具体体验调整玩法。其次了解了规则和反馈之间的关系，规则和反馈都属于机制，其中规则是“里”而反馈是“表”，规则决定了反馈。因此，一种体验的落地过程大致是从体验总结出玩法，从玩法抽象出规则，从规则细化出反馈。

了解了基础概念和关系后，我们开始设计单局玩法。需要先明确整体体验和上层玩法，然后将其拆分为不同的子阶段。整体体验和上层玩法决定了各个子阶段的体验和玩法。最后简单讲述了如何细化反馈。至此，设计一种单局玩法的方法就出来了。

本章还讲述了如何设计多局体验。首先将玩法拆分为挑战和方案两大模块，其中挑战是指玩家在游戏里面对的问题，而方案是指玩家面对问题时如何解决。之后讲述了玩法的评价标准，主要是和而不同及难易得当。本章还将玩法设计拆分为方案设计、挑战设计和两者的组合三大块设计内容。

在方案设计中，我们首先需要找到核心行为，然后将核心行为拆分成不同的子行为。每个子行为还可以拆分出对应的子要素，之后可以根据要素得出或设计对应的机制，最后为其寻找合适的游戏载体。将大部分行为拆分完毕并整理后，一般会汇总成合适的游戏内的机制和载体。

对方案进行排序，其核心是掌握衡量标准。每个要素都具备自己的衡量标准。如果需要玩家多次使用同一要素，那么在短时间内需要连续使用的次数越多就越难。如果同时使用多个要素，那么在一段时间内使用的要素种类越多则越难。在一段时间内，需要玩家做出同样数量的反应时，玩家使用要素的种类越多就越难。明白了行为分层、行为细化规则和要素，以及难易的衡量标准之后，我们就可以在满足和而不同的前提下对方案进行排序，进而达到难易得当。我们还可以根据已有的方案衍生出更多的方案。

将挑战和方案拆分完毕后，可以组合起来呈现给玩家。在此过程中要注意三件事：一是根据玩法所在位置选取对应难度的挑战和方案，这是宏观维度的事情；二是根据从具体的玩法体验中选定的挑战和方案的特点，来使其相互适应，这是微观维度的事情；三是从玩法的角度来看多种方案之间的关系是否可以接受，这是容易漏掉的事情。

除了在内容层面进行调整，本章还介绍了如何通过规则对玩法进行调整，进而得到不同的体验。

最后，我们需要明白，完善一种玩法是一件非常复杂和困难的事情，需要各个细节都打磨到位，注重平衡的主玩法尤其如此。之前介绍的方法只适合启动新玩法的建设，做完后并不意味着对应的玩法搭建工作已经完成。事实上，后续需要进行大量的打磨，通过数据分析等工作不停地进行优化。

第 8 章

战斗的系统化设计方法

前文讲了玩法的系统化设计方法，后面几章的核心是数值的系统化设计方法。那么，要清楚的第一个问题是什么是数值。数值的定义并不严谨，这里只能从常规角度去讲解。首先，数值的概念源于数值策划这个岗位，而这个岗位一般来讲源于大型游戏设计工作的需要。大型游戏涉及大量的计算工作，这些工作全部由数值策划（诨号“大表哥”）去做。其工作目标是通过计算和投放等工作，将不同的体验衔接起来，形成更为上层的整体体验。

随着时间的推移，数值策划的工作越来越清晰化和模块化，其工作内容主要有三块：战斗设计、经济设计和具体的系统支撑。

8.1

战斗简介

8.1.1 数值工作

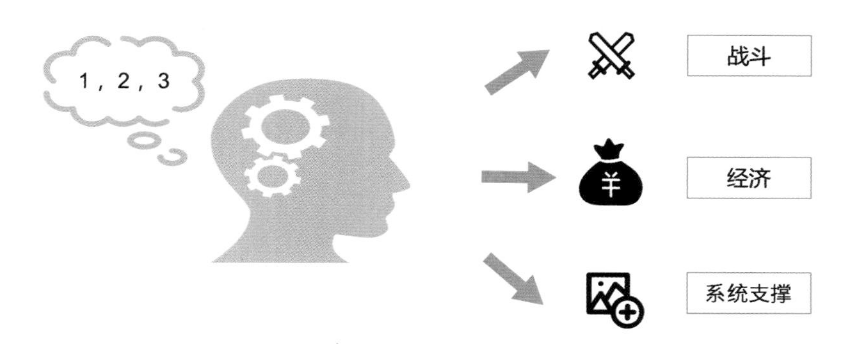

这里的战斗指的是与玩法相关的数值工作，主要研究如何辅助玩法达成对应目标。用到数值的游戏多为MMORPG、卡牌对战等类型的游戏，因为它们的核心体验是战斗，所以才把这项工作叫作战斗。在其他类型的游戏中可能需要调整别的东西，如在FPS类游戏中更多地是调整枪支的伤害和手感，在赛车类游戏中则更多地是调整赛车的性能。

这里的经济指的是广义的经济，就是付出与回报之间的关系及产生的体验，包括启动条件、过程和结果，以及相关的体验等。因此，游戏中的成长体验和商业化体验也可以融入广义的经济体系中。因为成长主要衡量玩家行为与获取经验和提升等级之间的关系，而商业化则主要研究玩家付费与商品和体验之间的关系。

具体的系统支撑工作相对零散，要求对应的数据需要数值策划帮忙计算，进而达到预期的设计目的，如好友亲密度的计算就属于这种工作。

一般而言，因为战斗和经济的设计思路差异较大，所以通常会先将其拆分为战斗和经济两个独立的模块，然后探讨对应的系统化设计方法。本章讲述的是战斗的系统化设计方法。因为很多读者对商业化非常重视，所以本书把经济的有关内容拆分为经济和商业化两部分，分别介绍对应的系统化设计方法，其中商业化部分还包含一些常见的商业化系统设计思路。

由于我在数值的系统化设计方面经验相对丰富，所以这几章会讲得比较详细。

8.1.2 战斗的定义与分层

战斗是玩法的一种，也是最为典型的玩法，设计战斗前要先明白什么是战斗。我认为战斗其实就是敌对双方进行的武装冲突，是一个双方以各种手段攻击对方进而造成伤害，直到一方失去战斗力或逃跑的过程。

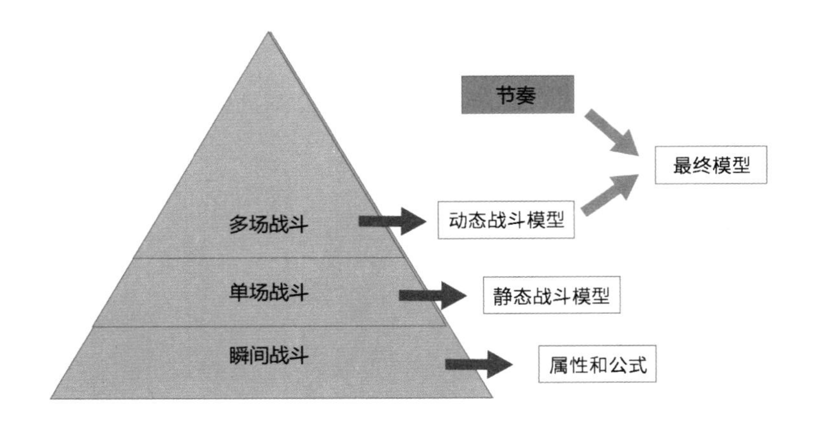

下面，我们遵循系统化设计的思路，对战斗进行拆分，弄明白不同模块的要点及它们之间的关系。以时间维度衡量不同类型的战斗是一种好的选择。

首先是最基础的瞬间战斗，如法师进行了一次技能攻击，会造成什么后果。在瞬间战斗中，最重要的是弄明白伤害是如何计算的。然后是单场战斗，它是由一系列瞬间战斗组成的。比如，一个法师和一个战士进行了一场遭遇战，整个过程就属于单场战斗。在单场战斗中需要重点关注的是静态平衡，与之对应的是静态战斗模型。最后是多场战斗，要考虑不同的对手在不同等级或战斗力的情况下表现如何。在多场战斗中需要重点关注的是动态平衡和节奏。动态平衡是指在不同情况下如何让不同职业或对手之间也能做到相对平衡，节奏是指角色在成长过程中的节奏变化或对抗中的感觉变化。比如，圣骑士升级慢，于是我们期望圣骑士在前期更强些，这就属于节奏调整。在多场战斗中，首先需要根据静态平衡和动态平衡得出动态战斗模型，然后需要根据节奏来对动态战斗模型进行相应的调整。

明白了战斗的层次之后，对应的系统化设计思路也就明确了。先厘清伤害的构成，进而构建基础的属性分层和伤害公式。再构建初始的平衡，形成静态战斗模型。然后加入等级或时间要素构建动态的变化，形成动态战斗模型。最后审视整体节奏，对动态战斗模型进行调整。后面会依次深入介绍各部分内容及对应的系统化设计方法。

8.2

属性和公式

下面先了解最基础的问题——伤害是如何计算的。本节会先介绍属性及属性的分级和分类，再介绍公式及公式与属性的关系。

8.2.1 属性

在游戏中，因为种种原因我们对敌人造成了伤害，那么具体伤害应该是多少呢？这是通过将属性代入伤害公式计算出来的。下面先介绍属性。

显示属性和战斗属性

属性未必都是为了战斗而服务的，这里为了方便讲解，默认提到的属性就是与战斗相关的属性。

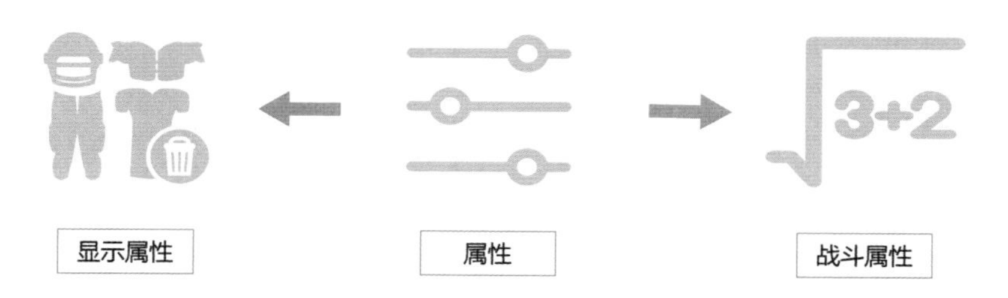

从玩家的角度来看，首先，玩家需要一个相对简单的量化数值来衡量自己的能力强弱及变化。比如，自己的攻击力为 100，肯定比攻击力为 90 的敌人强。玩家若要对游戏了解得更精深，则还需要明白自身属性和伤害或其他行为之间的关系，如攻击力 100 和攻击力 200 分别会造成多少伤害。因此，我们需要将一个数值“挂”在玩家身上用于衡量能力，这种属性就叫作显示属性。

另外，要计算实际产生的伤害数值，我们需要将与玩家真正的战斗能力相关的数值代入公式，这些用于计算伤害的数值就叫作战斗属性，后续谈论的属性都是战斗属性。

显示属性和战斗属性之间是交集关系，如攻击力、血量等既是显示属性又是战斗属性。但不是所有显示属性都是战斗属性，如一件武器是橙色的，表明了这件武器的战斗能力很强，但在计算实际伤害时不会用到这个颜色属性。反之，也不是所有战斗属性都会显示出来，如角色的攻击频率等就未必会展示给玩家。

属性的分级和分类

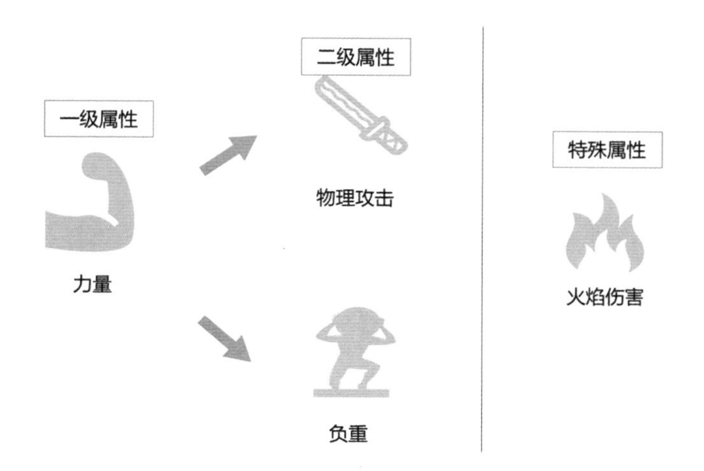

我们经常将战斗属性分为一级属性、二级属性和特殊属性。所谓一级属性，就是最初的属性，如力量、敏捷度，它们本身不是由其他属性衍生而来的，同时它们可以衍生出其他属性。二级属性则是由一级属性衍生而来的，如由力量衍生出的物理攻击和负重，由敏捷度衍生出的移动速度和闪避值等。而特殊属性则是独自存在且无衍生属性的属性，如水、火等特殊元素的伤害。

我们需要将属性拆分为基础属性和其他属性。所谓基础属性，就是能直接被伤害计算公式所调用的属性，计算过程会涉及非常多的基础属性。仍以战斗为例，常见的与战斗相关的基础属性有物理攻击、物理防御、魔法攻击、魔法防御、命中、闪避、暴击、韧性、攻击速度、生命值和魔法值等。

基础属性的种类过多，若都开放给玩家，则玩家根本不会合理地搭配，也难以掌握要领。为了简化玩家的理解和选择，我们需要提供包装属性。比如，力量可以强化物理攻击、暴击，智慧可以强化魔法攻击、魔法值，敏捷度可以加快命中、闪避和攻击速度，体质可以提升生命力、韧性。

通过这样的包装，标准玩家就可以不用关注复杂的基础属性，而只需关注包装属性。比如，一个想走物理战士发展路线的玩家就只需提升力量属性，系统会自动帮他在合适的基础属性上按一定的比例进行加点。这就是我们将属性拆分为一级属性和二级属性的原因。对于不常用又不好归为包装属性的基础属性，就独立出来成了特殊属性。

8.2.2 公式

一个伤害数值的计算，实际上需要进行一系列判断。我们不仅需要知道基础伤害是多少，还要判断是否有暴击，是否成功闪避了，其中的每种判断被称为一个判断行为。常见的判断行为至少涉及普通标准伤害是多少、是否命中、是否有暴击等。明白了公式涉及多个判断行为之后，我们先讲如何制定单个行为的公式。

单个行为的公式

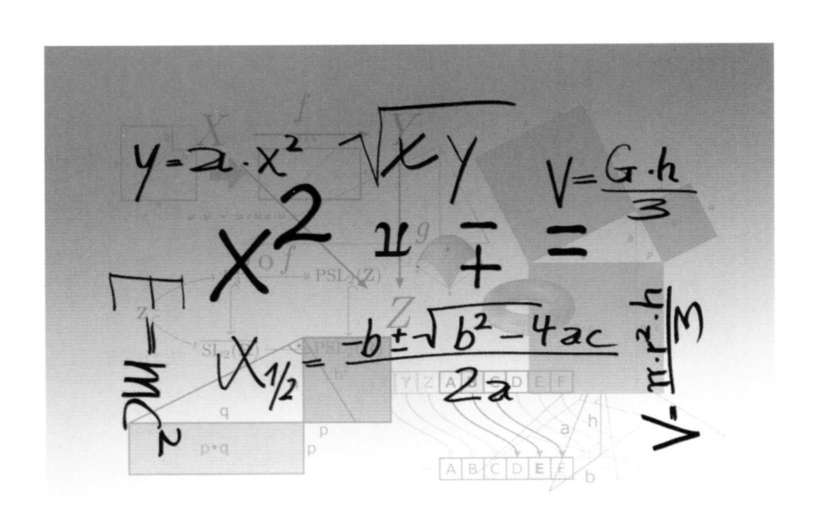

从游戏机制的角度来讲，玩家身上“挂”着许多基础属性，当进行战斗时系统会先提取对应属性的数值，再通过公式计算生成对应的伤害数值。制定什么样的公式，取决于我们期望公式产生的效果是怎样的，以及期望公式涉及的基础属性的成长是怎样的节奏。

以暴击为例，假设想让与暴击相关的属性可以不断地对抗进而不停地积累，于是确定暴击的公式涉及暴击和韧性两个基础属性，对应的公式如下：暴击率 =（我方暴击 – 敌方韧性）× 0.001。有了这个公式，我们就会发现攻守双方都需要进入“军备竞赛”当中，必须不停地提高暴击和韧性这两个基础属性。后来我们发现暴击效果过于夸张，于是期望双方的差距可以控制在一定的范围内，因此为暴击公式设定了上下限。比如，计算结果小于 0.05 的就取 0.05，计算结果大于 0.3 的就取 0.3。这样虽然简单粗暴，但达到了目的，暴击公式就制定完毕了。

多个行为的公式

明白了单个行为的公式之后，我们就可以依次制定其他行为的公式了。了解了各种行为的公式之后，我们就可以将其合并为一次标准伤害的计算公式。

仍以上面提到的伤害为例，为了计算最终伤害就必须计算普通伤害、暴击、闪避和护甲减免。我们将判断行为、对应属性、对应公式进行简单罗列，如下所示。

判断行为	对应属性	对应公式
普通伤害	攻击	普通伤害 = 攻击
暴击	暴击 韧性	暴击率 =（我方暴击 – 敌方韧性）× 0.001 上限为 0.3，下限为 0.05
闪避	命中 闪避	闪避率 =（我方命中 – 敌方闪避）× 0.001 上限为 0.3，下限为 0.05
护甲减免	护甲	护甲减免百分比 = 敌方护甲 ÷（敌方护甲 +85）× 0.75

明白了判断行为、对应属性和对应公式后，我们将相关属性值代入公式，就会得到最终伤害的计算公式：最终伤害 = 我方攻击 ×［1+（我方暴击 – 敌方韧性）× 0.001］×｛［1-（我方命中 – 敌方闪避）× 0.001］× 敌方护甲 ÷（敌方护甲 +85）× 0.75］｝。

至此，我们明白了属性和伤害之间的关系。

8.3

平衡

前文介绍了伤害的计算过程，明白了伤害数值是如何根据属性和公式等一步步计算出来的。本节将讲述如何考虑伤害的结果。简单而言，身为设计者，我们期望战斗结果是可控的，如何使战斗结果可控呢？可以通过调配和控制平衡来让战斗结果可控。

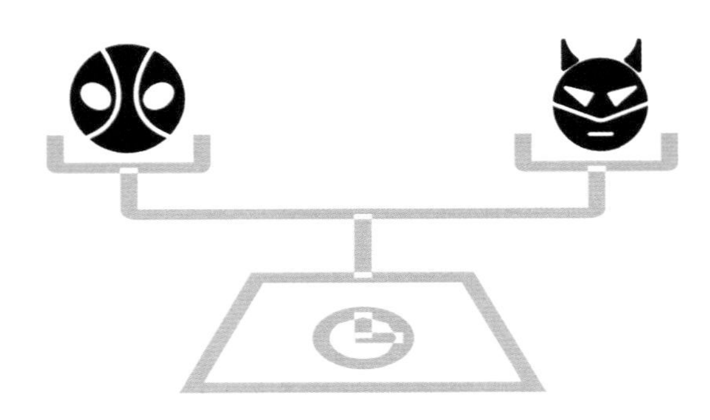

平衡是指对战双方的能力势均力敌，从更加量化的角度来讲就是期望双方击杀对方所花的时间是相同的，只要击杀时间相同我们就说双方的能力相同。平衡不只是一对一的平衡，也可以是一对多或多对多的平衡。比如，1 个法师和 1 个战士的能力相同就是双方平衡；如果 1 个法师可以干掉 3 个流浪者，那么我们也可以说 1 个法师和 3 个流浪者的能力是平衡的。

平衡分为静态平衡和动态平衡。所谓静态平衡，是指单场战斗或短时间内的平衡，如法师和战士在 10 级时能力相同，我们就说两者在 10 级时是平衡的。而动态平衡是指在一段较长的时间内能力基本相同。比如，在 1 ~ 20 级时 1 个战士可以打 2 个法师，而 21 ~ 40 级时 1 个法师可以打 2 个战士，41 ~ 50 级时 1 个战士可以打 1 个法师，就可以说战士和法师的能力是动态平衡的。

在设计战斗时，不只是 PVP 型游戏需要使用平衡作为中介来构建整个数值体系，PVE 型游戏也需要使用平衡作为中介来构建整个数值体系。

8.3.1 静态战斗模型

数值模型

数值策划的核心工具——数值模型，是利用变量、等式和不等式等数学概念来描述事物的特征及内在联系的。

在游戏设计中，战斗数值模型其实可以被称为战斗平衡数值模型，即通过调整各个主体（包含各个等级、各个职业和怪物等）在不同时间的对应属性，让它们之间的战斗达到期望的平衡效果。然后将计算出的各种属性的数值配置到对应的文件中，使整个游戏中的主体在对应的情况下达到对应的能力。比如，让玩家在升级时血量 +5，穿上某个装备后血量 +10，在 10 级时遇到的怪物伤害是 10，而在 20 级时遇到的怪物伤害是 20。

一般而言，数值模型是使用 Excel 建立的，后期可能会用上 VBA（Visual Basic for Applications）。想要成为数值策划，学会 Excel 是非常必要的。

战斗数值模型也是有构建顺序的。一般而言，首先构建两个职业静态战斗模型，然后构建职业之间的静态战斗模型，之后根据职业来构建单个职业和怪物之间的静态战斗模型，最后构建玩家和不同玩法需求之间的静态战斗模型。构建完静态战斗模型后，按照上面的顺序继续构建对应的动态战斗模型。下面我们先讲如何构建静态战斗模型。

击杀时间公式

简单而言，平衡就是双方互相击杀所花的时间是相同的，那么我们就需要用一个公式来计算击杀时间。在前文，我们知道了伤害产生的原理及对应的公式，只需要把伤害公式改一下就可以变为对应的击杀时间公式。

首先把伤害转换为 DPS。DPS 是一个常见的基础概念，是指玩家平均每秒输出的伤害。转换为 DPS 后需要加入一些其他要素，以得到基础的击杀时间公式。常见的基础击杀时间公式如下：击杀时间 = 受击方可承受伤害 ÷（攻击方 DPS- 受击方血量恢复）+ 攻击方被控制时间。其中，受击方可承受伤害指血量之类的属性；攻击方被控制时间指被迫无法行动的时间，如被冰冻、眩晕等；受击方血量恢复指吃药、回血等带来的可承受伤害的恢复。

得到公式后我们需要将各个元素细化，直到得到对应的计算公式，整个过程可以参考之前的伤害的细化过程。以受击方可承受伤害为例，先将其细化为更详细的子元素，如：受击方可承受伤害 = 血量 + 一次性护甲的护甲值 + 魔法盾的血量。之后将每个子元素进一步细化至对应属性和计算公式的程度，如：受击方血量 = 原始血量 ×（1+ 血量 Buff 修正）。直到将每个属性都细化至公式的地步，该阶段就可以结束了。

构建静态战斗模型

我们了解了如何计算击杀时间之后，下一步是调整各个对应的参数来构建平衡。调整参数的第一步是明确各个职业的倾向，如战士应该攻击力高、血量低，肉盾应该攻击力低、血量高。明确倾向后，开始细调各个参数，直到平衡。下面尝试制作一个简单版本的RPG的职业静态战斗模型，以此为例来讲述构建过程。

先看简化的击杀时间公式：击杀时间 = 受击方可承受伤害 ÷ 攻击方每秒产生的伤害。其中，攻击方每秒产生的伤害 = 攻击方DPS× 受击方减伤系数。这时我们决定先制定两个职业的击杀时间公式：战士和肉盾。调整参数后得到以下结果。

职业	可承受伤害	DPS	减伤系数	击杀时间
战士	100	20	0.5	200÷（20×0.5）=20s
肉盾	200	10	0.5	100÷（10×0.5）=20s

这样我们就得到了两个基础职业的击杀时间公式，然后将主要元素继续细化。以攻击为例进行细化，在构建模型时采用的是DPS，实际影响该属性的有单次攻击伤害和每秒攻击次数两个元素，即DPS = 单次攻击伤害 × 每秒攻击次数。根据这个公式又可以分出至少两个类型的战士——蛮力型战士和敏捷型战士，如下所示。

分支方向	单次攻击伤害	每秒攻击次数	DPS
蛮力型战士	40	0.5	40×0.5=20
敏捷型战士	10	2	10×2=20

由上面的例子可以看出，只要上层得到了对应的数字，就可以为下层提供对应的标杆。无论下层如何细化，只需要最终结果等于上层提供的结果即可。

最后我们将对应的数据转化为游戏中的属性。以减伤系数为例，假设减伤系数 = 防御力 ÷（防御力 +50）。战士的减伤系数为0.5，因此战士的护甲应该为50。做完上面的一切后，我们就得到了下面的静态战斗模型。

职业	单次攻击伤害	每秒攻击次数	血量	护甲
肉盾	10	1	200	50
蛮力型战士	40	0.5	100	50
敏捷型战士	10	2	100	50

为载体分配属性

基本信息					
姓名	阿穷		职业	精神病医生	
玩家	god		出生地	硅谷	
性别	男		居住地	硅谷	
年龄	37		学历	本科	
特征1	2,16	洞察人心	特征2	5,19	运气

职业配点			
职业序号	5001		
职业	精神病医生（古典）		
属性	教育	/	/
职业点	280	兴趣点	160
剩余职业点	0	剩余兴趣点	0

职业备忘

在1920年，“精神病医生”这个词专用来称呼治疗精神失常的医生(也就是早期的精神科医生)。精神分析在当时的美国鲜为人知，而且它的基本内容都是性生活和如厕训练之类令大众不齿的东西。精神病学，一种正规的从行为主义发展来的医学理论，精神病医生、精神科医生和神经科医生还经常爆发激烈的论战。
推荐关系人：其他精神疾病研究者、医生，有时还有执法机构的侦探。
本职技能：法律、聆听、医学、外语、精神分析、心理学和科学（生物学、化学）。

★表示本职技能 · ☆表示职业可选技能 ·

人物状态	掷骰	调整	最终值				调整	最终值
力量	45		45	22/9	MOV	8		8
敏捷	60		60	30/12	体格	0		0
意志	65		65	32/13	DB	0		
体质	65		65	32/13	灵感	80		
外貌	80		80	40/16	知识	70		
教育	70		70	35/14	生命	12	/	12
体形	55		55	27/11	魔法	12	/	13
智力	80		80	40/16	理智	60 / 65	/	99
幸运	80				伤势	健康		
神话相信者	否				护甲	0		
疯狂状态	无				长度：			

资产			
信誉：1～9贫穷．10～49普通．50～89小康．90～98富裕．99富豪			
货币	美国-现代		
生活水平	普通	现金	1,600美元
消费水平	200美元		
其他资产	40,000美元		
资产内容			

	技能名称	初始%	本职	职业	兴趣	成长	合计	
[交际类]								
☑	心理学	30	★	50	10		90	45/18
	信誉	10～60			60		40	20/8
☑	话术	10		30	30		70	35/14
☐	劝说	10					10	5/2
☐	威胁	15					15	7/3

	技能名称		初始%	本职	职业	兴趣	成长	合计	
[职业兴趣]									
☐	技艺：		5					5	2/1
☐	技艺：		5					5	2/1
☐	技艺：		5					5	2/1
☐	技艺：		5					5	2/1
☐	重机械操作		1					1	0/0

在初步的静态战斗模型中，我们知道了各个属性的总值。但是，在实际的游戏中，角色的能力是由类似裸身属性、装备、技能、符文、洗练、强化和宝石等众多能力模块构成的。因此，下一步是将属性总值拆分到各个能力模块中。

在拆分之前需要先对各个能力模块进行规划，划分清楚各个能力模块的发展方向、发展特点和承载属性，进而得到它们在真实属性及成长上的表现。划分标准一般会遵循符合设计目的和符合直觉这两个原则，符合设计目的是基础的考量标准，而符合直觉则是额外的加分项。随着玩家对游戏品质的要求越来越高，数值策划会越来越重视符合直觉这个原则。

符合直觉就是让玩家感觉各个能力模块与对应属性之间的关系很合理，至少不会感觉奇怪。比如，根据直觉，技能比较不容易增加血量而应该增加攻击力，裸身不太可能增加护甲但可以增加血量。又如，大家都习惯了装备可以增加血量，而不会去深究为什么一块破布就能增加血量。

符合设计目的就是从数值策划的角度出发，看数值策划想要提供什么样的体验。比如，假设一款游戏只有裸身和装备两个能力模块，其中裸身是指在创建角色时就有的能力，而装备则需要玩家不停地探索和挑战才能获取。同时，数值策划期望通过努力，玩家可以实现一对二，那么裸身能力与装备能力的比例就应该是 1 : 1。

明确了各个能力模块的特点之后，我们将其列为对应的表格——能力模块占比拆分表。仍是上面的例子，假设我们只有裸身、装备和技能，且各个职业的能力模块占比是一样的，那么可以得到下面的结果。

能力模块	攻击力占比	每秒攻击次数占比	血量占比	护甲占比
裸身	30%	100%	70%	0
装备	10%	0	30%	100%
技能	60%	0	0	0

得到比例之后，再与对应的静态战斗模型结合，就可以知道每个能力模块能够增减多少属性值了。每个能力模块还能拆分为不同种类的子能力模块，如装备可以继续拆分为不同部位的装备，方法还是根据各自的特点划分对应的比例，进而得到对应的属性。

验证和调整模型

模型建好后就一定正确吗？未必，还需要进行验证。举个例子，战士和武僧的血量都是 20，DPS 都是 10，都是 1 秒攻击 1 下，暴击伤害都是 2 倍。但是战士的伤害是 10，暴击率是 0；武僧的伤害是 8，暴击率是 25%[武僧 DPS= 伤害 ×（1+ 暴击率）=8×（1+25%）=10]。从计算结果来看，双方是平衡的。但从实战的角度来看，如果武僧没有触发暴击，那么战士攻击 2 下就能击败武僧，而武僧需要攻击 3 下才能击败战士；但如果武僧只触发 1 次暴击，则武僧能 2 下击败战士，而战士也需要 2 下击败武僧；如果武僧触发 2 次暴击，则武僧还是 2 下击败战士，而战士也是 2 下击败武僧。由此可以看出，在实战中武僧就算运气好也只是与战士打平，而运气一般时则会败给战士。这就是典型的数据平衡但实战不平衡的案例。

有平衡就会有不平衡，有不平衡就会有程度上的差异。比如，我们计划 1 个战士 =1 个武僧，但效果①是 1 个战士 = 1.1 个武僧，而效果②是 1 个战士 =1.2 个武僧，那么明显效果①要比效果②好得多，我们可以说效果①更有效或偏差更小。在实际工作中，在用模型算出数据后，仅相当于提供了一个初始的参考，其作用只是确保结果偏差较小。最终还是要将结果代入对应的模拟对抗工具中，进而根据实际结果对数据进行调整。在实际运营期间，各种要素会更多，导致实际的战斗结果可能出现更多的偏差。因此，在游戏上线后还需要根据实际结果对数值进行不断的调整。

8.3.2 更多的衍生静态战斗模型

得到了静态战斗模型后，就可以基于这个模型推算其他类型的静态战斗模型。下面展示一下主要的衍生静态战斗模型的制作方法。

标准玩家和特殊玩家

玩家并非只有一种类型，在设定数值模型时，我们应努力假设更多种类的玩家，同时努力让玩家画像更符合事实。我们在开始时创造的模型默认是针对标准玩家的模型，而所谓的标准玩家是我们基于对“大部分玩家应该是怎样的”的思考抽象出来的。有标准玩家就会有特殊玩家，常见的特殊玩家如下：**低级玩家**——只具备部分能力的玩家，如装备只拿到半套；**高级玩家**——“小爆肝”或“小付费”的玩家，能力要比标准玩家强；**“肝帝”**——完全不付费，但是可以把所有免费内容全部获取的玩家，或者 24 小时几乎都在游戏中的玩家；**“氪总”**——在获取免费内容方面等同于标准玩家，但是会把所有付费内容全部获取的玩家；**极限玩家**——把所有免费和付费内容全部获取的玩家。

在实际游戏中，不同的玩家必然会通过不同的方式展示自己的能力，在设计时我们需要知道并控制不同类型的玩家之间的能力差异。比如，将标准玩家与“氪总”的能力对比定为1∶3，而不是定为1∶100，否则免费玩家的体验就会太差。另外，我们需要通过特殊玩家的能力来反推对应专属能力模块的能力是什么样的。比如，标准玩家是“蓝装”而“氪总”是“金装”，那么根据标准玩家的能力、“蓝装”的能力、“氪总”与标准玩家的总能力差异这3项就可以推算出“金装”的能力。

标准模型和特殊模型

通过上面的讲述，我们已经知道了标准玩家的静态战斗模型是怎样的，包括对应的总属性，以及各个能力模块的属性。有了这个标准模型后，建立其他特殊模型就变得简单很多。首先需要关注其他特殊模型与标准模型之间的差距在哪儿，其次就可以根据标准模型得到对应特殊模型的总能力，最后根据特殊模型本身的设定及其与标准模型的具体差异来推算出各个能力模块的值，进而变为一个个能落地的数据。

明确差异的过程如下：首先明确特殊模型与标准模型之间能力的平衡关系，如1个极限玩家能击败3个标准玩家；然后看他们之间的差异体现在什么方面，如这种能力差异是体现在攻击力上还是体现在血量上。如果体现在攻击力上，则极限玩家的攻击力可能是标准玩家的2倍，而血量是1.5倍；如果体现在血量上，则反之。无论如何，明确两者具体的差异后，就可以根据标准模型得到对应特殊模型的总能力。

得到总能力后，就可以根据特殊模型本身的设定及其与标准模型的具体差异来得到特殊模型各个能力模块的值，然后不停地细化，将能力模块的值进一步分配到各个具体物件或项目上。比如，我们知道玩家能力是由装备和裸身构成的，标准玩家的装备和裸身的能力完全相同，1个极限玩家能击败3个标准玩家，在属性方面假设二者的能力差异都体现在血量上，在能力载体方面则全部体现在装备上。那么，如果标准玩家的血量为100，就可以知道其裸身血量为50，装备血量为50。我们也能知道极限玩家的血量为300，且装备血量为250（300−50=250）。假设装备有品质之分，标准玩家为“蓝装”而极限玩家为“金装”。装备分为头部和身体两个部件，头部和身体的能力比为1∶1，就很容易知道金色头部和金色身体都可以提供125的血量。

静态PVE模型

静态PVE模型主要用于计算在PVE过程中对应怪物的能力，核心是怪物与标准玩家之间的平衡关系。比如，我们期望1个玩家可以击败10个怪物，但是在面对Boss时则需要5个玩家一起努力才能获胜。同特殊模型类似，我们只需要知道标准模型及静态PVE模型与标准模型的差异，就可以推算出静态PVE模型的总能力，而得到静态 PVE 模型的总能力后就可以继续拆分，直到得到各个能力模块的值，再进一步分配到各个具体物件或项目上。

比如，1 个标准玩家的 DPS 为 10，血量为 20。我们期望 1 个标准玩家可以刚好击败 5 个怪物，同时期望击败 1 个怪物的时间控制在 2 秒左右。在该模型下，我们知道 1 个怪物理论上的伤害输出为 4，同时受到的伤害为 20（10×2=20）。明确这两点后，我们再将其细分，以伤害为例，假设怪物第 1 秒使出小招，第 2 秒使出大招，那么只需要将两招伤害之和设定为 4 即可，因此得到怪物的小招伤害为 1，大招伤害为 3。这样，我们就算出了简化版怪物所需的全部信息：血量为 20，小招伤害为 1，大招伤害为 3。

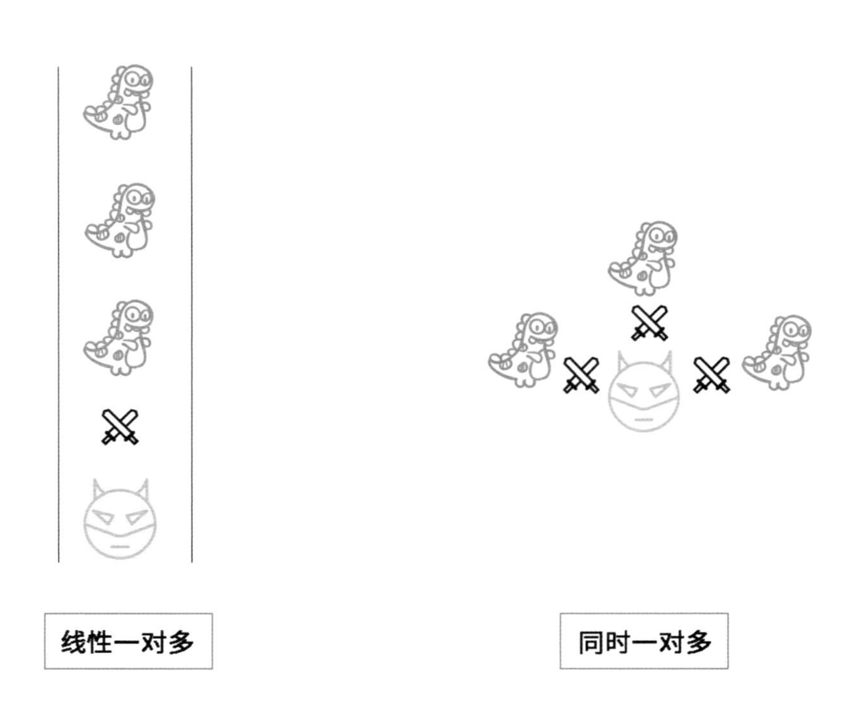

在设定静态 PVE 模型时，需要重视线性一对多和同时一对多的区别。线性一对多是指角色 A 每次都与一个角色 B 对战，对战结束后紧接着与下一个角色 B 对战，依次进行，直到角色 A 和角色 B 一起倒下。而同时一对多则是在开始时角色 A 就要面对多个角色 B 的攻击，直到双方一起倒下。两者最大的区别在于角色 A 同时受到的攻击数量。举个例子，在线性一对三中，玩家每次只能攻击 1 个怪物且同时只能被 1 个怪物攻击；而在同时一对三中，玩家依然每次只能攻击 1 个怪物，但在开始就会同时受到 3 个怪物的攻击，击杀 1 个怪物后会同时受到 2 个怪物的攻击，最后才是只受到 1 个怪物的攻击。在玩家和怪物能力都一致的前提下，同时一对三的难度相当于线性一对六的难度。即同时一对 *n* 的难度等于线性一对 *n*?（*n*? 代表阶加，正整数的阶加是所有小于及等于该数的正整数的和，如 5?=5+4+3+2+1=15）的难度。

8.3.3 动态战斗模型

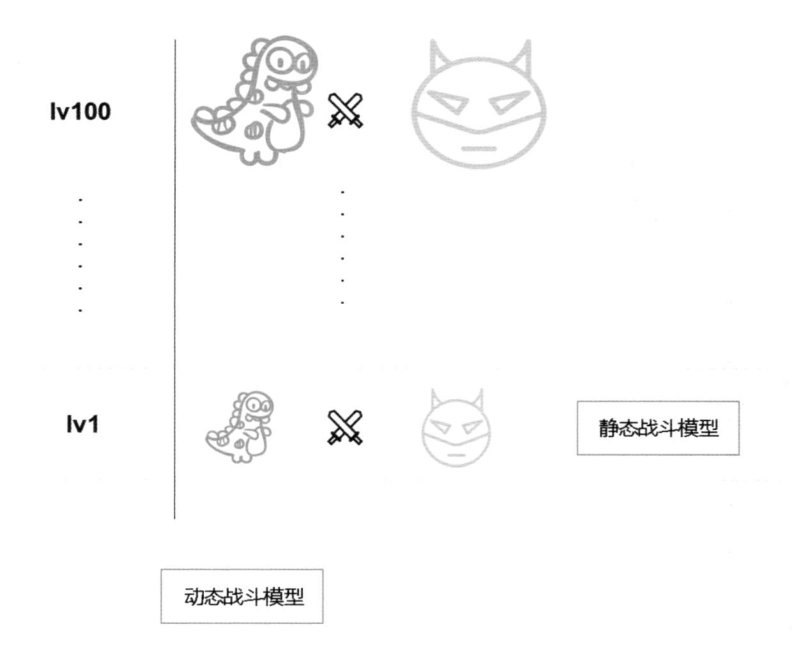

通过静态战斗模型的构建，我们知道了某个等级的相关战斗数值，包括各种职业的技能、装备、裸身的能力，还知道了对应怪物的能力。但是，在实际游戏中玩家是会成长的，挑战环境也在不断变化。我们知道了 1 级时对应的战斗数值，还需要知道 10 级、100 级时对应的战斗数值，这就需要使用动态战斗模型了。

什么是动态战斗模型

首先需要明白什么是动态战斗模型。静态战斗模型构建了某个时间段内的平衡，大量的静态战斗模型按时间线排列就形成了动态战斗模型。时间线的概念有些抽象，一般会直接使用“等级”来代替，所以一个标准的动态战斗模型就是标准玩家在不同等级时的静态战斗模型的集合。

可以使用动态战斗模型工具在一个标准的静态战斗模型的基础上，加上较少的变化配置来得出其他各个等级的能力，最终形成一个标准的动态战斗模型。通过动态战斗模型可以知道：标准玩家处于不同等级时各种职业的战斗能力（包含整体能力和各个能力模块的能力），不同等级之间的能力差异，特殊玩家处于不同等级时的战斗能力，不同等级对应的怪物的战斗能力。

构建动态战斗模型

同之前的系统化设计一样，我们先要关注的是核心要素和它们之间的关系。因为标准的动态战斗模型是标准玩家处于不同等级时的静态战斗模型的集合，所以标准动态战斗模型的核心要素是标准的静态战斗模型、不同等级的静态战斗模型与标准静态战斗模型之间的关系。其中，标准的静态战斗模型已经根据前文的方法制作出来了，因此我们只需要制定不同等级的静态战斗模型的能力与标准静态战斗模型的能力之间的差异（简称“能力差异曲线”）就可以了。

制定差异就是衡量不同等级的能力与标准能力之间的平衡关系，如一个 10 级玩家应该可以击败 5 个 1 级玩家。

标准的动态战斗模型的底层原理非常简单：首先，不同职业之间是平衡的，即 A=B；其次，只要能力成长倍数相同，不同职业之间必然也是平衡的，即 A × C=B × C。

等级	期望	实际
1	1	1.00
2	1.10	1.10
3	1.21	1.21
4	1.33	1.33
5	1.46	1.46
6	1.61	1.61
7	1.77	1.77
8	1.95	1.95
9	2.14	2.14
10	2.36	8.00
11	2.59	8.80
12	2.85	9.68
13	3.14	10.65
14	3.45	11.71
15	3.80	12.88
16	4.18	14.17
17	4.59	15.59
18	5.05	17.15
19	5.56	18.86
20	6.12	30.00
21	6.73	33.00
22	7.40	36.30
23	8.14	39.93
24	8.95	43.92
25	9.85	48.32
26	10.83	53.15
27	11.92	58.46
28	13.11	64.31
29	14.42	70.74
30	15.86	77.81

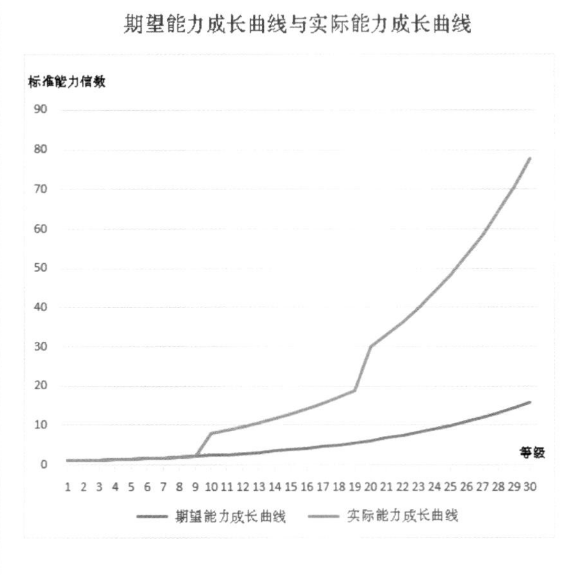

那么，如何设定能力差异曲线呢？一般而言有两种方式：一种方式是自上而下，先确定整体差异然后把差异分到各个能力模块中，类似构建静态战斗模型时的方式；另一种方式是自下而上，先确定各个能力模块的变化，然后汇总成总能力的变化，最后进行调整。

在设定能力差异曲线时一般会用自下而上的方式，这是因为期望能力成长曲线是平滑的（见上图中的蓝色曲线），但实际能力成长曲线则并不会那么平滑，而是在一些关键节点因为有一些子能力系统的解锁或阶段性成长，而出现突兀性的变化（见上图中的橙色曲线）。这就决定了使用自下而上的方式会更容易调整节奏。

先设定各个能力模块的能力成长曲线，再将其融合就可得到实际能力成长曲线。同时，可以设定期望能力成长曲线，然后根据期望能力成长曲线来微调各个能力模块具体的能力成长曲线，最后得到接近期望能力成长曲线的实际能力成长曲线。

有了实际能力成长曲线，又有了标准的静态战斗模型，那么对应各个等级的静态战斗模型也就得出来了。至此，一个标准的动态战斗模型就这样构建完成了。

值得注意的是，虽然不同职业的整体能力成长曲线是相同的，但这并不意味着各个能力模块的能力成长曲线是一致的。比如，战士的攻击力成长更快，而肉盾的血量增长更快，或者法师的技能成长更快，但战士的装备成长更快。只需要保证总能力一致，而在各个能力模块上刻意让其保持不一样的能力成长曲线，就能达到拥有不同体验的目的。

8.3.4 更多的衍生动态战斗模型

特殊的动态战斗模型

知道如何构建动态战斗模型后，就能很容易地构建出各种衍生动态战斗模型。在构建标准的动态战斗模型时关注的是其他等级与标准等级之间的关系，而在构建特殊的动态战斗模型时关注的是各个特殊玩家与标准玩家之间的能力差异，我们将这条曲线叫作同级能力差异曲线。

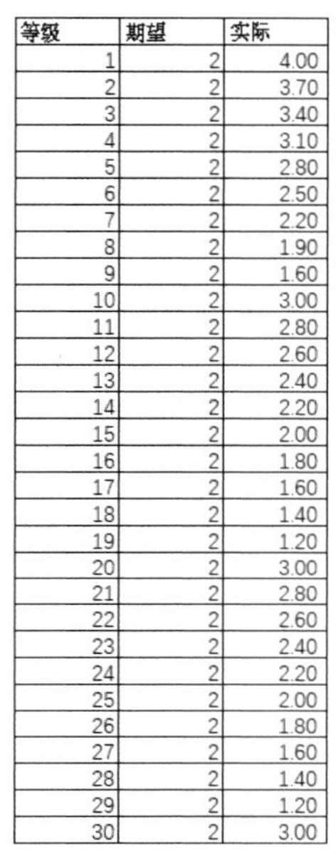

等级	期望	实际
1	2	4.00
2	2	3.70
3	2	3.40
4	2	3.10
5	2	2.80
6	2	2.50
7	2	2.20
8	2	1.90
9	2	1.60
10	2	3.00
11	2	2.80
12	2	2.60
13	2	2.40
14	2	2.20
15	2	2.00
16	2	1.80
17	2	1.60
18	2	1.40
19	2	1.20
20	2	3.00
21	2	2.80
22	2	2.60
23	2	2.40
24	2	2.20
25	2	2.00
26	2	1.80
27	2	1.60
28	2	1.40
29	2	1.20
30	2	3.00

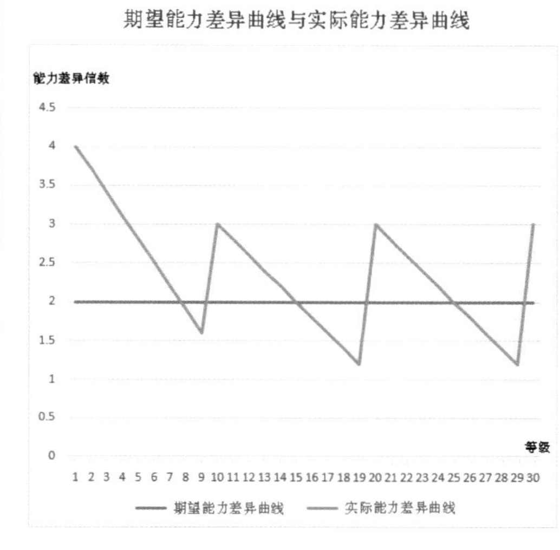

构建同级能力差异曲线的方式也是自下而上的，原因和构建动态战斗模型的原因差不多。一般来说，我们期望特殊玩家和标准玩家在不同等级的能力差异是一致的，对应曲线类似图中的期望能力差异曲线。比如，1 级时 1 个高级玩家可以击败 2 个标准玩家，那么 10 级时同样 1 个高级玩家也可以击败 2 个标准玩家。但是，在实际的游戏中，因为不同时期付费得到的效果是不同的，如刚开通强化系统时购买的等级能使能力有大幅提升，但是随着时间的推移，后续的强化升级会越来越慢，性价比会越来越低，而标准玩家则可以通过努力大大提升战斗力进而慢慢追上高级玩家。所以，实际能力差异曲线是有波动变化的，类似图中的实际能力差异曲线。因此，使用自下而上的方式更容易调整节奏。

设定各个能力模块的能力成长曲线并得出总能力成长曲线后，再设定一个期望的整体能力数值，将期望和实际比较后进行调整，最终就得出了同级能力差异曲线。有了同级能力差异曲线，又有了标准的动态战斗模型，那么对应各个特殊玩家的动态战斗模型也就出来了。

动态 PVE 模型与面对多类玩家组合的挑战

在动态 PVE 模型中，我们需要考虑的要素不是特别多。与构建静态 PVE 模型类似，只需要了解每个怪物对应的适应等级，以及它们与标准玩家之间的平衡关系，就可以获取对应怪物的具体数值。整个过程不再赘述，这里着重介绍一下面对不同类型玩家的组合来挑战 Boss，该怎么办。

这里需要关注的是，Boss 面对的玩家可能不是一类玩家，而是各类玩家的组合。比如，我们在设计 Boss 的时候，设定需要 2 个高级玩家率领 3 个标准玩家才能通过，甚至我们可能期望需要 3 个战士、1 个法师、1 个牧师相互合作才能通过。前文我们讲过同时一对多的概念，但是在当时的概念中所有玩家的能力基本一致，并不适用当前的问题，因为前文是同一类型的玩家，而当前则是不同类型玩家的组合。

举个例子，一个 Boss 需要 1 个高级玩家和 2 个标准玩家来解决。高级玩家的血量为 100，DPS 为 20；标准玩家的血量为 60，DPS 为 15。那么，与 Boss 战斗的过程按照击杀顺序可以分为以下几类：① 标准玩家 1→高级玩家→标准玩家 2；②标准玩家 1→标准玩家 2→高级玩家；③高级玩家→标准玩家 1→标准玩家 2。我们假设 Boss 的 DPS 为 10，接下来我们看不同方案对 Boss 血量的影响。

方案	过程（被几个人打）	血量
标准玩家 1→高级玩家→标准玩家 2	击杀标准玩家 1 遭受 DPS：15×2+20=50 时间：60÷10=6	击杀标准玩家 1：50×6=300 击杀高级玩家：35×10=350 击杀标准玩家 2：15×6=90 总值：300+350+90=740
	击杀高级玩家： 遭受 DPS：15+20=35 时间：100÷10=10	
	击杀标准玩家 2 遭受 DPS：15 时间：60÷10=6	
标准玩家 1→标准玩家 2→高级玩家	击杀标准玩家 1 遭受 DPS：15×2+20=50 时间：60÷10=6	击杀标准玩家 1：50×6=300 击杀标准玩家 2：35×6=210 击杀高级玩家：20×10=200 总值：300+210+200=710
	击杀标准玩家 2 遭受 DPS：15+20=35 时间：60÷10=6	
	击杀高级玩家 遭受 DPS：20 时间：100÷10=10	
高级玩家→标准玩家 1→标准玩家 2	击杀高级玩家 遭受 DPS：15×2+20=50 时间：100÷10=10	击杀高级玩家：50×10=500 击杀标准玩家 1：30×6=180 击杀标准玩家 2：15×6=90 总值：500+180+90=770
	击杀标准玩家 1 遭受 DPS：15×2=30 时间：60÷10=6	
	击杀标准玩家 2 遭受 DPS：15 时间：60÷10=6	

不同方案得出的值不同，解决这个问题需要用到中位数、平均数和最大分布数。中位数就是一系列解决方案中的中间值，平均数则是总数除以总方案数量，最大分布数是指在某个范围内玩家最多。仍以上面的例子为例，Boss的血量分别为740、710、770，那么中位数就是740，平均数则是740[（740+710+770）÷3]。假设在游戏中Boss会优先攻击伤害最高的玩家，那么最可能出现的方案是高级玩家→标准玩家1→标准玩家2，对应的最大分布数就是770。因此，在不考虑玩家的一些无效操作的前提下，结合中位数、平均数和最大分布数，可得出Boss的血量应该为740～770。

8.4 节奏

我们讲述了如何构建各种动态战斗模型，通过对应方法已经知道各个等级下不同能力模块应该是多少战斗力。在整个过程中我们发现有个东西需要先设定好，那就是平衡的标准。在静态战斗模型中可能是一个玩家能打多少个怪物，在动态战斗模型中可能是不同职业在不同等级时对应属性或战斗力应该成长多少倍，我们把这些统称为广义的节奏。

设计节奏并没有统一的方法，只要符合自己的游戏就可以。这里我们介绍一下在某些领域常见的节奏及对应的设计方法。

8.4.1 等级差异与战斗力考核

随着玩家的成长，不同等级玩家之间的能力必然会产生对应的差异，其能力成长曲线类似阶段性的上扬曲线。玩家等级每提高10级，能力就会增长2倍，那么当玩家等级提高50级时，能力会增长2^5倍，也就是32倍。平时还好，一旦需要不同等级的玩家进行“PK”或共同完成某些任务，个体间的能力差异就会变得特别明显，同时高等级玩家的能力过强导致其玩低等级关卡就变得毫无乐趣。那么，如何让玩家在能力差异较小的时候能够产生成长感，但在能力差异较大的时候又不显得差异过大呢？

新需求催生了新设计，只靠自身属性似乎难以解决这个问题，为了更精确、更实用，同时减少程序的运算量，我们额外引入了“战斗力”的概念。它是几个体系的组合：① 属性负责整体能力自然而缓慢地增长；②玩家之间存在较小属性差异时战斗力却有较大的差异；③战斗力成长和属性成长呈正相关且相关系数较高。这套体系较难理解，下面通过一个实例进行讲解。

为了让等级相同的玩家能感觉到等级提升带来的巨大变化，但又期望等级差异过大的玩家也能进行相对有效的对抗，我们假设游戏需求如下。

①我们期望玩家之间的等级差异达到 99 级时，高等级玩家的战斗力是低等级玩家的 10 ~ 15 倍，即 1 个 100 级玩家能依次线性打 10 ~ 15 个 1 级玩家，或者同时打 4 ~ 5 个 1 级玩家。

②我们期望玩家之间的等级差异达到 10 级时，高等级玩家的战斗力是低等级玩家的 3 ~ 5 倍，即 1 个 11 级玩家能依次线性打 3 ~ 5 个 1 级玩家，或者同时打 2 ~ 3 个 1 级玩家。

③我们期望玩家之间的等级差异达到 1 级时，高等级玩家的战斗力是低等级玩家的 1.5 ~ 2 倍，即 1 个 2 级玩家可以依次线性打 1 ~ 2 个 1 级玩家。

等级差异	血量倍数	战斗力伤害倍数	期望能力倍数	实际能力倍数	实际 / 期望
1	1.00	1.5	1.5	1.5	1
10	1.10	3.309 862 066	4	3.640 848 273	0.910 212 068
99	2.68	4.948 506 433	12	13.252 265 97	1.104 355 498

由此我们可以看出，传统的单纯通过属性成长来提供伤害成长的方式难以解决这个问题。下面我们来看通过结合属性和战斗力是如何解决这个问题的。

①明确伤害公式。

伤害 = 属性造成的伤害 × 战斗力系数变化

②拉一条缓慢的属性成长曲线。我们假设玩家的初始血量为 100，且升级只增加血量，攻击力永远不变。我们将其设定为每升 10 级血量为原来的 1.1 倍，升 99 级血量为原来的 2.68 倍。11 级时血量是 110，100 级时血量是 268，如上图第 2 列所示。

③明确属性和战斗力之间的关系。在上例中，我们设定为每 1 点血量提升 1 点战斗力。则 1 级战斗力之差为 1，10 级战斗力之差为 10，99 级战斗力之差为 168。

④创造一个战斗力伤害倍数公式，我们设定如下公式：我方战斗力小于或等于对方战斗力时，系数为 1；我方战斗力大于对方战斗力时，系数 = (差额 −1) $^{0.27}$+1.5。

最终的伤害 = 攻击力 × 战斗力伤害倍数。因为攻击力是不变的，因此最后实现的伤害效果如下：当战斗力之差为 1 时，战斗力伤害倍数是 1.5；当战斗力之差为 10 时，战斗力伤害倍数大概是 3.3；当战斗力之差为 168 时，战斗力伤害倍数大概是 5，如上图第 3 列所示。

⑤最终战斗力影响的效果：伤害变化 × 血量变化。就可以得到：等级差 1 级时，实际能力倍数为 1.5；等级差 10 级时，实际能力倍数为 3.6 左右；等级差 99 级时，实际能力倍数为 13.3 左右。这已经达成我们之前期望的结果了。

8.4.2 不同职业的相对平衡

绝对的平衡未必好玩，如让两个等级相同且完全一模一样的角色互相攻击就是平衡，但不好玩。为了突出各自的特色，在设计时会刻意做一些场景下的相对不平衡，但又期望各个职业从整体上看是平衡的，这种平衡叫作相对平衡。那么，不同职业如何做到相对平衡呢？

相对平衡至少包含两种：一种是静态的相对平衡，即同一等级的相对平衡；另一种是动态的相对平衡，即在长期的等级提升过程中形成的相对平衡。相对平衡没有相对统一的架构或推导，更多的是思路上的建议。这里着重讲几个例子，期望通过这些例子能给大家带来启发。

静态的相对平衡有两种。第一种是基于环境的相对平衡，常见的例子是 MOBA 类游戏。在游戏中，一个打野遇到一个射手，不出意外射手会倒霉，但一个控制型肉盾和一个打野遇到一个控制型肉盾和一个射手，大概率打野的一方会倒霉。在这种平衡下如何调整双方的真实能力倍数？在游戏未上线之前一般会根据预测不同场景发生的概率进行调整，在游戏上线之后则会根据真实的数据进行调整。

第二种是基于克制的相对平衡，这种更加常见，在 MMORPG 和各种对战游戏中经常出现。原理很简单，不需要设定各个英雄间绝对的平衡，只需要英雄 A 压制英雄 B，英雄 B 压制英雄 C，英雄 C 压制英雄 A 即可。这样的好处就是市场本身会对各个职业进行调节，数值策划相对省事，如果玩家同时拥有多种英雄，则能产生更有趣的战术玩法，如《口袋妖怪》里面的属性克制。但缺点也很明显，就是略显粗暴，如果制作不精良会让玩家感觉很无趣，同时如果需要玩家长期训练英雄，当玩家被击败时挫折感会很强烈。

动态的相对平衡也包含两种：一种是因为纯粹能力产生的动态平衡，如在很多游戏中，在 1 ~ 39 级时，战士比较强，为了让法师更有意义，于是在 40 ~ 60 级时会刻意加强法师，让其在对应等级更为强势；另一种是因为其他要素导致的刻意不平衡，如牧师和法师，牧师更多的是辅助类技能，在升级速度上会比法师慢很多，可能当法师达到 60 级时牧师才到 40 级。为了让更多的玩家选择牧师（尤其对于主要玩法是需要不同职业通力合作的副本游戏而言），会刻意让同等级的牧师比法师强一些，以此达到动态的相对平衡。

8.5 总结

本章讲述了如何设计战斗。我们将战斗进行了区分，分为瞬间战斗、单场战斗和多场战斗。对于战斗设计，我们可以分为以下步骤：划分属性和制定伤害公式、构建静态战斗模型、构建动态战斗模型、根据节奏调整动态战斗模型。

本章还讲述了显示属性和战斗属性之间的区别，以及为什么会有一级属性、二级属性和特殊属性。接着讲述了伤害公式是如何拆分为不同判断行为的，以及如何构建单个判断行为的伤害公式，如何把多个判断行为集合成一个伤害公式。

之后讲解了如何构建静态战斗模型，其切入点是平衡。在构建静态战斗模型时，我们先从最粗的维度构建平衡，然后将粗维度不断地细分成具体的维度直至成为基础属性，在这个过程中只需要保证基础属性之间最终的加层结果与粗维度的值相同即可。最后我们根据载体之间的区别将对应的属性拆分到对应的载体上，这样标准的静态战斗模型就构建成功了。

构建好标准的静态战斗模型之后，还需要构建对应的衍生静态战斗模型。这里面包含不同类型玩家的模型及静态PVE 模型。构建不同类型玩家的模型首先需要关注其与标准模型之间的差异，其次就可以根据标准模型得到其总能力，最后根据模型本身的设定及其与标准模型的具体差异来推算出各个能力模块的值，进而变为一个个能落地的数据。静态 PVE 模型也是类似的原理，但是需要重点关注在一对多时到底是什么样的一对多。

构建好各种静态战斗模型之后，再加入成长对总能力的影响，以及各个能力模块对成长的影响占比，就得到了对应的动态战斗模型。之后可以根据动态战斗模型衍生出各种动态战斗模型，方法和构建衍生静态战斗模型类似。

最后我们得到了想要的各种动态战斗模型，这时还需要根据节奏的变化对整个动态战斗模型进行调整。至此，战斗设计完毕，后续就是各种细化、验证和调整了。

第9章

经济的系统化设计方法

经济是游戏中非常重要的一环，几乎所有的游戏都有自己的经济体系。在本章中，我们会以常见的手游为例讲述构建经济体系的通用方法。虽然不同游戏的经济体系差距很大，但熟悉了通用方法后可以帮助我们进一步了解和构建其他游戏的经济体系。

本章首先介绍经济是什么、其核心要素又是什么，以及核心要素之间有什么联系，然后从用户与游戏的关系及游戏中各个系统间的关系角度来看如何构建初步的经济体系大纲。在这个过程中我们会先以玩家为中心，从玩家投入和游戏产出的角度来看如何构建游戏中的投入产出体系；再从以资源为中心的角度来介绍常规游戏中的产出和积累之间的关系；最后简单讲解如何构建游戏架构。至此，我们就知道了如何构建经济体系的大纲。

在了解了如何构建经济体系的大纲后，本章还详细讲述了如何将其细化。先简单介绍内循环和外循环的区别，再讲述如何以资源为中心构建具体的资源产出模型。构建好资源产出模型后，又简单介绍如何进行衡量与修正。最后讲解具体的系统或玩法，以及如何细化经济模型并让其落地。

在本章的最后，我们从行为经济学的角度来讲解价值，以及它在游戏中的体现。

9.1

经济的基本概念

解决问题前要先清楚问题是什么。既然我们要了解如何设计游戏的经济体系，就必须先明白经济是什么，很多人一提到经济就会想到钱，这其实是一种误解。

9.1.1 经济是什么

人是群体动物，人在社会中是以一种分工合作的方式生存的，社会发展得越高级，则分工合作的划分就越细。既然是分工合作，那么我们就要了解怎样分工合作更有效。

要了解怎样分工合作更有效，就需要找到“抓手”，这个抓手就是稀缺资源。如果资源无限，那就按需分配，也就不需要分工合作了。正因为稀缺资源的存在，才有所谓的如何分工合作更有效。经济学的核心就是如何有效分配稀缺资源，让事情进行得更高效。

经济有大有小，可以微观到家庭或某个人的财产，也可以宏观到一个国家甚至整个世界的经济循环。经济就像一台大型机器，里面是各种齿轮，每个齿轮的运动都可能带动其他齿轮的运动。因为变量和关系太多，所以看起来非常复杂且难以把控。但对于每个齿轮而言，其运动具备一定的规律。

下面讲解经济中部分核心行为（如交换）、核心要素（如价值）及它们之间的联系，在讲解过程中我尽量以案例的形式来说明它们在游戏中的表现。

9.1.2 产出、消耗和积蓄

既然经济是研究如何有效分配稀缺资源的，那么我们就先从稀缺资源是如何流转的开始介绍，这里涉及产出、消耗和积蓄三个概念。

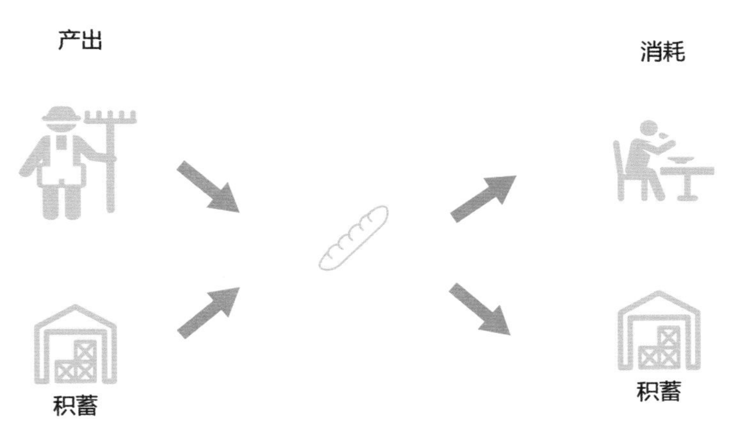

我们可以通过两种方式获得物品。一种是产出，就是从无到有地创造出这个物品。比如，农民种地收获了粮食属于产出，玩家在游戏中打怪或做任务来获取金币也属于产出。另一种是从积蓄中提取，但前提是有积蓄。比如，农民从仓库里拿出粮食就属于提取积蓄，玩家在游戏中使用已有的金币购买物品也属于提取积蓄。

获取的物品也有两种处理方式。一种是消耗，如农民把粮食吃掉，玩家在游戏中用金币购买某个物品。另一种是将其变为积蓄，如农民把粮食放入仓库，玩家在游戏中完成任务并将获取的金币放到背包里。

在设计游戏经济模型的时候，要先区分游戏内模块的归类。具体来讲就是哪些模块属于产出、哪些模块属于积蓄、哪些模块属于消耗。比如，在游戏中做任务属于产出，获取金币并将其放入背包属于积蓄，在金币商城购买物品属于消耗。

从不同的角度来看，一个模块的归类可能也会不同。比如，从狭义的游戏内循环来看，玩家刷副本获取了装备，这个装备属于积蓄，而刷副本则属于产出；但是从整个游戏生命周期来看，正是因为玩家不断刷副本导致其装备耐久度降低，这样刷副本又变为消耗。

9.1.3 付出和回报

下面，我们以人为中心来看一下人与稀缺资源是如何互动的，这里涉及付出和回报两个概念。

人们大部分的行为都是付出了一些东西从而收获了另一些东西。比如，农民种地，付出了劳动，收获了粮食；某个玩家在刷怪时，付出了时间，收获了经验。在这个过程中失去的东西叫作付出，而得到的东西叫作回报。

产出和消耗也可以用付出和回报来解释。万事皆有付出和回报，这里付出的未必是钱，也可能是时间、精力等抽象的东西，回报也未必是实物，也可能是快乐、友情等非实物的东西。比如，农民付出带动收获粮食，吃掉粮食不饿了（付出了粮食，收获了不饿的感觉）。

很多人认为付出后未必得到回报，如追求一个女孩未必能成功，击杀一个怪物后可能没有任何奖励。其实，这主要是付出后得到了自己感觉不到的回报或自己预先并未想到的回报。比如，追求一个女孩没有成功，你觉得自己并未得到回报，但实际上你增长了与女孩交往的经验。

在设计游戏经济模型的过程中，我们需要衡量玩家的付出和回报。比如，时间、做任务和社交等属于付出，而装备、成就、金币和经验等属于回报。

9.1.4 价值

在讲了人与稀缺资源是如何互动的之后，我们还需要讲一下在这个过程中人的感受，以及人是以什么为基础进行互动的，其中核心的概念是价值。

无论是个体的付出还是个体或群体间的交换行为，都是在物品或事物有价值的基础上进行的。价值是人对事物的主观评价，因此关于价值有很多基本规律，这里着重讲述比较重要的几点。

第一，需要产生价值。这是从消耗的角度来看问题的。价值是人对事物的主观评价，只有这个人需要这个东西，这个东西才对这个人有价值。举个例子，对于一个老人来讲，他年轻时的照片可能具有很大的价值，但这张照片对陌生人而言可能完全没有价值。在游戏中也一样，在一款无法在线交易的单机游戏中，一个战士拿到一个好的法师装备时大概率会直接放到商店卖了，因为这个装备对他自己没有什么价值；而一个法师拿到一个好的法师装备则会非常兴奋，因为他认为自己拿到了一个价值很高的东西。

第二，稀缺产生价值。这是从产出的角度来看问题的。人平时不会注意普遍存在的东西，因此大部分人在大部分时间里只认同稀缺的东西有价值，且越稀缺价值越高。比如，空气对人的生命至关重要，但因为大部分情况下太容易获得了，所以大部分人不会认为它有价值；在游戏中，一套绝版服装一般要比普通服装贵很多，这就是价值的体现。在经济学领域，在需求不变的前提下，供给越少价值越高。

第三，同一事物对不同的人意义不同，因此不同的人对同一事物赋予的价值不同。比如，一亿元对于普通工人来讲可能意味着工作一辈子都赚不到这么多钱，但对于一个富翁来讲可能只是他的一个小目标。

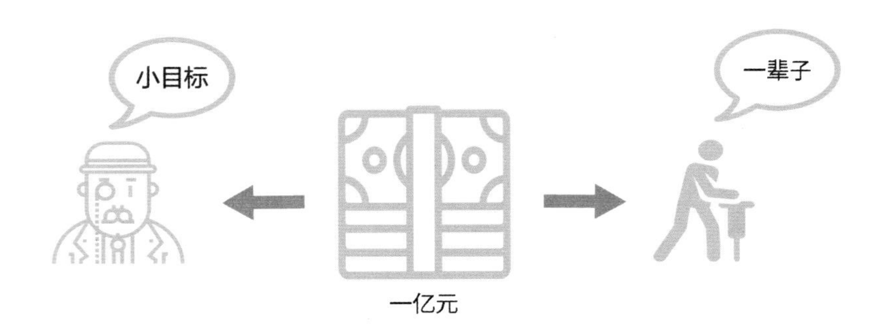

第四，同一事物在不同环境下对同一人的价值不同。环境包含时间、地点等要素。比如，在饥饿的时候，一个包子对你来说很有价值；在吃饱了的时候，一个包子对你的价值就非常有限；而在减肥的时候，这个包子对你甚至会产生负价值。景区山顶的一瓶水和山底的一瓶水价值也是不同的。在游戏中也是一样，当你全身白装时捡到了蓝装就会感觉它特别有价值，但当你全身紫装时你就会对蓝装不屑一顾。

9.1.5 交换

交换的基本概念

交换就是人和其他主体之间互换物品或服务。交换可以分为狭义的交换和广义的交换。狭义的交换就是不同个体之间互换价值的行为，如你给早餐店老板 5 元，他给你一屉包子，这就是典型的经济学中的交换。而广义的交换则包含人与自然界的行为，如你努力锻炼一个月肌肉就会增长，而多喝可乐你的肚子就会变大。为了避免冲突，这里规定下面的交换是指经济学中的交换。

那么，人们之间为什么要交换呢？一般而言，只有双方都认为自己获得了更高的价值才能实现自愿的交换行为。也就是说，每个人都认为自己用价值低的东西换到了价值高的东西。

一般等价物

随着分工越来越细，人们之间需要进行的交换越来越多。因为物品的种类繁多，所以一个人很难完全了解所有物品的价值。为了方便衡量价值和促进交易，就有了一般等价物。所谓一般等价物，就是人们在交换时使用的中介物。人们想要得到其他物品就需要先把自己的物品换成一般等价物，然后用一般等价物换取其他物品。比如，在一座小岛上只有 4 种人且没有货币，分别是养牛的、做面包的、做衣服的和养羊的。他们都只认可牛的价值，而物价则是 100 个面包或 2 只羊或 10 件衣服能换 1 头牛（只是为了方便理解而举例，不必考虑现实世界中的真实价值）。这时牛就成了一般等价物了。因为做面包的人不需要羊，只需要牛，所以一个养羊的人想买面包时就必须先把羊换成牛，再用牛去换面包。这就是下图中左侧表达的内容。

随着社会的发展，人们不但有交换的需求，还有将财富存起来的需求，这时类似牛之类的一般等价物就不太适合了（牛会变胖变瘦，还会生老病死），方便存储和交易的贵金属，如金银就承担了一般等价物的功能，又被称为货币。而金银等实体物品不会凭空出现，需要人通过劳动来获取，因此又被叫作实体货币。

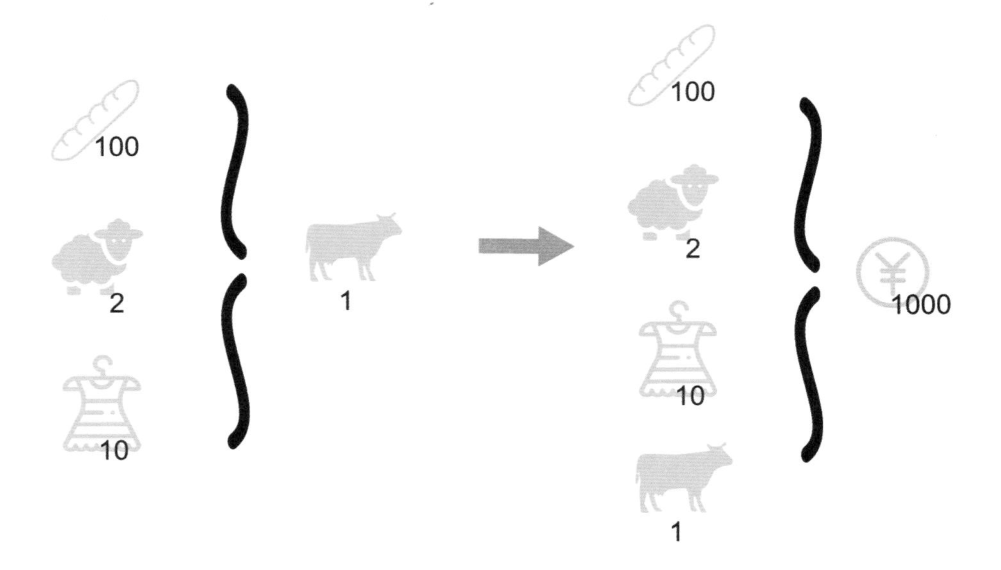

后来因为金银等太贵重，所以政府（或银行）发行了一种券（类似银票），凭借这种券可以去指定的地方换取对应的金银，这就是信用货币（这种货币的运转要以大家相信其中的信用为基础）。如果信用货币无论什么时候都可以等价获取指定额度的金银，那么我们就叫它金本位；如果它兑换金银的数量减少了，就是通货膨胀（通胀）；如果它能兑换更多的金银，就是通货紧缩（通缩）。

如果信用货币脱离了兑换金银的束缚，则被称为无锚货币，那么它发行多少就只能看发行方的良心和自我控制了。当今社会，大部分国家发行多少货币，一般都是根据政府发行了多少国债或自身拥有多少外汇来决定的，这里的货币是有锚货币，只是这个有锚货币不像金银那样坚固，很容易因为欲望而被贬值或被废弃。一般而言，不管货币的锚是什么，发行得多都会导致通胀。

游戏中的货币

在了解了货币和一般等价物之后，我们可以看一下游戏中的货币了。在游戏中常见的货币有金币、钻石、点券，之所以将其分为这 3 种，主要是基于它们锚定的点及对应的通胀。

首先看锚定的点。游戏中发行的货币属于信用货币，其中点券锚定的是现实中的货币。在游戏中，每收到 1 元的人民币就会发行对应数额的点券（一般是 10 点券），只不过玩家无法把点券再次退回成人民币。金币和钻石一般锚定的是玩家的时间和行为。因此，从锚定的点来看就出现了基础的分支。

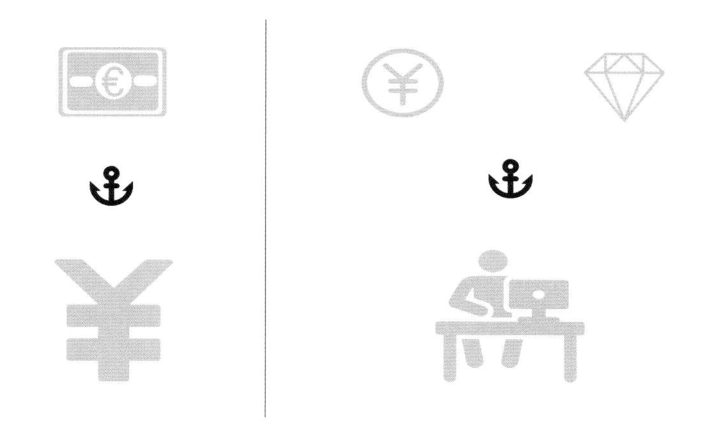

其次看通胀。点券对应的是现实货币，游戏一旦发行，本身的汇率是不会通胀的。但是，在现实世界中货币会发生通胀（如同样的 100 元在现在和在 2000 年能买到的物品价值是不同的），因此点券的实际价值一般也会发生一定的通胀，如 10 年前游戏内时装的定价可能要比现在便宜。如果游戏内物品的价格 10 年不变，但现实世界中货币的价值在不断贬值，那么相当于对于现实世界中的货币而言点券发生了贬值，因此理论上会有更多的玩家愿意兑换点券，进而购买对应的游戏内物品。

金币和钻石锚定的是玩家的时间和行为，是游戏自身发行的货币。因为玩家的能力会不停地提高，所以游戏制作方会倾向于让玩家获取货币的速度不停地加快，也就是游戏内会发生通胀。但一般而言，游戏内物品的价格不会变得更加昂贵，这就会导致玩家越来越容易获取游戏内的物品。但是，身为游戏策划，对于很多物品是不希望玩家可以越来越快地获得的，因此会将货币分化来解决这个问题。于是，钻石就成了低通胀的货币，而金币则成了高通胀的货币，钻石可以购买一些价值高或游戏策划不希望快速泛滥的物品，而金币则可以购买一些价值低或游戏策划允许泛滥的物品。

9.2 构建经济体系的大纲

游戏经济本质上是对现实经济的一种简化和模仿。构建经济模型是为了更好地把控和调整游戏内的经济循环。相对于现实世界，游戏内经济行为的自由度不高。

构建经济体系可以被拆分为两个步骤：一是构建经济体系的大纲，也就是明确方向；二是将经济体系的大纲落地，构建经济模型，也就是对子模块进行细化。

9.2.1 投入和产出

一款游戏相当于一个虚拟的世界，而每个玩家则是在这个虚拟世界中生存的人。我们先简化设计工作，假设这个世界中只有一个人，那么他的经济循环是怎样的呢？前文讲过，如果从人的角度去看经济，就要看付出和回报这个基础循环。

付出和回报是以玩家为主体的概念，但我们是游戏策划，是从“上帝”的视角来看经济模型的，因此我们习惯将其称为投入和产出，对应的基础循环叫作投入产出循环。实际上两者是一回事，只是不同立场的不同叫法而已。

要设计投入产出循环，先要明确游戏可以带给玩家什么，而玩家又需要付出什么。不同游戏的投入和产出会有一定的区别，下面简单介绍一下常见的投入和产出种类。

常见的投入种类

常见的投入种类具体如下。

留存： 持续登录游戏。

活跃： 较为大量且有效地玩游戏。可以继续细分，最基础的分类是按时间和“效度”分。时间就是单纯的时间，“效度”则是指有效地玩游戏，两者未必同时存在。比如，挂机5小时是活跃，但只有时间上的活跃而没有“效度”上的活跃，进行2小时对战则意味着既有时间上的活跃又有“效度”上的活跃。

社交： 对玩家或实体人之间的关系有贡献，难以量化。常见的有分享、陪伴、关注、竞争、利他和交换等。分享是指玩家将自己的一些内容展示给其他人，如分享成就和装扮等；陪伴是指玩家以对方为中心进行的一些游戏行为，如陪玩等；关注是指玩家对其他人的一些行为表现出兴趣，如点赞、赞扬；竞争是指玩家与其他人的对抗行为，如竞技；利他其实也算一种分享，既可以是让对方获得物质层面的好处，类似送礼物或体力，也可以是让对方获得精神层面的好处；交换是指互相分享，如分享情报、交换物品等。

拉新： 吸引新玩家尝试玩游戏并且接受游戏。

回流： 吸引已经流失的玩家再次玩游戏并且接受游戏。

付费： 将现实货币转换为游戏货币，又叫作充值。

消费： 将游戏货币用掉。

常见的产出种类

产出就是对玩家的回报。产出也有很多种，有的是直接产出，有的是间接产出。比如，一个人饿了，这时获取食物是直接产出，因为能直接吃，而获取钱则是间接产出，因为还需要用钱买食物。

有的是物质层面的产出，有的是精神层面的产出。比如，劳动得到 100 元，用这 100 元购买零食就得到了物质层面的产出；将这 100 元交给妈妈，得到妈妈的赞扬，则获得了精神层面的产出。

常见的产出种类具体如下。

关卡 / 玩法：解锁新的关卡或玩法，会有新的体验。

玩法要素：解锁新的玩法要素，会有新的体验。比如，新英雄、新难度、新枪等。

能力：可以提升玩家的数值能力，如获得装备和升级等。

货币：获得游戏货币，如金币、钻石等。

装扮：获得各种时装、皮肤、头像框等。

为了方便理解，本章后续讲的产出默认都是类似装备和金币等游戏内具体的物质层面的产出，而不是类似开心、快乐这种精神层面的产出。

9.2.2 构建投入产出大纲

在明确了整个游戏的投入和产出后，我们要将其细化。就像我们要准备酒席，明白了手里有哪些食材及客人是哪些后，接下来就要确定什么客人大致吃什么菜。

我们一般会先将投入分为免费投入和付费投入，其中免费投入是投入游戏时间就可以做到的，也可以理解为所有不用付费就能做到的都叫免费投入。

举个例子，假设在游戏中，玩家需要投入的只有时间和金钱，而游戏给予的产出只有装备和时装，我们可以对其进行分类，具体如下。

类型	装备	时装
时间（免费）	√	
金钱（付费）	√	√

有了投入的区分，我们可以先对玩家进行分类，根据玩家类型来看他们到底可以投入什么，投入的程度又是怎样的，再把产出的种类拆分得更细，描述我们期望对应类型的玩家可以获得什么细分种类的产出。将两者结合后，我们就知道了初始的投入产出规划。

承接上例，我们先对时间和金钱进行划分，将时间分为短、中、长，将金钱分为少和多。再将装备分为白、蓝、紫三档品质，将时装分为蓝、紫两档品质。这时将玩家的投入和产出列成表，具体如下。

玩家类型	投入时间	投入金钱	产出装备	产出时装
低级玩家	短		白	
标准玩家	中		蓝	
“肝帝”	长		紫	
高级玩家	中	少	蓝	蓝
“氪总”	中	多	蓝	紫
极限玩家	长	多	紫	紫

得到表格后，可以根据自己制作的游戏类型对其进行初步调整直至满足游戏的需要，如看重付费的游戏允许玩家付费获取高级装备，而不看重“氪金”（付费）的游戏允许玩家通过“肝”（长时间游戏）来获取低级时装。经过调整最终形成一张可以为后续工作指明方向的投入产出表。

通过该表，我们大致能知道什么类型的玩家会有什么类型的投入，又会有什么类型的产出。至此，我们已经对游戏中的投入和产出这两种要素进行了初步的整理，并且建立了它们之间的关系。因为投入和产出的载体都是行为，所以后面我们还需要把行为这种要素加入其中。

9.2.3 构建产出经济大纲

行为

行为是投入和产出的载体，在游戏中行为是具体的系统或玩法。把行为与对应的投入和产出相关联后，我们就对整个游戏的经济体系有了最基础、最直接的理解。

行为与投入和产出之间的关系也有自己的特点。首先，行为与投入和产出之间可以是一对一的关系。比如，刷怪只能通过投入时间来产出装备；商城只能通过投入金钱来产出时装。其次，一种行为可以同时对应多种投入和产出，如面对同一个副本，玩家可以花时间去刷也可以付费“扫荡”（立刻通关）。最后，多种行为也可以对应同样的投入和产出，如金币副本和经验副本都需要玩家付出时间，它们又都会产出一些金币。

在实际设计的过程中，需要明确游戏中的行为种类和大致特点。方法是先抽象出大的行为种类，然后对各行为种类逐步进行细化，直到得出一个个具体的行为。划分行为种类的方法有很多，但一般会先将其划分为免费行为和付费行为，然后继续划分。比如，将免费行为继续划分为刷怪、刷副本等，而刷副本又可以继续被划分为闯关、刷金币副本、刷经验副本等。

在明确游戏中的行为种类之后，接下来就要与对应的投入和产出进行关联，然后就得到了经济大纲。下图就是典型的经济大纲，我们可以看出玩家通过什么行为付出什么代价（投入）从而获取什么奖励（产出）。

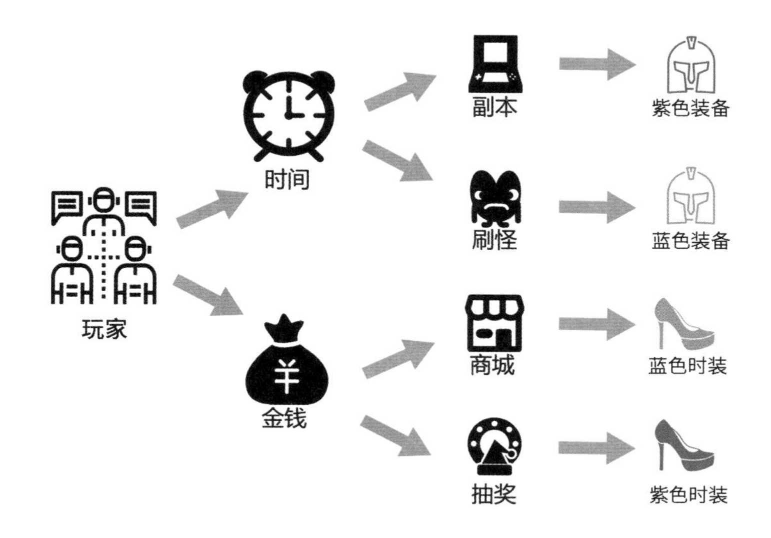

稀缺

规划完对应的行为后，我们需要通过设计来保证玩家按照我们的规划做出相应的行为。而这一切的关键在于要保证每个行为循环都有自己的稀缺性。稀缺会产生价值，让行为变得更有意义，进而促使玩家做出对应的行为。

稀缺简单而言就是供不应求，我们把稀缺分为硬稀缺和软稀缺。硬稀缺是指某个物品只在一个地方产出，又叫垄断，如玩家只能通过抽奖获取紫色时装；软稀缺是指某个物品在某次活动中的产出效率最高，如虽然金币副本和世界Boss都会产出金币，但是金币副本一小时能产出10 000金币，而世界Boss一小时只能产出1000金币，那么对于金币而言，金币副本这个途径就属于软稀缺。

行为的分级与稀缺

每个行为最好具备自己的硬稀缺性，如果无法实现那也尽量让其具备软稀缺性。与行为相比，因为产能和方便玩家理解等原因，游戏中能产出的资源种类一般会比较受限，也就是说资源种类是稀缺的。资源种类稀缺而行为种类丰富，因此在实际构建经济模型的过程中，我们可能只能实现少量核心行为的硬稀缺性，对于其他行为，我们连软稀缺性都不能实现。这时就需要为行为制定优先级，进而优先保证核心行为具备硬稀缺性，其他行为只能作为次要的形式存在。也就是说，我们会在开始时就规定哪些行为是我们特别鼓励的，而另一些行为则相对没那么推荐。这就可以对行为进行优先级排序，进而形成梯队，并预知玩家会优先体验哪些行为。

产出的分级与稀缺

讲完行为的稀缺，我们再从产出的角度来看稀缺。我习惯将产出分为硬产出和软产出。硬产出是指与对应行为直接绑定的产出，如只有抽奖才能产出紫色时装，那么抽奖就是硬产出；软产出是指相对没有严格行为绑定的产出，即在对应行为所产出物品的价值、种类和数量不足时，用于充当对应行为的奖励，因此在业内软产出又习惯被称为填充物。

之所以要区分硬产出和软产出，是因为在构建经济模型时，一般会从硬产出入手，去细化对应的经济模型，之后验证各个行为的产出是否达到目标，如果尚未达到目标就会将软产出放入其中，进而让整个经济体系达到预期的目标。

我们在前文已经知道了不同的行为都会有怎样的投入和产出，这时又知道了行为的优先级，因此我们完全可以得出不同行为对应的产出应该是硬产出还是软产出。这就为后续构建经济模型指明了方向。

9.2.4 内容与内容消耗

在前文，我们是从资源的角度来分析经济体系的。但是，在实际设计游戏时，获取资源并不是最终目的。很多人认为只要不断提供资源就可以了，这种想法是错误的，资源必须和内容挂钩，因此我们还需要从内容的角度去看问题。

下面先要说的是玩法、资源和内容之间的关系。很多时候，玩家玩一种玩法是因为想要获取资源（如装备、金币）。玩家愿意一遍遍地刷副本，是为了得到高级装备，而非刷副本具备很多乐趣。而玩家获取资源是为了获取一些其他体验，如玩家刷副本获取高级装备后可以闯更高级的关卡或在“PK”中占据优势。因此，资源在很多时候是中间物，不是最终目标物。获取资源的意义在于可以获取新的关卡体验、成长感、被认可的感受等，我们将这类可以体现最终意义的东西叫作**内容**。

资源和内容就像一座冰山，玩家平时只关注资源，但实际上让资源起作用的是内容。而内容本身大部分时候是不可以无限使用的，玩家会不断地消耗内容。比如，新的关卡打几遍后就不愿意继续玩了，新的时装穿了几天后也就厌烦了。内容对玩家逐步失去吸引力的过程就叫作内容消耗。

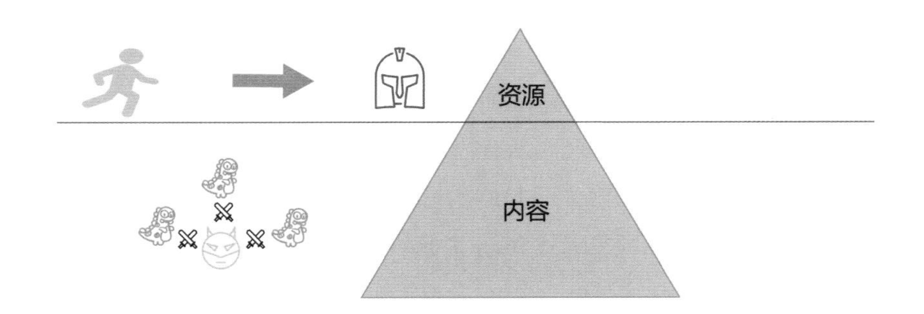

在大部分游戏中，除货币外的大部分资源都消耗很少而积累很多，因此我们习惯在构建经济模型时只关注产出而不关注消耗。真正让资源起作用的是内容而非资源本身，因此想要玩家不停地积累资源就必须不停地提供内容。新的内容产生新的资源，新的资源吸引玩家继续积累，也就激活了产出，这就是以内容为中心的产出积累循环。

很多时候游戏出了问题，人们都会从资源产出的角度寻找原因，或者只增加资源的产出。但实际上，在大部分情况下游戏出问题是因为内容，如内容的更新速度赶不上内容的消耗速度，或者内容支撑不了那么多资源。因此，好的游戏策划不仅需要了解自己的问题，还需要和其他岗位配合，一起解决游戏层面的问题。

9.2.5 经济循环的展示

前文讲述了构建经济体系大纲的方法，很多时候我们需要向其他人展示整个经济循环。常见的展示经济循环的方式有以下两种。通过这两种方式，我们可以厘清游戏的运转逻辑，进而方便地进行讲解和优化。

资源循环图

常见的资源循环图主要以行为和资源为中心，解释资源是如何形成的。对于一款游戏而言，一般只会列出游戏主要的资源循环图。我们以《堡垒之夜》主要的资源循环图为例，讲解里面的内容及制作过程。

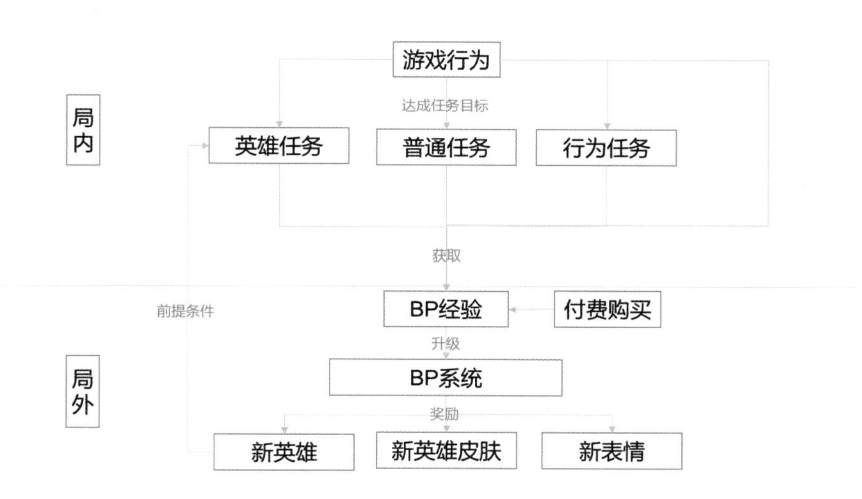

我们先了解一下图中都包含了什么。通过上图我们可以看出，玩家在局内开展各种游戏行为，可以完成英雄任务、普通任务和行为任务，同时获取BP经验，BP经验积累到一定程度后就会升级BP系统，BP系统升级后可以获取新英雄、新英雄皮肤、新表情等资源，其中拥有新英雄是完成英雄任务的前提条件。从中我们了解了玩家需要开展什么行为，能获取什么资源，这些资源又会转变为什么资源，以及资源对应的作用。

那么，如何比较快速地整理好思路来画资源循环图呢？下面我推荐一种方法：一般而言，一个循环是由最初的产出途径、中间系统和最终的产出资源三部分构成的，这三部分之间有对应的中介物（货币）进行衔接。在画资源循环图时，要清楚最终的产出资源和它的直接产出途径。以《堡垒之夜》为例，最终的产出资源是新英雄、新英雄皮肤、新表情等资源，直接产出途径是BP系统升级。

在明确了这些后先画下来，然后推导出实现直接产出的途径。继续以《堡垒之夜》为例，获取BP经验后就可以升级BP系统，而BP经验的获取途径则是完成对应任务及开展各种日常行为，当然也可以直接付费购买。把这些画下来后继续往下推，我们会发现玩家只需要在局内开展对应的游戏行为就可以完成这些任务。因此，最初的产出途径就是玩家在局内开展对应的游戏行为。至此，基础的资源循环图就完成了。

游戏架构图

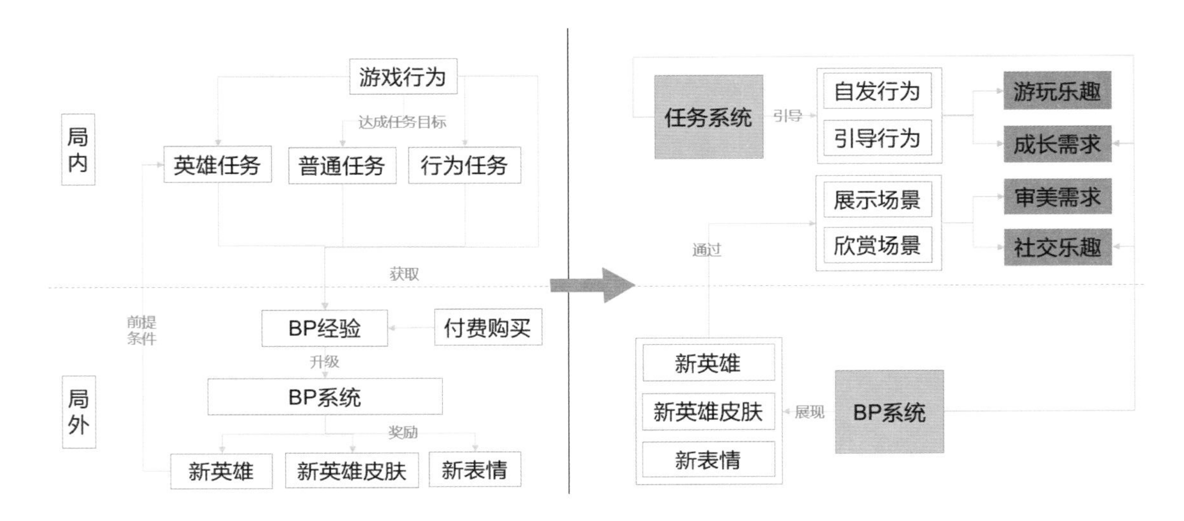

其实想要对游戏有更深的理解，资源循环图并不应该是终点，终点应该是游戏架构图，也就是解释玩家为什么玩游戏并且不断留存的图。

前文说过，玩家之所以玩游戏是为了获取体验（也可以理解为对应的玩家想要的感受）。因此，我们要弄清楚游戏中的核心玩法（含体验）与该游戏的核心系统（含资源）之间的关系是如何的。这就需要游戏架构图了，我们仍以《堡垒之夜》为例，来看一下核心玩法与核心系统之间是如何实现循环的。

上图的左侧是资源循环图，我们从中已经知道了两大核心系统（任务系统和BP系统）是如何运转的。下面我们继续分析核心系统给予玩家的核心体验都有什么。

任务系统主要用于引导玩家的行为，且在此过程中满足玩家的成长需求（不断完成任务就满足了玩家的成长感/强迫症的需求）。而玩家的行为里包含自发行为（如击败对手并追求排名第一）和引导行为（如骑野猪旅行500米），它们都可以产生对应的游玩乐趣和成长需求。同时，在完成任务的过程中还会使BP系统升级。

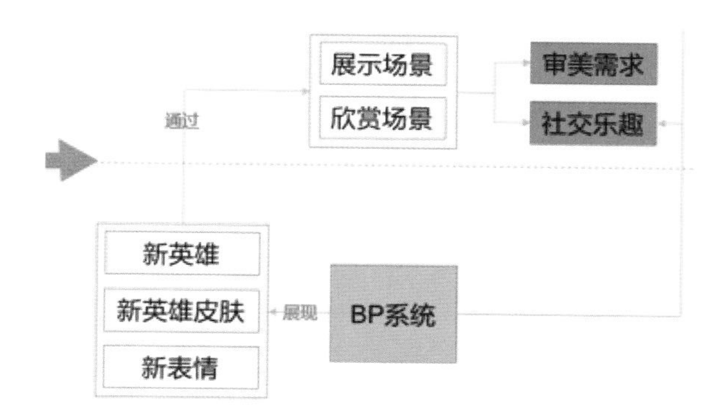

升级 BP 系统之后又会产出新英雄、新英雄皮肤、新表情等资源，而类似新英雄等资源会通过游戏中的展示场景和欣赏场景满足更多的审美需求和社交乐趣，如在游戏中看到自己的新时装会很开心。

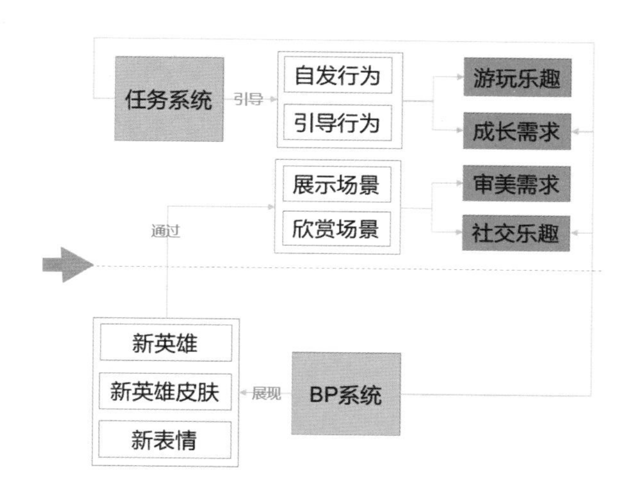

所以，我们可以从游戏架构图中看出任务系统引导玩家开展游戏行为，同时促进 BP 系统升级，BP 系统产出新的表现型资源。而游戏行为本身则为玩家提供了游玩乐趣、成长需求等体验，还通过场景提供了审美需求、社交乐趣等体验。因此，整个核心玩法与核心系统之间形成了循环。

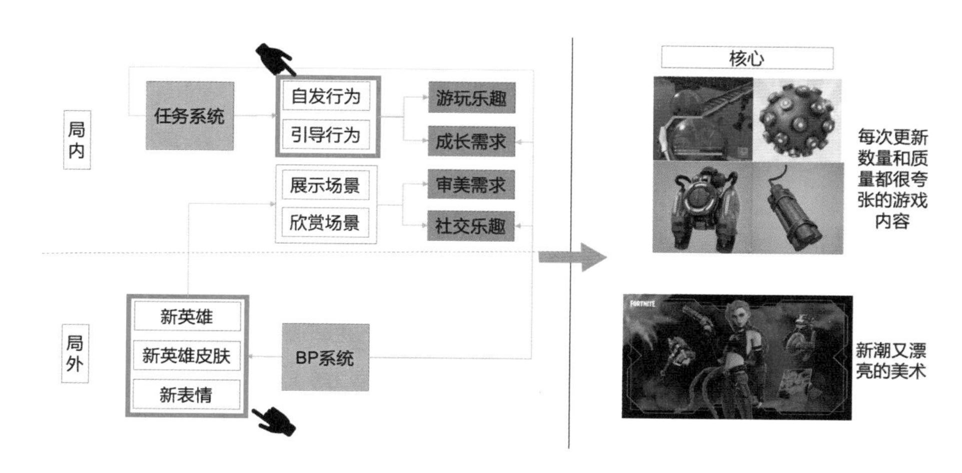

再往下深挖，我们发现核心循环的核心在于如何提供更多种类的好玩的自发行为和引导行为，以及如何提供更多种类的表现型资源，然后以此为基础拓展对应的功能。而《堡垒之夜》的研发团队无疑已经做到了这两点，也可以说它构成了自己的核心积累，因此才能在全球如此火爆。

9.3

构建经济模型

明白了如何构建经济体系的大纲，接下来我们要做的是将大纲落地，将其变为具体的经济模型，进而变为实际可用的数据，最后直接在游戏中引用。

整个经济模型实际上是由一个个具体资源的经济模型构成的。在本节中，我们先以经验产出为例，讲述如何构建一个以资源为中心的经济模型。

将一个个具体资源的经济模型构建完成后，还需要从系统（模块）的角度来看一下对应的经济模型是否符合我们的需求，也就是根据效率原则查看各个系统的产出并进行优化与调整。各个系统调整完毕后，我们会以系统为中心进行进一步的细化，设计系统是如何产出相应资源的，这就形成了最终可以落地的经济模型。至此，标准玩家的经济模型构建完毕。之后我们继续加入付费玩家的各种要素，构建付费玩家的经济模型。

内循环与外循环

在讲如何构建资源经济模型之前，我们还需要弄明白内循环与外循环的区别。在传统的游戏中，整个世界是一体的，因此不存在内外的区别，对应的经济模型也不存在。比如，在《魔兽世界》中，各个副本的产出与副本外的游戏世界中的产出是一致的。

随着游戏产业的发展，很多游戏变为单局游戏，通过不断重复单局游戏使外层产生变化，然后将外层变化放进游戏中更改体验，因此就有了内外循环之分。其中单局内的循环叫作内循环，单局外的循环叫作外循环。比如，在《王者荣耀》中，在单局游戏内产出金币购买装备是内循环，而在单局游戏外产出钻石购买英雄则是外循环。我们说的构建经济模型是针对外循环构建的经济模型，而内循环则是由玩法设计部分进行调节的。

9.3.1 构建资源产出模型

在构建整个经济模型的过程中，一般先构建以资源为中心的经济模型。因为在游戏中大部分情况下资源只用于积累，所以大部分资源的经济模型只做产出模型，对应的经济模型也就成了资源产出模型。在本章的后续内容中除非特殊说明，否则所讲的资源产出模型就是资源经济模型。

另外，需要说明的是系统（或者叫玩法）。因为有些产出途径类似任务系统，而有些产出途径则类似刷怪玩法，所以在本章的后续内容中除非特殊说明，否则所讲的系统实际上都是系统加玩法。

和战斗模型类似，不同类型的玩家也有自己的资源产出模型。我们在构建资源产出模型时，一般会先建立标准玩家的模型，然后建立其他免费玩家的模型，最后建立付费玩家的模型。下面我们以经验为例来看看如何构建经验产出模型。

建立代价与资源之间的关系

在之前的构建经济体系的大纲阶段，我们已经了解了对应的资源会在哪个系统产出，在接下来的构建经济模型阶段会更关注具体数值。

在细化阶段，要先量化该资源积累到不同程度所需的代价。对于免费玩家而言，这个代价在大部分情况下是指时间。以经验产出模型为例，我们需要明确玩家达到不同等级所需的时间，如下图所示。时间单位可以是小时也可以是天，具体要看游戏的基础循环周期。

	A	B	C	D	E	F
1	达到等级	本级升级所需时间/天	达到本级累计所需时间/天	本级每天获取经验	本级升级所需经验	达到本级累计所需经验
2	1	1	0	10000	10000	0
3	2	2	1	15000	30000	10000
4	3	4	3	20000	80000	40000
5	4	8	7	25000	200000	120000
6	5	16	15	30000	480000	320000
7	6	32	31	35000	1120000	800000
8	7	64	63	40000	2560000	1920000
9	8	128	127	45000	5760000	4480000
10	9	256	255	50000	12800000	10240000
11	10	0	511	55000	0	23040000

明确玩家实际需要付出的时间后，我们需要将时间根据对应的产出效率转换为游戏内的资源。我们把单位时间内产出对应资源的数量叫作产出效率。在不同的资源产出模型中，我们需要明确对应资源的产出效率，如经验的产出效率是玩家每天能获取多少经验。

产出效率是根据体验需要设定的，本身会不断变化。比如，我们期望玩家有成长的感觉，因此产出效率会因为玩家的等级提升而有所提高。制定了不同阶段的所需时间和产出效率后，自然会知道对应阶段资源的产出数量。继续以经验为例，得知每级的所需时间和经验产出效率后，自然会得到每级产出的经验是多少。至此，就得到了玩家在不同阶段需要付出的时间数量（见上图中的 A、B、C 三列）及获取资源的数量（见上图中的 D、E、F 三列）。

建立资源与行为之间的关系

	A	B	C	D	E	F
1	达到等级	本级升级所需时间/天	达到本级累计所需时间/天	本级每天获取经验	本级升级所需经验	达到本级累计所需经验
2	1	1	0	10000	10000	0
3	2	2	1	15000	30000	10000
4	3	4	3	20000	80000	40000
5	4	8	7	25000	200000	120000
6	5	16	15	30000	480000	320000
7	6	32	31	35000	1120000	800000
8	7	64	63	40000	2560000	1920000
9	8	128	127	45000	5760000	4480000
10	9	256	255	50000	12800000	10240000
11	10	0	511	55000	0	23040000
12						

H	I	J
产出类型	产出权重	概率
刷怪	1	0.125
普通副本	2	0.25
经验副本	3	0.375
任务	2	0.25

L	M	N	O	P
等级	刷怪每日产出经验	普通副本每日产出经验	经验副本每日产出经验	任务每日产出经验
1	1250	2500	3750	2500
2	1875	3750	5625	3750
3	2500	5000	7500	5000
4	3125	6250	9375	6250
5	3750	7500	11250	7500
6	4375	8750	13125	8750
7	5000	10000	15000	10000
8	5625	11250	16875	11250
9	6250	12500	18750	12500
10	6875	13750	20625	13750

明确了不同阶段要产出多少资源后，下面要做的是明确这些资源是如何产出的，也就是在资源产出与系统（包含行为）之间构建联系。我们在构建经济体系的大纲阶段已经知道了不同资源是由哪些系统产出的，这里我们需要明确针对某个资源，不同系统的产出权重。因为会有多个系统来争抢该资源的产出份额，所以需要为它们制定规则，明确谁产得多、谁产得少。继续以经验为例，我们列出了对应的行为（产出类型）及产出权重（见上图中的H、I、J三列）。

产出权重在不同阶段会发生变化，这可能是因为有新的产出途径加入，如前期刷怪的经验占经验产出的50%，随着日常任务的增加，刷怪的经验在经验产出中所占的比例下降为30%；也可能是因为有的产出途径的产出效率没有增长，但其他途径的产出效率增长了，如日常任务每天固定产出10 000经验，而随着等级的提升，每个怪物产出的经验也在不断增加，于是刷怪的经验占比会慢慢提升。

明确了不同系统的产出权重之后，我们就可以根据比例及每个阶段的资源产出效率来得出不同行为的产出效率。在上面的经验产出模型中，我们得出了在不同阶段刷怪、普通副本、经验副本及任务每日应该产出多少经验（见上图中的L、M、N、O、P五列）。这样，标准的经验产出模型就完成了。后面，我们只需要通过设计来保证对应行为或系统，按照规划的效率产出对应的资源即可。

不同类型玩家的资源产出模型

有了标准的资源产出模型，对于不同类型的玩家，构建对应的资源产出模型就相对简单了。首先，我们要明确特殊玩家（沉迷玩家“肝帝”）与标准玩家之间的区别，如下图（左）所示；其次，可以根据标准玩家的资源产出模型推导出特殊玩家获取资源的速度及到达节点所需的时间；最后，明确是什么样的行为差异导致了特殊玩家与标准玩家之间的不同，如下图（右）所示。实际上，在这个过程中需要做两项工作。第一项工作比较简单，即调整不同模块的产出数量直到整体产出数量达到预期。以经验为例，我们不停地调整特殊玩家对应行为的产出效率，直到整体产出数量与标准玩家的整体产出数量达到预期比例。第二项工作，即熟悉对应的系统，并合理解释玩家为什么要按既定的比例去做对应的事情。以下图所示的内容为例，我们期望标准玩家做任务得2经验、刷怪得1经验，那么为什么玩家不直接做3项任务而必须进行1次刷怪？我们期望沉迷玩家与标准玩家的差异主要体现在普通副本和任务完成度上，既然经验副本的效率这么高，为什么沉迷玩家不能只多刷经验副本呢？

玩家类型	升级速度
标准玩家	1
沉迷玩家	1.5
“肝帝”	2

	标准玩家		沉迷玩家		“肝帝”	
产出类型	权重	概率	权重	概率	权重	概率
刷怪	1	0.125	1	0.125	5	0.625
普通副本	2	0.25	4	0.5	4	0.5
经验副本	3	0.375	3	0.375	3	0.375
任务	2	0.25	4	0.5	4	0.5
总权重	8		12		16	
与标准玩家之比	1		1.5		2	
与预期之比	1		1		1	

想要做好第二项工作需要游戏策划对相应的行为和系统有足够的了解，通过策划设计和系统规则设计来解决这些问题。实际上，当工作经验比较丰富时，会养成在解决第一个问题时思考第二个问题的习惯。首先，我们期望标准玩家做一项任务得2经验、刷一次怪得1经验，那么为什么玩家不直接做3项任务而必须进行1次刷怪？这很简单，我们只需要让标准玩家做的任务里包含刷怪即可，这样虽然刷怪获取的经验较少，但玩家会在做任务时顺带获取对应的刷怪经验，因此不会反感。这就属于通过策划设计来解决对应的问题。其次，我们期望沉迷玩家与标准玩家的差异主要体现在普通副本和任务完成度上，既然经验副本的效率这么高，为什么沉迷玩家不能只多刷经验副本呢？这也很简单，我们设定经验副本每日的次数上限即可。比如，经验副本每日只能刷 2 次，而这个次数是标准玩家也可以完成的，这样沉迷玩家虽然也喜欢刷经验副本，但每日只能刷 2 次，想要获得更多经验就只能去刷效率低但数量多的普通副本。这就属于通过系统规则设计来解决对应的问题。

无论如何，我们可以通过明确标准玩家和特殊玩家之间的行为差异来得到对应行为的产出经验，还会得到对应行为的一些规则设定。至此，特殊玩家的资源产出模型也构建完毕了。

9.3.2 衡量与修正

在衡量与修正模块中，我们先从资源产出的角度来看如何进行衡量与修正，然后从系统的角度来看如何进行衡量与修正。

资源产出模型的衡量

从宏观的角度来讲，我们不仅期望玩家对资源的获取在一个可控制的范围内，还期望玩家的行为也在一个可控制的范围内。这种对行为的期望既包含对不同行为时间的期望，又包含对不同行为优先级的期望。在整个衡量过程中，我们必须抓住一个标准将衡量过程量化，进而帮助我们判断设计是否合理。在资源产出模型中，这个标准就是产出效率，我们以经验为例来讲述这个过程。

产出类型	效率优先度	方案1每分钟效率	方案2每分钟效率
刷怪	5	0.0139	0.0139
普通副本	3	0.0667	0.0333
经验副本	1	0.1000	0.1000
任务（高）	2	0.0333	0.0667
任务（低）	3	0.0222	0.0333

方案1

玩家类型	总游戏时长 /分	刷怪每日时长 /分	普通副本每日时长 /分	经验副本每日时长 /分	任务(高)每日时长 /分	任务(低)每日时长 /分	合计
标准玩家	120		30	30	60		1
沉迷玩家	240		60	30	60	90	1
“肝帝”	600	360	60	30	60	90	1

方案2

玩家类型	总游戏时长 /分	刷怪每日时长 /分	普通副本每日时长（分钟）	经验副本每日时长 /分	任务(高)每日时长 /分	任务(低)每日时长 /分	合计
标准玩家	120		60	30	30		1
沉迷玩家	240		120	30	30	60	1
“肝帝”	600	360	120	30	30	60	1

在经验产出模型中，我们期望各个行为的优先级如上图（左）前两列所示，期望不同类型玩家在各个行为的时长分布类似上图（右）的两张表。但在实际构建模型的过程中，我们会发现两者之间可能产生冲突。比如，在方案1中，我们发现各个行为的实际优先级与我们期望的优先级之间有冲突，任务（高）的效率明显比普通副本的效率要低。一旦出现这种情况，我们就必须调整时间、权重或优先级，以便达到期望效果。又如，在方案2中，我们可以通过修改对应行为的时间来达到期望效果。

游戏价值

前文讲述了对于单种资源而言，如何衡量不同系统的产出效率，进而达到我们的期望。那么从整个游戏的角度来看，一个系统会产出多种资源，我们还需要看系统的整体产出效率是否达到我们的期望。

在这个过程中，我们必须先找到一系列事物并将其当作衡量的标杆，价值产出效率是最适合的。在讲价值产出效率之前要先讲一下游戏价值，这里简称价值。

游戏内的部分资源是可以拿来出售的，只要我们定义了1元在游戏内的价值，就可以根据资源的出售价格来换算出它的价值了。举个例子，我们假设1元的价值是100，那么一款奥特曼的时装可以卖200元，它的价值就是20 000。在游戏中并不是所有资源都是售卖品，其他资源可能是由游戏策划根据主观想法来制定价值的，但是主观并不代表可以为所欲为，还需要遵守一系列原则。这里主要介绍常见的衡量价值的方法。

第一种方法是根据资源的使用价值来定义价值。比如，紫装的使用价值明显比蓝装的使用价值高，那么紫装的价值比蓝装的价值高就是理所当然的。第二种方法是根据对应资源的获取难易程度来推导价值。比如，获取时装比获取100经验难1000倍。时装的价值是20 000，那么100经验的价值是20（20 000 ÷ 1000）。第三种方法是根据现实物价来推导价值。比如，一款游戏内只产出经验，每小时产出10 000经验，而玩家在现实中去网吧消费平均一小时5元，那么我们可以认为在游戏中产出的价值不应低于现实中的成本，10 000经验的价值不应低于5元的价值，因此10 000经验的价值应该大于或等于500。第四种方法是根据系统设定来推导价值。比如，系统设定抽奖需要10元，其中有1%的概率抽中时装，99%的概率抽中一张5 000的经验卡，而10元的价值是1000，时装的价值是20 000，则1000=20 000 × 0.01+ 经验卡价值 × 0.99，推导出5 000经验卡的价值大概是808（取整数）。

在实际中，我们可以综合运用上面的各种方法来得到资源的价值。值得一提的是，每种资源的价值并不是不可调整的，在构建经济模型时需要对其进行调整，但在调整的过程中需要保证主流资源的价值不偏离上面所说的各种原则。我们对游戏内的资源进行了定价，并了解了对应物品的价值是多少之后，就方便以价值为标杆来衡量各个系统的产出了。

价值产出效率

知道如何定义资源的价值之后，我们就可以将产出兑换成价值，进而衡量各个系统的价值产出效率了。首先我们以系统为核心总结产出的资源种类及对应的数量，然后根据资源的单位价值来计算整个系统的总产出价值，最后加上时间元素就能很容易地得到对应系统的价值产出效率。

知道对应系统的价值产出效率之后，我们会关注两个核心问题。第一个问题，不以单种资源而是以整个系统的总产出而论，其效率的差异程度是否是我们期望的。比如，在下图第一张表中，普通副本的效率高于刷怪和经验副本的效率，这是否是我们期望的呢？普通副本的价值产出是经验副本的6倍左右是否是我们期望的呢？如果不是，则需要调整资源产出或资源价值，进而让整个产出符合我们的需求。第二个问题，因为部分付费内容会导致资源产出效率变化，进而引起价值产出效率变化，所以我们需要关注价值变化带来的免费玩家和付费玩家之间的差异是否是我们可以接受的。比如，在下图第二张表中，买张月卡就可以让金币产出翻倍，再买个好运令就可以让装备产出翻倍。如果不行，就增加付费成本，降低付费收益，或者更改资源的价值。

系统	经验	金币	装备	总价值
刷怪	20	20	1	140
普通副本	20	50	5	570
经验副本	100	0	0	100

系统	经验	金币	装备	方案1总价值	方案2总价值
标准玩家	100	100	5	700	800
高级玩家	100	200	5	800	900
“氪总”	100	200	10	1300	1400

总之，在衡量与修正阶段，是根据效率原则来看系统在资源产出中的表现是否能达到我们的预期的。如果没有，就需要不断地调整和优化，直到达到我们的预期。

9.3.3 构建系统产出消耗模型

每个系统都有自己的特点和规则，因此产出过程的体验各不相同。比如，同样是产出1000金币，产出方案1每次都奖励10金币，产出方案2每次都抽奖，有1%的概率获得900金币，其他获得1金币，这两种体验是完全不同的。同样是产出100金币，系统要求玩家登录5天和击败100只怪也是两种完全不同的体验。我们需要根据每个系统的需求给出不同的产出体验，因此必须将模型细化到每个系统、每个过程的产出中，进而让模型达到可以落地的程度。

构建系统产出消耗模型的原理和构建资源产出模型的原理是一样的，都需要先明确预期再进行构建和调整。先明确在该系统（玩法）中什么类型的玩家做出什么样的行为及付出什么样的资源，然后根据系统（玩法）本身的特性从行为或资源入手将其细化，使模型变得更加清晰且符合该系统（玩法）的要求，最后衡量整体结果是否与预期相符，如果不符就进行调整。我们以任务系统为例讲述具体的构建过程。

要先清楚对应系统（玩法）的基础规则。本案例的基础规则如下：玩家在任务系统中完成不同种类的任务，可以获取指定数量的星星；玩家在系统中累计获取的星星达到一定数量后就可以领取对应的奖励；系统会在每周一的0点清除玩家剩余的星星。

类型	行为	奖励	需要星星 / 颗
学生（基础）	登录 2 天；每天玩半小时生存模式玩法	金币	5
学生（勤奋）	登录 4 天；每天玩半小时生存模式玩法，初步体验主题 MOD	主题建筑蓝图	10
成人（基础）	登录 6 天；每周玩 7 小时生存模式玩法，深度体验主题 MOD	高级人仔	16
成人（勤奋）	登录 7 天；每天玩 1.5 小时生存模式玩法，深度体验主题 MOD 并完成全部挑战	高级载具	25

了解了基础规则之后，我们需要将其与玩家进行匹配，进而将每个玩家在系统中需要达到的程度进行细化。我们在构建经济体系的大纲阶段已经规划了玩家的特点及其在任务系统中应该获取什么资源，接下来就是确定他们需要达到任务系统的什么要求才能获取资源。我们设定在任务系统中完成每项任务只能获取 1 颗星星，而任务系统最多有 25 项任务。我们假设不同类型的玩家需要获取多少星星才能领取对应奖励，如下图所示。

任务分类	日常玩法					主题玩法			各种类型玩家的游戏行为
任务目标	登录	生存模式	乐园	社交	汇总	主题基础	主题玩法	总任务数	
总个数（次/周）	4	8	3	2	17	5	3	25	
学生（基础）完成（次/周）	2	2	1	0	5	0	0	5	登录2天；每天玩半小时生存模式玩法；主题玩法参与；乐园抽奖；主题基础任务参与
学生（勤奋）完成（次/周）	3	4	2	0	9	1	0	10	登录4天；每天玩半小时生存模式玩法，初步体验主题MOD；UGC参与；主题玩法参与；乐园抽奖
成人（基础）完成（次/周）	3	6	2	1	12	3	2	17	登录6天；每周玩7小时生存模式玩法，深度体验主题MOD；生存-战斗；生存-建造；UGC参与；主题玩法参与
成人（勤奋）完成（次/周）	4	8	3	2	17	5	3	25	登录7天；每天玩1.5小时生存模式玩法，深度体验主题MOD并完成全部挑战

我们知道了总要求，但尚未细化到具体要求，因此需要先弄清楚系统具体包含哪些形式的要求（产出），然后将不同类型玩家的总要求与之对应。以任务系统为例，首先我们知道了任务系统中都包含哪些种类的任务，其次知道了我们期望的玩家行为，如上图最右列所示。那么，我们只需要对行为进行划分，明确玩家对应行为的比重，就能得到对应类型的玩家在对应类型的任务里需要完成多少项任务。比如，对于基础学生（上图中的第 4 行），我们期望他们多登录游戏并玩生存模式，因此制定的任务数量比例为 2 ∶ 2 ∶ 1，那么登录、生存模式、乐园的任务数量就分别为 2 项、2 项和 1 项。

以此类推，我们就得到了每种类型的玩家在对应类型的任务里需要完成多少项任务。然后我们从任务系统的整体来衡量不同类型的任务占比与通过玩家行为推出的任务占比是否有明显的偏差。如果没有则结束，如果有则调整玩家的期望行为或任务系统中不同任务的占比。

知道了不同类型的玩家需要什么类型的任务及对应的数量后，我们只需要根据玩家对应行为的特点将行为量化，就得到了具体的任务要求。比如，我们知道基础学生只能登录 2 天，而登录任务需要完成 2 项，于是我们对任务难度进行排序，使其呈阶梯状分布就形成了更为具体的任务要求：①登录 1 天，奖励 1 颗星星；②登录 2 天，奖励 1 颗星星。其他每项任务都进行类似操作，全部细化完成后就形成了任务要求的矩阵，再将矩阵适度地美化和优化就形成了最终的模型。至此，我们知道了任务的具体类型、要求、奖励，整个任务系统的产出消耗模型就构建完毕了，如下图所示。

任务分类	日常玩法					主题玩法			各种类型玩家的游戏行为
任务目标	登录	生存模式	乐园	社交	汇总	主题基础	主题玩法	总任务数	
总个数（次/周）	4	8	3	2	17	5	3	25	
学生（基础）完成（次/周）	2	2	1	0	5	0	0	5	登录2天；每天玩半小时生存模式玩法
	登录1天 登录2天	生存/UGC20分钟 生存/UGC50分钟	乐园抽奖1次						
学生（勤奋）完成（次/周）	3	4	2	0	9	1	0	10	登录4天；每天玩半小时生存模式玩法，初步体验主题MOD
	登录1天 登录2天 登录4天	生存/UGC20分钟 生存/UGC50分钟 生存/UGC80分钟 生存/UGC120分钟	乐园抽奖1次 好友采集5次			主题MOD30分钟			
成人（基础）完成（次/周）	3	6	2	1	12	3	2	17	登录6天；每周玩7小时生存模式玩法，深度体验主题MOD
	登录1天 登录2天 登录6天	生存/UGC20分钟 生存/UGC50分钟 生存/UGC80分钟 生存/UGC120分钟 生存/UGC200分钟 生存/UGC300分钟	乐园抽奖1次 好友采集5次	好友分享1次		主题MOD30分钟 主题MOD60分钟 主题MOD100分钟	看具体设定		
成人（勤奋）完成（次/周）	4	8	3	2	17	5	3	25	登录7天；每天玩1.5小时生存模式玩法，深度体验主题MOD并完成全部挑战
	登录1天 登录2天 登录4天 登录7天	生存/UGC20分钟 生存/UGC50分钟 生存/UGC80分钟 生存/UGC120分钟 生存/UGC200分钟 生存/UGC300分钟 生存/UGC420分钟 生存/UGC600分钟	乐园抽奖1次 好友采集5次 购买建筑1次	好友分享1次		主题MOD30分钟 主题MOD60分钟 主题MOD100分钟 趣味挑战1--比如跑10000步 趣味挑战2--比如击败100个怪物	看具体设定		

对于不同的系统（玩法），可执行的顺序或手法会有所不同，但整体步骤都是先从行为或消耗中的某一方面入手，然后不停地细化与整理，整体思路是一致的。构建模型最大的难点从来不是建起来，而是预估玩家的行为和奖励是否符合玩家的预期，以及进行测试或上线后根据玩家实际反馈进行对应的调整。

所有系统（玩法）的产出消耗模型都细化完后，免费玩家的经济模型就构建完毕了，后面只需要关注付费玩家的经济模型即可。付费玩家经济模型的构建方式与免费玩家的基本一致，只不过在整体规划时需要考虑付费玩家与免费玩家之间的差距，这是由游戏自身的设定决定的。关于付费玩家的经济模型中如何考虑卖些什么或以什么方式来卖等问题，会在后续的商业化部分进行更详细的讲解。

9.4 行为经济学与游戏

通过前文我们对如何构建经济模型有了一定的了解，但这些更倾向于从具体实现手法的角度来谈论，我们还需要从本源的角度看一些问题。

在本节，我们会根据行为经济学的观点来简单讲述人是如何思考的，以及在游戏中我们是如何运用对应的原理来提升游戏资源的价值或引导玩家的行为的。

9.4.1 系统1与系统2

说到行为经济学，必然会提到丹尼尔·卡尼曼的《思考，快与慢》。这里简单介绍一下人是如何思考和选择的。人的大脑是不断进化的，其中最里层是古老脑，主要通过习惯来处理问题，中间层是哺乳脑，主要通过情绪来处理问题。我们把古老脑和哺乳脑称为系统 1。而最外层则是人类特有的大脑皮质，又称新脑，主要通过理性思维来处理问题，我们把其称为系统 2。

系统 1 的响应速度和运算速度都很快，系统 2 的运算速度慢且线程少；系统 1 是冲动的，凭直觉判断，习惯先下结论再找论据；系统 2 具备推理能力，习惯先进行谨慎的思考后再判断。系统 2 可以监督和控制系统 1 的思想活动，抑制系统 1 的一些想法并强制执行一些想法。因为系统 2 的耗能太大，所以系统 2 相对懒惰，除非刻意锻炼，否则难以养成用系统 2 进行日常思考的习惯。

系统 1 的主要运转方式

系统 1 主要通过联想工作，类似碰蜘蛛网，碰到一点儿就会带动全网，这些联想会让大脑产生类似真的发生过对应事情的感觉。语言、文字、画面、场景和声音等都可以触发联想，这些联想会激发大脑做出对应的生理反应并发出感觉的信号，进而引起对应的行动，而行动又会强化对应联想在大脑中的可靠性判断，至此形成闭环。长此以往，就形成了对应的习惯和性格等。

人在放松的情况下尤其喜欢用系统 1 进行思考。在游戏中很多时候都会使用此原则，如《原神》中的图标派蒙（玩家向导），玩家在《原神》中接触最多的除了主角就是它，在很多剧情节点或获取资源时都会有派蒙的存在。因此，用它作为图标，玩家在使用手机时一看到它就会想起游戏内的种种感觉进而进入游戏。这就属于对这个原则较为直接的运用。

系统 2 的主要运转方式

系统 2 主要负责审核系统 1 的判断结果，主动搜索和调用记忆，处理复杂的计算、比较、规划和决策等工作。系统 2 在工作时比较消耗注意力，而注意力其实是系统 2 的工作线程，一般一个人只有 7 个左右的线程。除正常思考外，维持多线程思考、控制情绪、切换目标（任务）、时间紧迫、身体疲惫等情况也会额外消耗注意力。

因此，在游戏中为玩家安排挑战时需要控制信息量，方便玩家专心地解决具体问题。比如，在玩《艾尔登法环》时，你会发现只打 Boss 和打“一个小兵 +Boss”的难度完全不一样；在《使命召唤》的地图中，枪线的设置也会尽量不多于 7 条。

大脑的日常运转方式

结合系统 1 和系统 2，大脑的日常运转方式如下。

（1）系统 1 通过直觉进行初步判断，系统 2 通过操控注意力进行精确判断。已知信息越少，系统 1 的判断占比就越高。

（2）系统 1 会在信息不完整时，通过联想在大脑内补充一个可能的完整情景，还会在答案不确定时随便补充一个答案。在大脑内补充的过程一般是从已有记忆中提取信息来补全，而补全后的信息越具有一惯性就越觉得可信，这个过程叫作启发式思考。

（3）系统 1 判断后，系统 2 要对结果进行审核。因为系统 2 是懒惰的，同时系统 1 会让人产生熟悉感，所以一般情况下除非明显逻辑不通，否则系统 2 通常会相信系统 1 的判断。如果审核通过，则系统 2 甚至会根据系统 1 的答案帮其补充一个合适的理由。

由此可知，我们在平时进行思考时，使用的多是启发式思考。启发式思考的不严谨会直接导致一系列误判。很多产品和游戏开发者都会研究启发式思考会产生哪些心理效应（偏见）并对其进行利用，下面就来介绍一些典型的启发式思考带来的偏见及对应的常见示例。

9.4.2 与日常行为相关的启发式思考带来的偏见

因为启发式思考带来的偏见有很多种类，所以我们将其分为两节进行讲述。其中，9.4.2 节讲的是与日常行为相关的启发式思考带来的偏见，更多地与判断有关；而 9.4.3 节则讲的是与经济相关的启发式思考带来的偏见，更多地与价值感受有关。

小数效应

小数效应是指人们只看到小样本就下结论，容易为偶发事件强加因果关系和规律。这是因为系统 1 擅长建立因果关系但不理解概率，加上系统 1 关注信息本身要高于其真实性，所以易于把偶发事件归为因果关系事件。

小数效应常见的应用场景有很多，如在抽奖系统中，很多游戏会在界面上方滚动播报某某抽中了什么大奖，这时人们很容易通过系统 1 建立联想，认为自己只要抽奖就容易获取其中的大奖。

锚定效应

锚定效应是指系统 1 在评估事物前会有一个初步的考量，而最近接触的相关信息会直接影响考量结果。比如，你看到一家店里的一个面包的标价为 10 元，当你进入第二家店看到一个面包但没有标价时，会不自觉地给出 10 元左右的价格。

锚定效应在现实和游戏中都很常见。比如，在商业大促日的时候，商家会提前把价格标高然后在大促日当天打折，这就是应用了锚定效应；游戏中的商城也喜欢提前把商品价格标高然后打折，或者在做活动或抽奖时将其作为奖励，这些都应用了锚定效应。

层叠效应

不断重复的信息会让人觉得更加可信，这就是层叠效应，“三人成虎”讲的就是这个道理。在层叠效应中，情绪越激烈就越容易影响人们的判断。因为焦虑是激烈的情绪之一，所以我们可以看到很多公众号或自媒体都喜欢贩卖焦虑。

在游戏中，层叠效应经常和稀缺性共同应用。比如，刻意让某些商品限时出售，并且在玩游戏期间不停地用该道具即将下架之类的信息对玩家进行发送，这就是应用了层叠效应。

少就是多

少就是多是一种有趣的心理现象，简单来讲就是在判断事物的价值时，系统 1 只会取平均值而不会取汇总值。举个例子，有一个箱子里面是 10 个完好的盘子，而另一个箱子里面则是 10 个完好的盘子和 1 个有瑕疵的盘子，人们通常会认为那个有 10 个完好的盘子的箱子更值钱。

在游戏中常见的应用是在售卖礼包时，你会发现其中很少有价值较小的东西，因为这样会让人感觉整个礼包都不值钱。

琳达效应

下面两种情况哪种可能性更大？①琳达是银行出纳；②琳达是银行出纳，同时她积极参与女权运动。大部分人会下意识选择②，这就是琳达效应。

琳达效应是指人们相信那些描述得更细致的事情发生的概率会更大。一旦有具体信息，人们就会无视其背后的整体信息，只根据具体描述来错判形势。琳达效应在现实中应用得较多，但是在游戏中则应用得相对较少。

以偏概全

以偏概全是指人们会忽视普遍概率而只关注与当前相关的因果概率，就像人们喜欢用个体事件来代替整体因果一样。比如，看到飞机失事的报道就认为坐飞机比坐汽车危险，因为飞机一旦失事基本是全机乘员遇难。

以偏概全在现实中经常被应用，如把好水果放到最上面，让人感觉整箱水果都是好的，就属于典型的以偏概全。在游戏中，系统播报某某中了大奖也是一样的原理，用具体的示例让你感觉你也可以中奖。

框架效应

系统 1 容易对人和事形成框架， 然后用框架进行衡量，这就是框架效应，现实中我们将其称为刻板印象。比如，生活中遇到一个人有了第一印象，之后将难以改变，这就属于刻板印象。

在游戏中也经常会这样做，如我们已经习惯了紫装的价值比较高，那么游戏策划把头像框也设计成紫色，玩家会凭空将其价值想象得高一些。

9.4.3 与经济相关的启发式思考带来的偏见

禀赋效应

人在成长过程中会面临各种危险，但是人的生命只有一条，这就决定了人天生重视威胁多于机遇。为了提高生存概率，任何与自身有关联的信息都可以激起人的威胁感并直接越过系统 2 进入大脑中心。这种现象在现代社会更多体现为大部分人会下意识地厌恶损失。一般而言，只有得到的比损失的价值高，人们才愿意接受损失，这就是禀赋效应。

禀赋效应的直接后果就是人们不会放弃已有物品或不愿意改变现状。这在游戏中的应用就是，系统会发放各种试用型和时效型的道具或英雄，玩家在拥有并使用后，在这些道具或英雄消失前会激起厌恶损失的心理，进而增加自身玩游戏的时间或选择付费。

前景理论

传统经济学认为每个人都是理性的，但现实中不是，人们会受到前景理论的影响。人们将物品价值定义为期望价值而非客观的实际价值，期望价值效应更多地是伴随着财富的变化而出现的，且有它自己的规律。

首先，新财富的期望价值和已有财富的期望价值之间是比例关系。比如，10 元对拥有 50 元的人的期望价值与 10 万元对拥有 50 万元的人的期望价值是相等的。反映到游戏中，要尽量避免玩家存储巨额财富，进而降低新财富的价值。

其次，对于同一拥有者而言，增长财富价值和期望价值是一种类似对数函数的关系，即货币从 100 涨到 120 比从 150 涨到 170 的期望价值效应更大。反映到游戏中，随着玩家的成长，关卡产出货币的数量会慢慢呈现指数级增长。

最后，对于增长而言，大部分人更愿意付出费用或虚拟的收益来降低风险，而面对损失则相反。比如，人们更愿意直接拿 10 元而非 50% 的机会来获得 22 元。反映到游戏中我们会发现，在打宝石体系中，平安符或防爆符等可以卖出更高的价值。

决策四重奏

在面对概率事件的时候，对于不同区间的概率，人们的心理价值是不同的。简单来讲，我们假设 1% 概率的实际价值是 1，那么从 0 到 100% 对应的心理价值则是一条 U 形曲线。在开始和结尾时人们对概率的心理价值要比实际价值高很多，但在中间阶段则低很多。比如，同样的 1%，如果将概率从 0 变为 1%，则人们会认为其心理价值能达到 5；如果将概率从 50% 变为 51%，则人们会认为其心理价值只能达到 0.3（数字不精准，但趋势是 U 形）。

上面的心理过程就是人们在面对概率事件时的经典四重奏模型。

分支 1：当人们觉得未来获得一大笔收益的概率很大时，会选择规避风险。比如，在法庭中哪怕胜率再高也倾向于接受庭外调解。假设我们在游戏中设计了一场活动，每次闯关都会增加奖励，但若闯关失败则已有奖励会全部收回，那么玩家大概率玩到一半就不再继续尝试。因此，在设计时我们要尽量避免类似的情况，如在设计赛季段位的时候，要给玩家更多的降级保护。

分支 2：当收益很多但概率很小时，人们会忽略概率小这一事实。比如，现实中很多人都会去买彩票并期望中 500 万元。在游戏中也是一样，只要有概率获取高级装备，玩家就愿意投入一些成本来获得机会，这也是抽奖系统在游戏中较为盛行的原因。

分支 3：当产生的损失大但为小概率事件时，人们更愿意花更高的价格将概率降为 0。比如，现实中的买保险就属于这种行为。在游戏中，假设强化消耗为 100 元，成功率为 99%，玩家还是愿意花 2 元买一张提升 1% 成功率的券，进而让成功率变为 100%。

分支 4：当产生的损失大且为大概率事件时，人们更愿意去冒险。比如，股票下跌时大部分人不会止损而是期望后面可以快速上涨。在游戏中更多地体现为抽奖，如果大批投入还没抽中，那么玩家会更有意愿去继续抽奖。

心理账户

前文讲的都是对当前事物心理价值的定价，而对于已经投入的事物，定价大致为过往投入和现在投入的总和，也就是我们常说的沉没成本效应。当获得的价值高于心理效应成本时人们会获取额外的快乐，反之则会产生额外的痛苦（包含后悔），这导致人们容易做出不明智的选择。一般而言，对于后悔，如果之前不干某件事但这次突然做了，万一失败会让人更加后悔。面对事件，采取行动并失败的人要比没采取行动并失败的人更后悔。

心理账户理论对现实的影响会更大一些，在游戏中更多会运用限时抽奖等方式加强玩家的后悔感，进而提高下次限时抽奖的参与率。在抽奖的过程中，系统会经常提醒玩家已付出的成本及对抽奖概率的影响，进而引发沉没成本效应，以提升玩家继续付费抽奖的概率。

9.5

总结

在本章的开始，我们介绍了经济的概念，同时从资源性稀缺的角度来看产出、消耗和积蓄之间的关系，从人的角度来看付出和回报之间的关系。然后，我们介绍了与价值相关的一些规律，核心就是需要产生价值、稀缺产生价值。我们还讲了交换，明白了一般等价物和货币的概念，同时明白了游戏中常见的货币是如何确定的。

我们讲了如何构建经济体系的大纲。首先，我们要明白投入和产出的关系，以及常见的投入和产出种类。接着进行划分，弄清楚不同类型玩家的投入途径及获取资源的种类并形成表格，最基础的分类方法是看玩家是否付费。然后我们需要弄清楚不同系统的产出，在这个过程中需要对系统进行优先级排序，并且尽量保证每个系统都有自己的稀缺性资源产出。这样，用户、行为和产出资源之间的关联就制定完了，并构建了经济体系的大纲。

我们介绍了内容消耗的概念，明白了资源和内容之间的关联，并且明白了只投放资源不会一直起作用。我们还介绍了常见的展示经济循环的方法，包括如何构建资源循环图及游戏架构图。

我们讲述了如何将大纲量化，变为具体可落地的模型。步骤是先构建标准玩家的模型，可以将玩家付出的代价与获取的资源之间的关系量化，并将行为与资源之间的关系量化，这样我们就知道了不同行为的产出对应的资源。之后我们就可以根据标准玩家的经济模型来构建其他玩家的经济模型，并调整经济模型中的各种参数。

构建好模型之后，还需要根据效率原则检测模型并进行调整和优化。检测既包含对以资源为中心的资源产出模型的衡量，又包含对以系统为核心的价值产出效率的衡量。检测完成后，各种资源的产出模型就确定了，后续要做的是对每个系统的产出消耗模型进行细化。

虽然每个系统的产出消耗模型的细化方法不同，但整体都是以系统为单位的。先弄清楚玩家的行为和产出，再将玩家行为转变为系统中的行为，进而将系统行为与产出资源进行关联。

最后我们进行了拓展，讨论了比较前沿的行为经济学对游戏的影响。了解了系统 1、系统 2 与思考之间的关系，还介绍了一些常见的偏见及游戏领域对这些偏见的应用。

第 10 章

商业化的系统化设计方法

商业化是经济模型中的一个分支，因为它对项目十分重要，所以很多时候人们会将商业化单独拿出来进行讨论。商业化模型的构建思路和构建方法与普通的经济模型相同，因此本章将着重介绍商业化的特色内容。

商业化是花钱买东西的经济模式，其核心是金钱、售卖品及它们之间的关系（如何获取售卖品）。本章的前半部分会从宏观角度介绍游戏中常见的售卖品及售卖模式。

随着时代的进步，手游发展迅猛并占据了游戏行业的中心位，手游最重要的商业化模式是售卖增值服务，因此本章的后半部分将着重介绍手游增值服务的大致套路及对应的核心售卖模式，之后对其典型系统进行详细讲解。

10.1

从宏观角度看商业化

本节以游戏为单位去看商业化模式，了解常见的售卖品有什么，以及游戏内的售卖模式主要有哪些。

10.1.1 售卖品

售卖品就是玩家可以花钱获取的东西，它是研究商业化的第一步。

我们根据游戏内容对售卖品进行划分。第一个被划分出来的是经典游戏体验，也就是玩法体验，简称体验。体验是指玩家只玩游戏就可以获取的乐趣。比如，在《使命召唤》中，用枪淘汰对手就属于体验；在《原神》中，不停地解谜和体验剧情也属于体验；在《逆战》中，闯过一个个新的关卡也属于体验。

第二个被划分出来的是数值。数值更像一种催化剂，虽然其本身也会提供一些体验，但归根结底是为了更有效地利用体验。比如，游戏更新了一张副本地图，这就是典型的更新了体验，同时提供了新的装备来对应这个副本，这就属于更新了数值。

数值型游戏和体验型游戏并没有严格的区分。主要出售数值的就是数值型游戏，如在常见的卡牌游戏中，出售新英雄并不是为了提供新打法和培养英雄能力，因此它是数值型游戏；主要出售体验的则是体验型游戏，如《王者荣耀》里的英雄，更新英雄后玩家更多地是体验一种新打法，因此它是出售体验的游戏。

第三个被划分出来的是炫耀和审美。这些对玩法和平衡没有什么影响，只是为了满足社交的炫耀需求和自己的审美需求。比如，时装、头像框等物品就是炫耀和审美的需求，还包含大喇叭、入场名字提醒等。一般而言，炫耀和审美的需求必须在一款社交度相对较高且玩家数量较多的游戏里才能满足，否则即使售卖，玩家也不会买单。

以上就是典型游戏的售卖品，其中体验是根本，其他都是围绕体验产生的额外价值。

很多时候我们还会听到“卖时间”一说，这里也简单介绍一下。在游戏中很多东西需要玩家通过长时间的积累才能获取，但付费就可以较快地得到，这就是“卖时间”。严格来说，“卖时间”分为两种情况：一种是出售的时间在一定程度上会影响平衡，如在 MMORPG 中购买装备等；另一种是出售的时间不影响平衡，这才是严格意义上的“卖时间”，如在《王者荣耀》里售卖英雄就是出售时间。

10.1.2 售卖模式

讲完了售卖品，下面再讲售卖模式，以历史为脉络能更容易理解不同售卖模式之间的区别。游戏分为单机游戏和网络游戏，两者的售卖模式有很大不同。单机游戏一般是单纯地售卖内容，而网络游戏则更多地是将内容和社交放在一起进行售卖，也就是卖增值。

单机游戏的售卖模式

先介绍“游戏寿命”这个概念。游戏寿命是指玩家玩一款游戏大概多久之后才会流失。单机游戏的优点是制作精良、体验独特、代入感强，其缺点是游戏寿命相对较短，只有几十小时甚至十几小时，且能体验的基本都是单人体验内容。

在早期，因为硬件和技术等原因，单机游戏的售卖模式多为买断制，具体表现为卖“拷贝”光盘。随着PC的普及和游戏技术的发展，很多公司继续卖后续的游戏资料片，即DLC。

开始，因为光盘一旦出售就相对难以退货，所以游戏厂商会着重关注前期，着力让玩家以为这个是“大作”并吸引玩家冲动消费。因此，很多游戏的宣传会做得很好，但实际的游戏寿命很短，并且游戏厂商会在出售游戏之后更多地选择开发续作而非原作的资料片。后续有了Steam等平台，平台有较为完善的退货机制且售卖模式变为虚拟拷贝，众多单机游戏开始关注游戏寿命。另外，对于部分经典游戏而言，开发资料片也变得越来越重要，如《欧陆风云》的游戏资料片的收入甚至比游戏本体要高很多。

不管是游戏本体还是资料片，核心的吸引力都是里面包含的内容。因此，无论是卖拷贝还是卖资料片，本质上都是卖内容。

早期网络游戏的售卖模式

随着互联网的崛起，网络游戏慢慢风行起来。在这之前，单机游戏和游戏机已经有了较大的发展，形成了比较成熟的商业化套路，所以早期的网络游戏不可避免地借鉴了很多单机游戏的要素，包含售卖模式和出售的内容。

在网络游戏中，玩家可以体验的并不只是单机内容，还可以体验与其他玩家的互动（包含合作和对抗）。因为服务器等运营成本的问题，游戏厂商未必能保证游戏一直运行下去，所以买断制看起来并不适合网络游戏。因此，在初始时大部分网络游戏采用一种折中的方式来出售内容，那就是“点卡制”。

所谓点卡制，就是玩家只需要付费就可以购买玩游戏的时间，与玩家干什么并不相关。例如，《热血传奇》和《魔兽世界》，玩家需要购买点卡才能玩游戏，游戏中的各种装扮或物品则需要玩家之间进行交易或自己“爆肝”（熬夜玩游戏刷出来）。点卡制的核心是靠游戏内置的基本内容吸引玩家付费，因此从整体上说还是出售内容的商业化模式。

近期网络游戏的售卖模式

网络游戏不断发展，随着一款游戏《征途》的上线，一场新的网络游戏商业化模式的革命从中国开始席卷全球。其核心变化是将网络游戏的运营模式由付费玩变为免费玩，同时在游戏内通过售卖增值服务来获取收入。

这种售卖模式的创新对游戏行业的发展意义重大，

具体包括以下几点。首先，因为免费玩，所以玩游戏的成本进一步降低，玩家群体快速扩张，大大增加了玩家的数量。其次，售卖增值服务的模式能更深入和及时地满足游戏中不同类型玩家的需求，后续还提升了游戏的细节设计，同时使用户 ARPU 值（人均付费金额）得到了较大程度的提升。最后，因为不再需要所有玩家都付费才能“养”得起游戏，只要部分玩家付费就可以让游戏运转起来，这直接让一些不适合在点卡时代生存下去的游戏有了自己的生存路径，促使网络游戏的种类多了起来。

目前，大部分网络游戏都已经变为售卖增值服务，而增值服务本身也需要明确自己要卖的物品。我们在前文提过，游戏有体验、数值、炫耀和审美三类售卖品，大部分游戏售卖的是三者的组合。但是，因为游戏类型不同，所以其核心售卖品也会不同。下面我们就介绍一下不同类型的游戏到底更适合售卖什么类型的售卖品。

首先，有些游戏以玩家竞争为核心且重视积累，一般以卖数值为主。这种类型的游戏一般都是非单局体验，需要玩家进行长期的积累和以积累为基础的对抗。因为积累的作用很大，所以玩家也就接受了因此带来的不平衡，这就为出售数值提供了空间。典型的例子有卡牌游戏、部分 RPG。

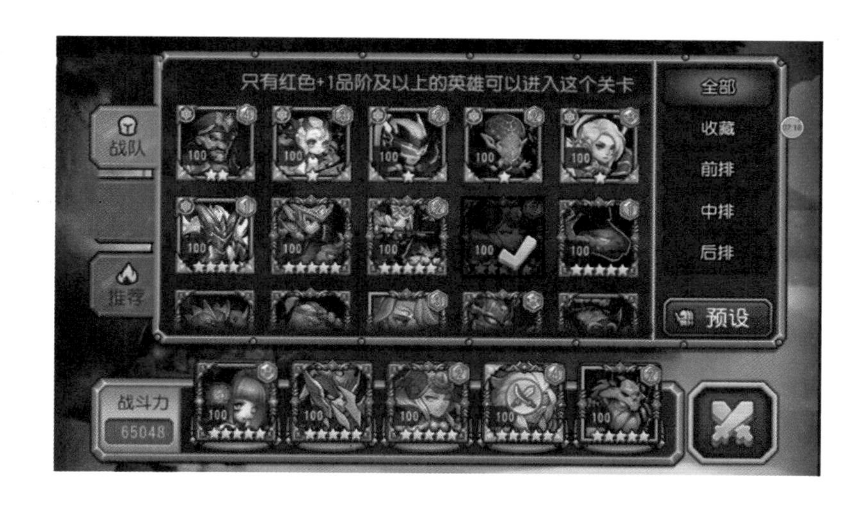

其次，有些游戏虽然也以玩家竞争为核心，但偏向注重技巧的单局体验，一般以卖体验为主。这是因为出售数值会严重影响每局游戏的平衡和体验，直接导致玩家流失，或者影响太小，玩家难以感知，所以不如出售游戏中的体验。典型的例子有 MOBA 类游戏卖英雄、FPS 类游戏卖枪支。

最后，几乎所有游戏都可以出售炫耀和审美，但只有一部分能卖得好。一般而言，炫耀和审美卖得好是需要前提条件的，如越明显且出现频率越高的物品就越适合出售炫耀和审美。举个例子，在《和平精英》中，战斗场景多以第三视角展示，因此玩家可以较为完整地看到人物，那么人物的时装就会更好卖。而在《瓦罗兰特》或《穿越火线》中，因为战斗场景是以第一视角展示的，玩家只能看到手中的枪支，所以枪支就会好卖一些。

另外，展示该物品的社交场合越多，看到该物品的人越多，则售卖效果就越好。比如，《和平精英》就会特意在对战前让大家在等待区互相欣赏，进而提升时装的价值。

新趋势

随着游戏行业的不断发展，售卖品和售卖模式也会跟着变化。随着《原神》的崛起，一种较为新型的售卖模式出现了，那就是售卖情感依托。这是一种从“二次元”发展来的新思路，游戏角色不再只是玩家的工具人，而慢慢变为有自己特性的虚拟人物，玩家玩游戏的核心目标是培养与虚拟人物之间的感情。我将这种类型的游戏叫作宅男游戏。

玩家对虚拟人物产生足够的感情后，会根据游戏模式产生不同的分支。一种是走相对有深度的长线。因为玩家与虚拟人物有了感情，所以愿意为其投入足够的资源，帮助它成长并与之经历更多的事情。另一种需要收集更多的虚拟人物。因为玩家与初始设定的几个虚拟人物有了感情，所以愿意相信其他虚拟人物也是精雕细琢的，愿意尝试与其他虚拟人物进行接触。

宅男游戏有两点与传统游戏有较大的不同。首先是原始驱动力，传统游戏更多地以社交（更极端的说法是竞争）为中心来驱动玩家进行成长或收集；而宅男游戏则不太强调与其他玩家之间的互动，更强调沉浸感，是玩家与游戏之间的互动。其次是炫耀和审美，因为缺少玩家之间的互动，所以宅男游戏中的炫耀品自然会削弱。为了塑造差异化且风格明显的虚拟人物，宅男游戏中的人物造型也相对固定，因此在其他游戏中比较重要的售卖品时装在宅男游戏中则较少出现。

为什么会有新趋势

为什么将新趋势叫作宅男游戏而非二次元游戏呢？这是因为我将其定义为用户群体的变化而非美术风格的变化。过去的二三十年正是大家从贫穷到富足的过渡期，这既是因为我国改革开放及加入世界贸易组织带来了红利，又是因为互联网革命和移动互联网革命带来了生产力的提升。其间有众多期望和可能性，所以大家愿意付出努力，愿意去竞争。这就使网络游戏崛起，其中又以偏竞争的网络游戏为主。底层科技有很长时间未更新，从而使生产力在一定时间内得到高速提升。无论是国内还是国外，金融危机等的影响导致贫富差距越来越大，直接体现为房产等越来越昂贵，最终体现为阶级越来越固化。这意味着年轻人因为缺少可能性而越来越不愿意继续进行激烈的竞争与艰难的拼搏，因为这会让人感觉“心累”并且难以看到收获。于是，年轻人更愿意在虚拟世界中与“真正关心”他的虚拟人物产生共鸣，进而慢慢地进入自己的“桃花源”。

用户决定产品，游戏也是产品的一种，因此用户决定了游戏。正是因为用户特性的变化，主流游戏才从《热血传奇》变为《原神》。至于未来，用户可能更愿意为更真实的世界、更“懂”自己的虚拟人物付费，更愿意为自己的梦想付费。

10.2 手游常见的商业化结构和系统

上节我们主要从宏观角度介绍了游戏常见的售卖品及售卖模式。本节则以具体案例讲述当前网络游戏（尤其是手游）典型的商业化结构，并详细讲述几个经典系统的基础设计原理。

10.2.1 典型的商业化结构

在不同的游戏中，核心售卖品是完全不同的，但是不同游戏对玩家的思考及售卖模式的应用具备较多的共性。前文讲述了以游戏为单位的售卖模式的变化趋势，这里简单讲一下手游是如何划分玩家并为其匹配售卖模式的。

我们先将玩家简单分为免费玩家、轻度付费玩家、中度付费玩家和重度付费玩家。其中，轻度付费玩家和中度付费玩家之间的区别没有那么明显，我们将其简称为中轻度付费玩家。

大部分游戏需要解决的第一个问题是如何让免费玩家付费，也就是如何提升付费率。因为免费玩家没有付费习惯，所以要在合适的场景展示内容的价值，同时设置较低的付费门槛，只有这样才能促使免费玩家进行付费。常见的解决该问题的系统是首次充值系统。

中轻度付费玩家对游戏已经有了一定的了解，只想更好地体验游戏。他们懂得售卖品的价值，会衡量它们的性价比。因此，面对中轻度付费玩家的核心问题是如何提升售卖品的性价比，让他们感觉付费是值得的。常见的解决该问题的系统是月卡系统和赛季系统。

对于重度付费玩家，核心的问题并不是现实世界中的经济实力是否足够，而是该售卖品是否是自己真正需要的，以及在获取过程中的感受。常见的解决该问题的系统是抽奖系统。

玩家类型	免费玩家	中轻度付费玩家	重度付费玩家
对应系统	首次充值系统	月卡系统、赛季系统	抽奖系统

至此，我们明白了典型的玩家类型及对应系统。不得不说的是，一切商业化的基础是售卖品对玩家有意义。

10.2.2 首次充值系统

首次充值系统需要解决的是如何让免费玩家完成首次付费的问题。这就需要在合适的场景展示内容的价值，再打折吸引免费玩家为其付费。其中核心的问题有以下几个：第一，免费玩家为什么会对展示的东西感兴趣？第二，什么时候让免费玩家接触这个东西合适？第三，需要打折到什么程度？第四，如何确保不会因为首次充值而导致整个价值体系崩坏？第五，如何把上面的结果展示给免费玩家？其中，可以将第一个和第二个问题合并为时机问题，再将后面几个问题合并为其他问题。

时机问题

一般而言，在以下时机向免费玩家推荐首次充值是合适的，分别是遇到卡点、追求多样性。

遇到卡点是指免费玩家遇到了困难，感觉需要再努力一下才能解决。在数值型游戏中，一般会特意为免费玩家布置对应的“卡点”，同时提供合适的付费解决方案，进而推动免费玩家进行首次充值。当免费玩家遇到卡点时，为了追求体验的流畅性，很可能直接选择付费提升能力，进而解决问题。

追求多样性是指免费玩家想用不同的方法来体验同一款游戏。在单局玩法的游戏中，一般选择在免费玩家熟悉游戏进而追求多样性时推荐首次充值。原因特别简单，因为只有免费玩家接受了游戏玩法并感兴趣之后才能接受游戏资源的价值。初始时，为了让免费玩家可以更好地找到适合自己的玩法并留下来，游戏必然会开放部分英雄给免费玩家，而免费玩家在找到适合自己的玩法后才愿意尝试更多品类的类似英雄。相比数值型游戏的卡点，这个时间点相对难找且不同免费玩家的时间点可能不一致，但英雄种类可以根据免费玩家之前的习惯进行选择和推送。

对于其他只适合做炫耀和审美付费的游戏来讲，会更麻烦一些，只能在免费玩家具备冲动需求后才适合推荐。总之，不管如何，核心原则是当免费玩家有对应需求时才能推荐对应的首次充值。

其他问题

为了吸引免费玩家，首次充值一般都会打折，也就是让免费玩家觉得性价比很高。关于打折问题，每款游戏都有自己的考量，大部分游戏的首次充值数额会控制在个位数，一般为 6 元左右。至于为什么是 6 元，我认为 6 元既可以避免 10 元给免费玩家带来的价格冲击，又可以因为超过 5 元而提升免费玩家付费行为的初始锚点。

另外，设定首次充值即可获取奖励，可以进一步削弱免费玩家的反抗心理。对于免费玩家而言，毕竟这不算花钱购买奖励，而是充值得到的额外奖励，这也是现实中常用的套路。

确保首次充值不影响整个价值体系则比较简单，将首次充值的奖励做成游戏中的唯一一次即可。为了提高收入，也可以做成每月首次充值。

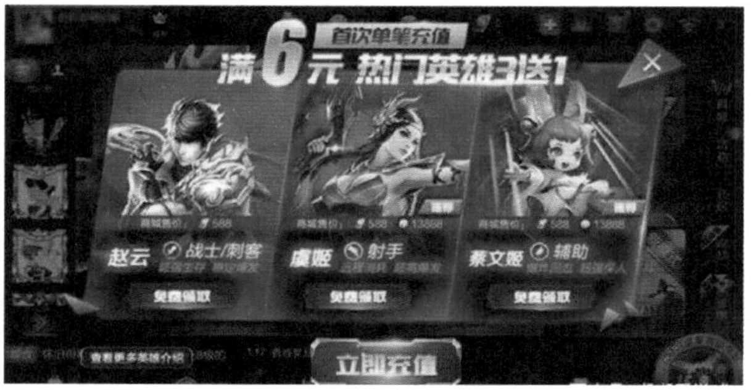

展示维度的内容也较为简单。随着免费玩家对游戏了解的加深，自然会明白一些售卖品的价值。但是，为了方便免费玩家对价值有更深入的了解，还需要在界面上说明奖励的用途。比如，在数值型游戏中，因为难以直接说明售卖品的价值，所以更喜欢说打了多少折；而体验型游戏则更喜欢直接说明每个英雄的应用场景。

10.2.3 月卡系统

对于中轻度付费玩家而言，常见的商业化系统有月卡系统和赛季系统。月卡系统就是玩家每月进行一笔小额的付费，当时就可以获取一定的资源且在未来一段时间内每天都可以获取额外的资源。如果玩家能保证长期登录，那么获取的总资源一定比直接在商城里用同样的钱获取的资源多。

月卡系统是一种很高明的设计，主要目的是促进玩家付费，同时通过每日领取的行为刺激玩家登录游戏，以增加留存时间。月卡系统的形式多种多样，既可以做成月卡又可以做成周卡。无论形式如何，我们都需要重点关注设计层面的问题，主要包括三个：价格定多少；付费后立即给予多少奖励；付费后每日给予多少奖励。

第一，价格定多少。按市场行情，如果是小额付费玩家则一般定价为 20 ~ 40 元，大多为 30 元，这是因为每天 1 元的成本相对好算，同时总额也与首次充值拉开差距。如果是中额付费玩家则一般定价为 90 多元，这是因为中额付费玩家的付费金额一般会达到百元级别，单项的付费金额则一般会压在百元以下，进而降低玩家对价格的感受。

第二，付费后立即给予多少奖励。大部分人并不会一下子看到整体的价值，而且就算看到了也可能只会以当天可获取的价值来衡量，这就是典型的陷入了稀缺的心态。那么，我们只需要使付费后立即给予的价值等同于其在商城直接购买获取的价值，进而让玩家感觉到后续的奖励是占了便宜，就能促进玩家付费。

第三，付费后每日给予多少奖励。玩家付费后首日获取的金额叫作首日金额，首日之后每日获取的金额叫作每日金额。一般而言，时间越长则首日金额与每日金额的比率就越大。假设首日金额都是 1000，那么周卡的每日金额就是 500 ~ 1000，而月卡的每日金额则是 300 左右。这是因为时间越长积累的总额就会越多，因此不能给予玩家太多金额，还因为前期登录的价值要比后期登录的价值更高。至于月卡的每日金额，一般不会低于首日金额的 1/5，尤其是避免降低太多，否则会让玩家感觉有落差。

总之，月卡系统是通过打折的方式吸引玩家进行付费的，但实际上玩家需要通过不停登录的方式来获取对应的额外价值。

10.2.4 赛季系统

Battle Pass 是近期出现的较为成功的系统之一，业内认为将其变为较为通用的系统并使其发展壮大的是《堡垒之夜》。完整的赛季是以 Battle Pass 为主的一整套设计，包含对应主题包装、资源包装、玩法整合等内容。为了方便描述，我们将 Battle Pass 系统称为赛季系统，但一定要明白赛季系统和赛季是两个不同的概念。下面先简单介绍一下赛季系统。

一般而言，游戏会将一个周期设定为一个赛季，过了这个赛季就会推出下一个赛季。在每个赛季中，玩家可以完成各种行为来获取对应的赛季经验，增加赛季经验就可以提升赛季等级，玩家达到对应的赛季等级后就可以获取相应的奖励。奖励类型有两种：一种是免费奖励，即所有人达到对应等级后就一定会获取的奖励；另一种是付费奖励，即需要购买赛季通行证后才能获取的奖励。这一系列体系构成了赛季系统。

赛季系统一出现就得到了业内的广泛认可，现在几乎所有的网络游戏都拥有自己的赛季系统，这是因为赛季系统既满足了设计需求，又满足了用户需求。

用户角度

在游戏中，付费和活跃是相辅相成的关系。一旦玩家长期玩游戏，那么他必定有更高的概率会出现付费行为；如果玩家在游戏里出现了付费行为，那么他大概率会持续玩这款游戏。赛季系统最强的一点在于将两者有机地结合了起来。

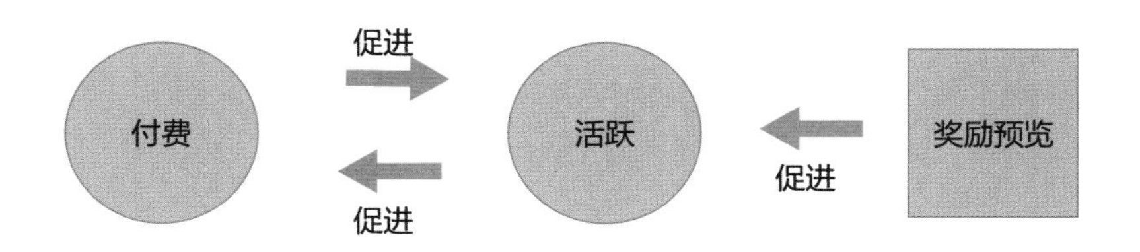

赛季通行证是一种定值的付费，因此在赛季开始时其性价比不是特别高，玩家在开始时未必有付费的动力。因为有免费奖励，所以玩家升级的动力并未受到严重的削弱。随着玩家不断深入玩游戏，其赛季等级得到了提升，并且在这个过程中不断获取免费奖励，同时积压了大量的付费奖励。对于玩家而言，付费带来的价值会不断提升，因此其付费的动力就会越来越强。我们以《堡垒之夜》的 Battle Pass 为例，如果玩家达到 90 级，则奖励中仅 V 币的奖励就比购买赛季通行证所需的 V 币要多，因此玩家就会越发倾向于付费。

如果玩家提早付费则可以更早地获取对应的奖励，同时因为沉没成本效应及后续等级奖励变得越来越丰厚，会使玩家为了获取后面的奖励而继续玩下去，这又促进了付费玩家的留存。

因此，我们才说 Battle Pass 是一种可以让付费和活跃互相促进的系统。同时，赛季系统还会提前把奖励展示给玩家，这样自然会为玩家树立更高的目标，也会促使玩家更活跃。

设计角度

从设计角度而言，除了促进玩家付费和活跃，赛季系统还有其他的好处。

第一个好处是容易形成套路，指明游戏整体的开发方向。就像“天鹅、虾和鱼一起拉车”的故事，如果目标不清晰，就会出现方向不一致的情况，甚至会出现互相矛盾的情况。而以赛季为中心去开发则更容易规划整体的方向，相当于画好了边界线，游戏策划只能在对应的范围内进行发挥，在提升设计效率的同时，让游戏的整体感受更加一致。这也是在开发过程中我们期望看到的。

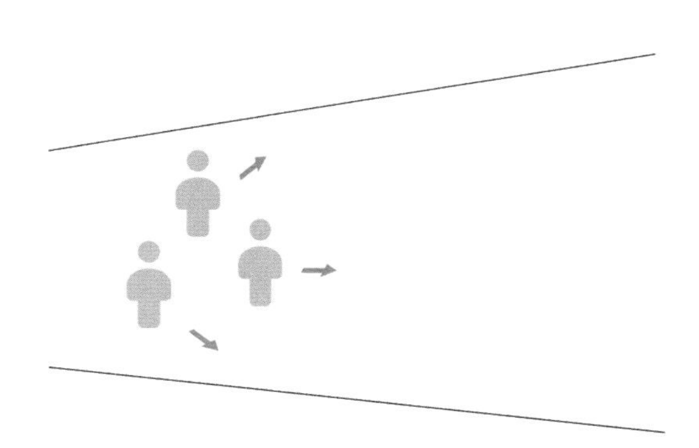

第二个好处是游戏策划可以以赛季为中心，通过设计赛季经验的获取途径来引导玩家开展自己所期望的行为。首先，赛季周期一般为 1 ~ 3 个月，这提供了更多种类的时间限定。游戏策划不必拘泥于日常任务、每周任务及限定任务，还可以设计一些以月为单位的任务。其次，游戏行为的设定更加多样。之前都是以日或周为单位设计任务，不方便设计一些有趣但门槛较高或完成概率较小的任务。但是，在周期变为赛季之后，因为赛季有获取经验的相对上限（一般满级为 100 级），游戏策划就可以安排更多种类的有趣的赛季任务了，这直接提升了游戏的整体体验。因此，很多游戏直接将赛季系统作为所有玩家行为的核心设定，以此为轴构建类似游乐园的体验。

10.2.5 抽奖系统

抽奖系统是经典的付费系统，使无数玩家念念不忘。下面就讲一下抽奖系统是如何设计的，又是如何满足玩家的预期目标的，以及其背后的一些小设定。

为何都爱用抽奖系统

我们先要弄明白一个重要的问题：为什么各大游戏厂商都喜欢将抽奖作为高级物品的产出手段？这是因为抽奖不仅可以提高玩家的付费率，还可以增加玩家的付费金额。

抽奖可以提高玩家的付费率，只要将初始门槛降低就可以让更多的玩家有能力接触对应的高级奖励，进而增加参与的人数，这是最基础的原理。另外，运用前文讲过的决策四重奏原则（当收益很多但概率很小时，人们会忽略概率小这一事实），这会进一步让玩家认为，自己实际投入的成本与可获取的收益比起来低很多，进而使其付费欲望更强、参与率更高。

抽奖可以增加玩家的付费金额，首先付费率的提高和付费次数的增加一定会增加整体的付费金额，其次以抽奖的方式进行产出，可以以高级奖励为奖励吸引玩家顺带买下其他不太畅销的物品。

如果将对应的高级奖励直接卖出，则收益是有限的，如一个高级英雄直接售卖最多也就几百元，但如果将其放入抽奖系统，则玩家可能需要花几千元才能抽到。玩家在使用该英雄与其他玩家进行互动时，会说自己花了几千元才得到该英雄，进而获取对应的成就感和炫耀感。在抽奖的过程中，玩家得到了很多其他的道具，总额算起来甚至比自己直接购买还要便宜，因此玩家并不会真的觉得自己花几千元才得到对应的英雄。也就是说，玩家在计算成本时不会按消费额去衡量，但在炫耀时则会按消费额去衡量，这是一种非常有趣的心理现象，也是抽奖有效的基础。

抽奖实际上是让玩家在获取高级奖励时，被迫打包购买很多开始时不需要的次级奖励，相当于帮助游戏厂商将积压货物售出，这自然增加了重度付费玩家整体的付费金额。同时，因为给出的奖励价值高于玩家的付费金额，所以玩家不会感觉自己被“坑”了，这是一种一举两得的设定。

我们知道了游戏厂商为何喜欢使用抽奖来产出高级物品，哪怕将抽奖概率公开影响也不大，同时清楚了设计卡牌抽奖时需要遵守的一些基础规则。首先，对于不同的高级奖励，我们可以将其分到不同的奖池中，但在抽奖前一定要把最好的奖励展示给玩家，因为这是玩家抽奖的根源。其次，我们要努力确保每次抽奖的产出价值不低于玩家的付费金额，因为这是保证中轻度付费玩家感受的基本设定。

其他小设定

介绍了抽奖系统的主要原理之后，再简单介绍一下抽奖系统中常见的一些小设定及背后的原理。第一个常见的设定是保底设定和上限设定。因为中奖概率是以正态分布的形式出现的，所以整体而言玩家获取奖励的周期和成本会在一定的范围内。但是，玩家的数量一般比较多，总会有极端的情况出现。极端情况一，少量玩家可能是所谓的“欧皇”（手气极好的人），一次就抽到了高级奖励；极端情况二，少量玩家可能是所谓的“非酋”（手气极差的人），很多次也抽不到高级奖励。为了避免极端情况的出现，很多抽奖系统都会设定保底和上限。所谓保底，是指玩家在抽取多少次之后一定会抽到高级奖励；所谓上限，是指通过程序设定，玩家在抽取多少次之前是不可能抽到高级奖励的。两者相当于给概率加上了闸门，变为下图中的红、黄双线，将概率“锁死”，进而保证玩家的体验。还有一种保护方式是玩家每次抽奖都可以获取一定的保底金币，在保底金币积累到一定数量后可以直接兑换高级奖励。

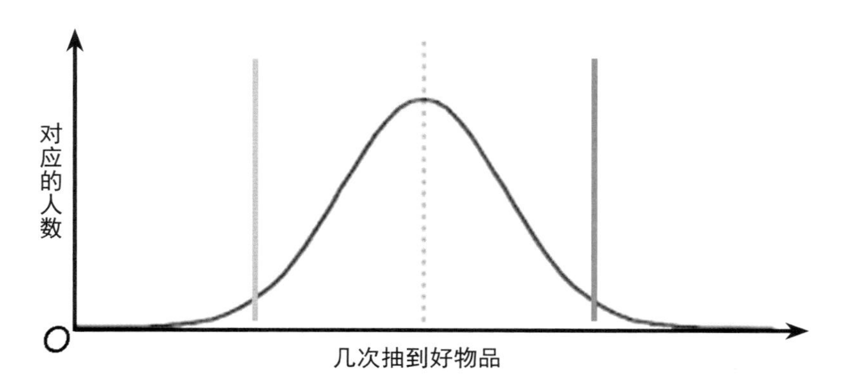

第二个常见的设定是将抽奖奖励逐步展示，如果有高级奖励则会重点展示出来。通过这种节奏变化让玩家感觉更加刺激、奖励更加可贵。展示完奖励后会立刻回到抽奖界面，有些游戏甚至在展示完奖励后直接添加一个再次抽奖的按钮。这是利用了玩家的冲动心理，让整个抽奖过程可以快速继续下去。

10.3

总结

在本章我们对商业化进行了讲解，着重介绍了一些商业化独有的设定和系统。

商业化就是付费购买商品，因此售卖品和售卖模式是我们需要着重了解的内容。我们首先介绍了常见的售卖品种类，主要包含体验、数值、炫耀和审美。我们又根据游戏行业的发展了解了售卖模式的变化，知道了什么类型的游戏更适合什么样的售卖模式。有些游戏以玩家竞争为核心且重视积累，一般以卖数值为主；有些游戏虽然也以玩家竞争为核心，但偏向注重技巧的单局体验，一般以卖体验为主；出现频率高的物品更适合卖炫耀和审美，展示该物品的社交场合越多，看到该物品的人越多，则售卖效果越好。我们还介绍了随着时代的发展，售卖情感依托的游戏也在不断增多。

接下来我们讲述了游戏中不同类型玩家的商业化系统，并进一步讲解了对应系统的样式和设计思想。其中，首次充值系统关注时机，分别是遇到卡点、追求多样性；月卡系统则关注售卖价格、首日金额和付费后的每日金额；赛季系统相对复杂，但目前已经形成了相对固定的套路；抽奖系统则更关注高级奖励是什么及怎样展示，同时要让玩家感觉到保值。

实际上，商业化的核心还是要看售卖品是否有效，而手段只是对商业化的效果进行了加成。很多时候，商业化不行的问题不在于手段或数量不够，而在于给出的售卖品不符合玩家的需求。

第 11 章

系统的系统化设计方法

如何设计游戏系统是一个大课题，可以将系统理解为游戏内各个功能的集合，而功能本身又多种多样，因此从微观层面来讲难以总结出共性的要素。虽然难以总结出共性的要素，但其设计思路有相对成熟的套路。本章我将依据自己的经验和对典型网络游戏的观察来讲述一些共性的设计思路。

本章首先从宏观角度讲述设计系统的思路，然后以社交模块和经济体系模块两个常见的系统模块为例，讲述它们从宏观到微观是如何落地的，最后从如何提升英雄情感价值的角度来讲述如何做一些综合性系统工作。期望本章的内容能为学习设计系统的人带来一些启发。

11.1

整体思路

11.1.1 系统模块

游戏系统可以拆分为一些独立性相对较强的系统模块。在介绍系统模块之前，我们可以先从“为何系统策划的工作难做”这个话题入手，来了解其核心困扰，并介绍主流系统模块有哪些及它们之间的关系如何，之后再讲一下系统模块与具体系统之间的关系，最后介绍一个系统的构建方法和需要注意的地方。

为何系统策划的工作难做

对于大部分系统策划来说，系统设计工作非常难做，这体现在精通难和发展难两个维度上。它们之间也有关联，因为精通难所以发展难，因此讲清楚为何精通难即可。

之所以说精通难，主要是因为系统设计工作涉及的领域太多，而且很多领域之间基本没有共通性，如右图所示。因为没有共通性，所以一项工作的经验对另一项工作基本没用，只有少数人能做到同时精通多个领域并将它们有机地结合起来。很多老板都认为系统设计是一项统一性的工作，于是系统策划的工作经常会随着工作需求的变动而变动，这直接导致系统策划难以在某个领域进行磨炼和积累。老板会期望一个人在某个方面做得好且在其他方面也做得好，但实际上系统设计工作跨界较难，所以系统策划的表现经常低于老板的预期，这也是系统策划发展难的原因之一。

随着游戏行业的发展，系统设计领域会越来越脱离粗放式的工作方式，需要系统策划更加专业。了解了精通难、发展难的原因之后，我们就可以对症下药，寻找解决问题的方法。

我认为解决该问题的方法其实很简单，就是先将大的系统模块分解为相对独立的小系统模块，一个一个地攻下，再将其整合成整体。因此，第一步是对系统模块进行划分，弄明白系统模块的分类和架构，以及它们之间的关系。

系统模块的分类

我一直在思考一些问题：系统是干什么的？系统策划又是干什么的？只有弄清楚后才能更好地讲述如何设计。先看看系统的定义：系统是由一系列有关联的个体组成，根据某种规则运作，能完成个别元件不能单独完成的工作的群体。

结合现实世界对系统的定义，我对游戏中的系统也进行了定义：游戏中的系统是将众多元素搭建起来，建立的一套能实现指定功能的体系。比如，能让玩家进行沟通的好友系统和能提示重要信息的红点系统等。

系统本身是设计的结果，而非设计的源头。我们从系统这个结果往前推，看看系统到底是如何产生的。系统是由系统策划设计出来的，所以系统的前身是系统策划的想法，系统策划为什么要进行对应的设计呢？一定是因为他接收到了对应的需求。因此，我认为从需求的角度对系统模块进行划分会更好一些。

需求本身多种多样，也需要进行划分，我认为从需求的原始发起方角度进行划分，会更好归纳。所谓原始发起方，就是谁直接对系统有诉求，谁能直接驱动系统策划设计对应的系统。原始发起方可以分为以下几种：首先是内部驱动，也就是系统策划自己想做一些东西，至于为什么想做，有可能是根据玩家反馈，也有可能是为了自我实现；其次是外部驱动，也就是除系统策划外的其他人的驱动，抛开老板的驱动不谈，其他重要的外部驱动有运营需求、公司需求和国家需求；最后是流程驱动，内部驱动和外部驱动都是人推动的需求，流程驱动则是事推动的需求，也就是为了让设计过程运转得更顺畅而触发的需求。

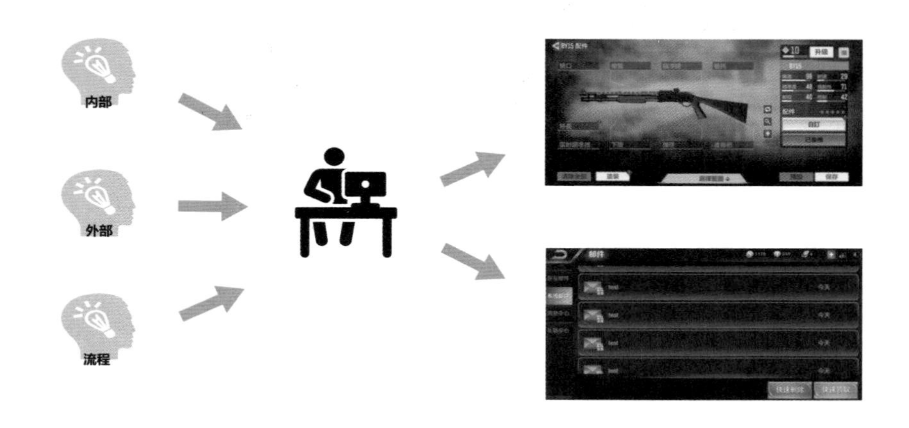

下面逐一讲述不同原始发起方的典型需求。因为流程驱动和外部驱动相对简单，所以先对它们进行讲解，方便大家理解，然后讲复杂的内部驱动。

流程驱动

流程驱动是为了让整个设计过程更有效率，主要包含两大子模块。第一个子模块是为了弄清玩家的意愿或验证开发的结果，简称需求助手。这个子模块主要包括打点系统（玩家开展对应的行为后系统会留下记录，负责运营和策划的同事就可以根据记录进行对应的行为分析，如 MOBA 类游戏可以根据死亡地点打点来调整地图）和问卷系统等系统模块。第二个子模块是为了帮助团队提升开发效率，简称研发助手。这个子模块中包含多种多样的工具，有类似为了方便陪标或构建游戏体系版本的开发类工具，有方便流程管理的工具，还有 GM 指令之类的方便验证的工具等。

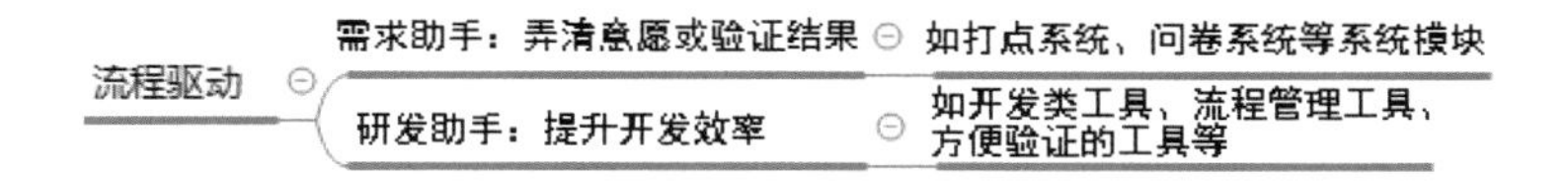

外部驱动

外部驱动包含配合运营、配合公司和配合国家三大子模块。

先说配合公司和配合国家两大子模块。配合公司模块主要是配合公司达成对应的目的，如对应平台特权及公司Logo展示。配合国家模块主要是配合国家达成对应的目的，如屏蔽字、防沉迷、实名验证、授权、举报等。

配合运营模块相对复杂一些，主要是配合运营或市场人员达成对应的目的，可以分为游戏内和游戏外。游戏外的工作是帮助运营或市场人员准备一些宣传图或奖励之类的事情，偶尔也需要帮忙制作一些针对外部接口的链接，更多、更紧密的工作则是游戏内的工作。游戏内的工作种类非常多，包含拉新、回流、充值、登录、留存和消费等。但是，从系统策划的角度可以将其抽象为消息发放模块和行为引导模块。消息发放模块更关注将运营人员需要的信息发放出去，如跑马灯系统、公告系统；行为引导模块则更关注用实际的内容引导玩家开展对应的行为，如举行各种活动。

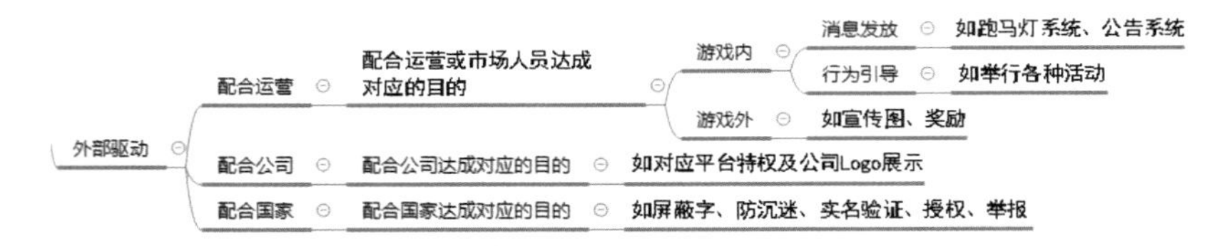

内部驱动

在系统策划的工作中，内部驱动的系统模块占比最大，一般而言也被认为是最重要的。内部驱动的系统模块主要包括以下五个：玩法相关、玩法引导、玩法保姆、基础支撑、其他。下面简单介绍一下前四个。下面简单介绍一下前四个。

第一个是玩法相关模块，这个模块的主要目的是辅助玩法形成一个整体体验或优化游戏过程中玩家的感受。比如，跳伞系统和空投系统等就属于构建吃鸡玩法的重要机制，而勋章提示和队友标识等则是为了优化玩家玩游戏时的感受。这些需求既可能是由玩法策划发起的，又可能是由系统策划提出的。但无论如何，它们都是与玩法关联度极强的存在，游戏不同，玩法会有不同的系统需求，因此这个模块的差异性是最强的。

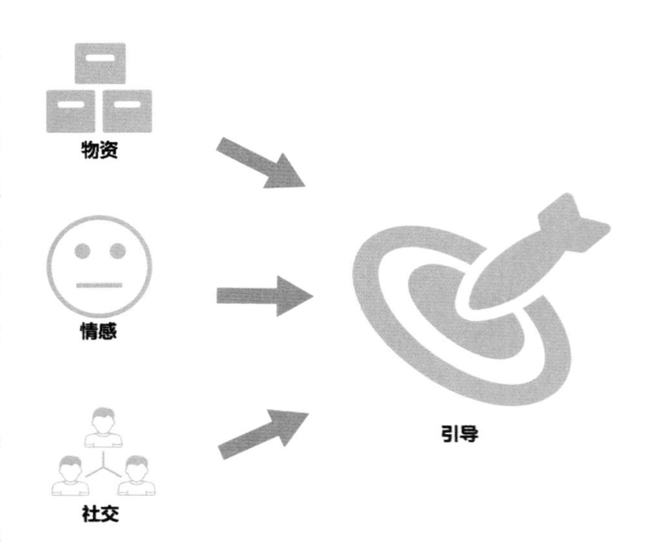

第二个是玩法引导模块，主要是吸引玩家玩对应的游戏内容（如通过任务系统吸引玩家打一局《王者荣耀》的排位赛），或者通过游戏内容吸引玩家开展一些游戏策划期望的行为（如通过让玩家打不过对应关卡而提升自己英雄的等级）。引导的手段主要有物资引导、情感引导、社交引导。

先说物资引导。物资引导是指用奖励（也就是游戏中的各种实际物资，如金币、玩家等级、时装）引导玩家按照一定方式去玩游戏或开展对应的行为。里面主要涉及与经济相关的系统，如物品系统（物品本身）、仓库系统（物品展示、存储和使用）、任务系统（获取途径），还会涉及商业化系统（在商业化章节中有所介绍）。

再说情感引导。情感引导是指帮助玩家与游戏之间形成联系并有所行动。里面主要涉及自身价值、世界联系、世界塑造等体系相关的系统。自身价值体系主要通过对玩家的认证进而让玩家拥有对应的成就感，如成就系统、历程系统；世界联系体系则主要让玩家与游戏世界相关联，如英雄好感度系统、世界探索度系统；世界塑造体系则更多地是努力让世界变得更加真实，进而加深玩家的沉浸感，进而影响其对世界的感情，如 NPC 闲聊系统、NPC 动作系统、NPC 阵营系统、季节系统。

值得一提的是，在国内比较容易看到自身价值体系的系统，世界联系体系和世界塑造体系的系统则相对没那么常见。但随着《原神》等游戏的发展，未来世界联系体系的系统可能会逐渐多起来。

最后说社交引导。社交引导是指帮助玩家之间形成社交关系并有所行动。社交体系相对复杂，但整体而言还是有规律可循的。因为业内习惯称之为社交模块，为了方便理解，所以本书后续都简称为社交模块。具体在后续的社交模块中有详细说明，此处不再描述。

第三个是玩法保姆模块，主要是为了让玩家更好地玩游戏。玩法保姆模块主要由两大子模块构成：一是教学模块，更多地是为了帮助玩家更好地学习和了解玩法 / 英雄，如新手引导、系统引导等都属于这个子模块；二是优化模块，更多地是为了帮助玩家获取更好的玩法体验，包括智能匹配、组队、AI 温暖局等系统。

第四个是基础支撑模块，主要是为了让游戏可以更好地运转起来，分为基础流程、支撑系统、底层功能、自定义四个子模块。基础流程模块主要是为了确保玩家可以正常开启游戏和玩法，不仅包含登录、账号、创建角色、主界面等系统，还包含游戏相关的选模式、匹配、等待区、加载、结算等系统；支撑系统模块是指在游戏中有专属界面等表现的支撑系统，如仓库、物品、邮件等系统；底层功能模块是指没有专属支撑的系统，包含版本（如分开下载、热门更新等系统）和游戏内（如技能、Buff、红点、跳转、断线重连等系统）；自定义模块主要是在设置界面中的各种自定义操作，如设置。

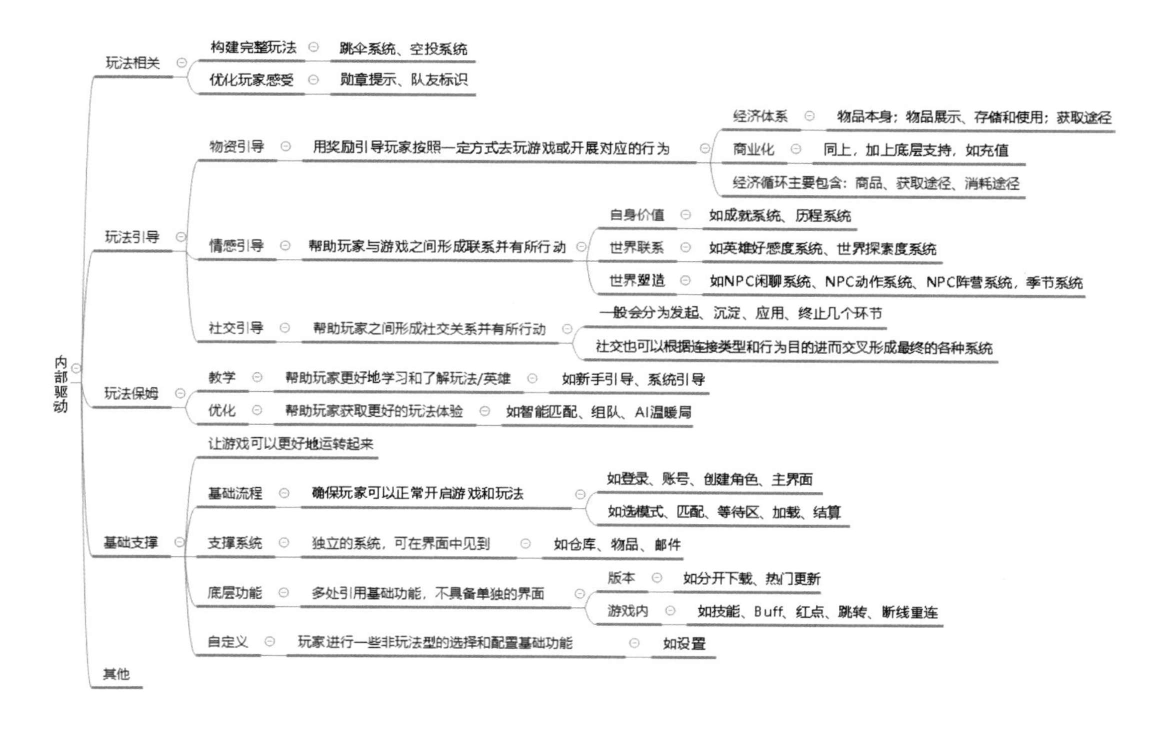

以上衡量未必能包含所有系统，但包含大部分的系统功能，可以帮助系统策划更清晰地为系统划分界限，进而达到查漏补缺及帮助思考的作用。

11.1.2 系统模块与具体系统

通过前文的介绍，我们了解了不同的系统模块有不同的目的。简单的目的可能只靠一个功能或系统就可以完成，但通常我们要解决的问题都非常复杂，需要很多系统互相连接才能解决。

层级

大的系统模块（模块）一般是由很多小的系统模块（子模块）构成的，小的系统模块还可以继续拆分直到变为具体系统。简单的系统模块只包含一个系统，复杂的系统模块可能包含多层小的系统模块，每个小的系统模块又可能包含多个系统。大的系统模块与小的系统模块之间的关系，以及小的系统模块与众多系统之间的关系都是整体与部分的关系，我们需要关注它们之间的层级、结构及如何关联。系统模块之所以发挥作用是一系列系统共同作用的结果。

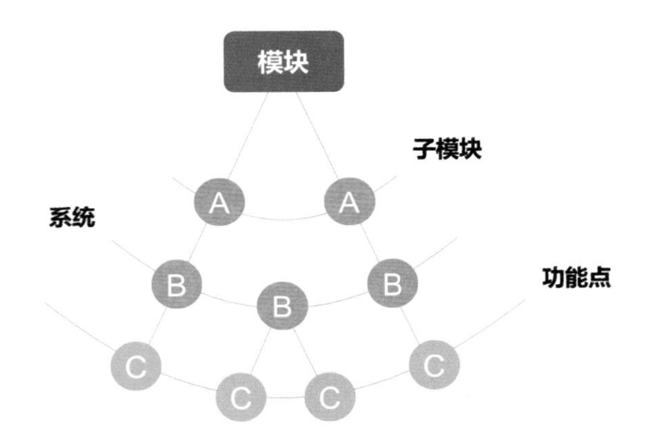

为了方便理解系统模块与具体系统之间的关系，我们以一个简化的社交体系为例，假设里面只包含附近的人、好友、个人主页这三个系统。如果我们只有类似附近的人的系统，那么我们只能找到或添加好友；如果我们只有类似好友的系统，那么我们只能存储好友并在这个界面进行交流；如果我们只有类似个人主页的系统，那么我们只能看到他人的爱好、战绩等信息，但不能开展其他行为。但是，如果我们同时拥有了附近的人、好友、个人主页这三个系统，那么我们完全可以在附近的人里看其他玩家的信息，如果感觉不错就选择添加好友，形成好友关系后就可以在好友系统中管理好友，并且一起开展社交行为。这就形成了一个社交循环，构成了一个整体。

由这个例子我们可以明显地看到，每个系统都有自己的作用，但是如果只有一个系统则很难直接产生效果。只有同时构建多个系统并让它们之间形成我们期待的关联，才能发挥“1+1 > 2”的价值。这就像人有大脑、身体和手脚，只有单独一个根本无法生存，缺少部分器官后能做的事也会大大减少，只有拥有全部器官且配合得好才能做好很多事。系统模块也是一样的，有些游戏的部分效果表现不佳，可能不是对应的一个系统出了问题，而是对应的系统模块缺少一些系统或相应的关联。

关联

除需要拥有对应的系统外，我们还需要关注系统之间是如何关联的。从上面的例子中我们了解了多个系统是如何配合形成系统模块并表现出非凡价值的。下面我们来看一下如何调整系统之间的关联进而优化系统模块的价值。假设有一款游戏，拥有好友、个人主页、对战时好友邀请等功能，但是我们发现在游戏中好友组队作战的概率依旧无法提升。于是决定加强社交系统之间的关联，我们将好友系统的界面进行了改版。首先，可以在好友界面中直接看到少量标签，通过标签玩家可以快速想起这个好友与自己之前的经历，如看到“一起吃鸡”的标签就会想到这是最近一起玩《和平精英》的好友。其次，可以在每个好友条目的后面都增加一个组队战斗的按钮，点击后好友就会收到信息，并且一旦好友同意两人就直接开房间准备对战，再也不需要到组队界面里先翻出好友再邀请进行对战了。只做了这两点，我们就发现好友组队作战的概率有所提升。

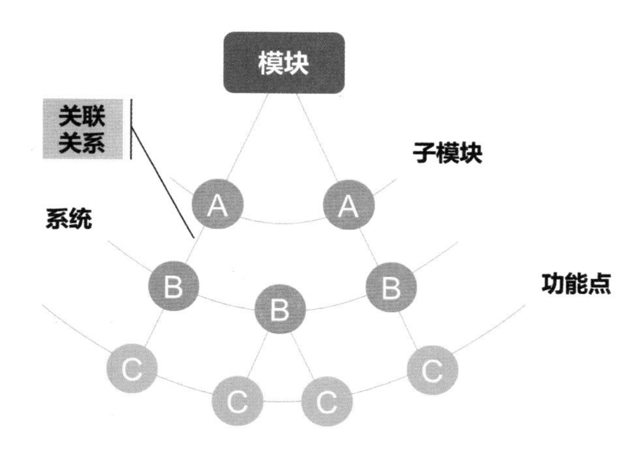

由上面的例子我们可以知道，合理安排系统之间的关联并进行布局可以优化系统模块的价值。这是因为很多时候对应的关联虽然存在，但由于玩家不熟悉或不了解对应的关联或步骤，或者对应的步骤比较烦琐，导致我们期望的行为出现的概率较低。因此，做好合理的穿插和系统之间的关联，往往会收获意想不到的效果。一般而言，系统关联的性价比要比单独制作新系统的性价比高很多。当然，做好系统关联工作对系统策划的要求更高，因为只有从更上层去看这些系统并了解设计目的，才能合理安排它们之间的关联。

意义

了解了层级和关联后，我们要尝试为游戏建立对应的架构图。在构建一个系统时，我们需要先关注宏观层面的事情，包括这个系统属于什么系统模块，它与该系统模块内其他系统之间的关系如何。有了这些，我们就基本明确了该系统的目标和定位，之后需要关注的就是如何构建这个系统。

11.1.3 一个系统的构建

一个系统主要由三个要素构成：功能、表现和资源。功能是指一个个具体的功能，如在好友系统中添加好友、删除好友、查看好友状态、跳转到个人中心等。

表现是指最终展现的形式。比如，同样是添加好友功能，一个做成按钮点击后告诉你添加成功，而另一个同样是这个按钮，点击后展示对方的头像并显示心形，同时告诉你添加成功，两者的功能相同但表现大不相同。

资源更多地体现在内部协作层面，想达到对应的效果需要其他同事帮忙准备资源，包括负责美术的同事准备的原画或交互按钮，负责音效的同事准备的点击响应音。

一般而言，我们在设计系统的时候只需要考虑功能和表现，最后统计资源。

功能点之间的关系

在开始设计时，我们一般会先列出期望实现的功能列表，然后考虑具体功能的需求，之后关注不同功能之间的关系，最后根据不同功能之间的关系来确定如何与表现之间进行协调。

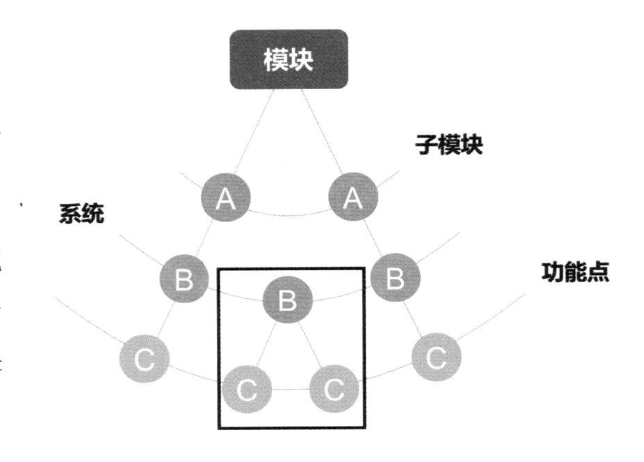

不同系统的功能列表是千差万别的，这里我们不进行详细说明。但整体原则都是基于玩家的视角去实现效果，进而拆分整个过程得出功能列表。得出功能列表之后，我们就需要关注每个功能点是怎样设计的。

在设计单个功能点的时候，我们很容易就能构建出基础逻辑和要求，但需要特别注意对应功能的边界条件，进而保证功能的完整性。这里既包含不同条件下如何处理更好，如一个简单的付费按钮，如果玩家的金额足够，点击后弹出的是购买的二次确定，如果玩家的金额不够，点击后弹出的是充值界面；又包含在特殊情景下需要如何处理，如时效性的任务，当点击提交任务时正好处于两天交界的时候怎么办，当充值扣除金额时正好掉线了怎么办。

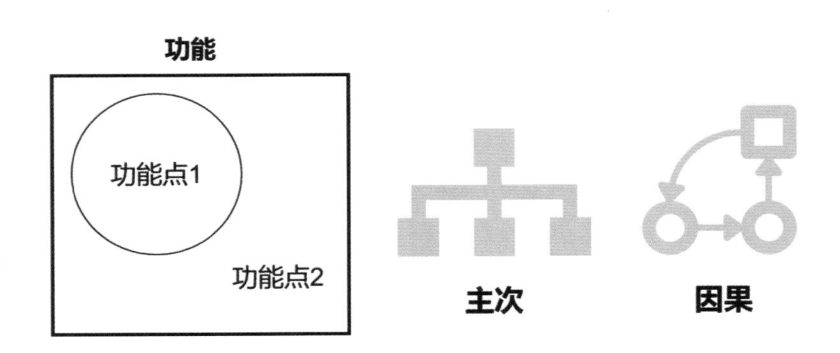

我们除了要关注功能点是如何设计的，还需要整理功能点之间的关系，其中的核心关系就是主次关系和因果关系。主次关系是指这个系统中哪些功能点要优先考虑，衡量的标准是设计目的和玩家感受。根据设计目的排序，就是以设计需求为中心考虑，如对于赛季系统而言，其核心目的是吸引玩家付费，因此展示奖励、让玩家可以快速购买赛季通行证等属于主要功能点，而显示赛季剩余时间、展示可获取赛季经验的任务等则属于次要功能点。根据玩家感受排序，就是以玩家需求为中心考虑，如在对战过程中，如果玩家对队友的表现很满意，期望尽快将其加为好友，那么在对战结算界面或看对战分数界面，在未成为好友的队友后面设置申请添加好友的按钮比设置给队友点赞的按钮更合适。

因果关系是指将功能点进行串联。因果关系又分为强因果关系和弱因果关系，两者之间没有明确的分割线，只能说强因果关系主要是逻辑的关联，而弱因果关系主要是情感的关联。我们以赛季系统为例，购买赛季通行证金额不够时弹出充值界面，这属于偏逻辑的强因果关系。只有购买了赛季通行证才会有购买等级的需求，这属于偏情感的强因果关系。而只有对赛季奖励感兴趣才会关注如何获取赛季经验并完成赛季任务，这属于偏情感的弱因果关系。而有强迫症或喜欢对应玩法的人，可能会因为习惯或爱好等去完成任务而非因为奖励。因果关系会影响主次关系，以上面的弱因果关系为例，奖励是因，行为是果，这就决定了展示奖励要比展示任务更重要。

明确功能点之间的关系不但对开发有利，还会对交互和展现产生巨大影响，因为这会直接影响交互层级和视觉布局。仍以前文的赛季系统为例，因为展示奖励、让玩家可以快速购买赛季通行证等属于主要功能点，而显示赛季剩余时间、展示可获取赛季经验的任务等则属于次要功能点，所以在主界面中大部分是展示奖励，而最显眼的交互按钮则是购买赛季通行证，至于显示赛季剩余时间等则被挤到了右上角。

我们再看因果关系的影响。因为只有购买了赛季通行证才会有购买等级的需求，所以在《使命召唤》的赛季系统中，只有玩家购买了赛季通行证，对应的按钮才会变为“购买等级”。因为只有对赛季奖励感兴趣才会关注如何获取赛季经验并完成赛季任务，所以在《和平精英》的赛季系统中，默认打开的是奖励界面，而挑战界面则需要玩家手动切换。

关于包装和交互

前文更多地是从功能维度去构建一个系统，但在实际的游戏中，功能如何表现决定了玩家对系统的感受。我们可以将功能理解为一个人的身材、长相，而表现则为化妆和着装等。

表现包含界面和特效等多个层面，为了方便理解我们暂且只看界面。功能和界面既能互相成就又能互相破坏。好的界面设计会让整个功能表现得更加高端且实用，反之会破坏功能的表现。

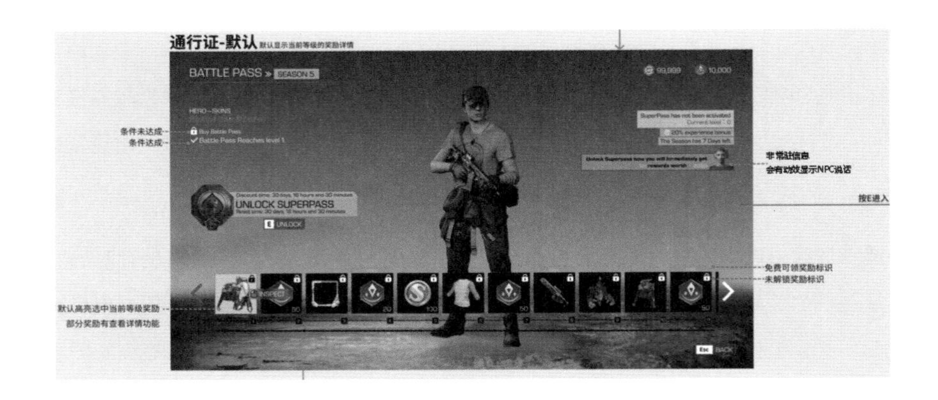

界面设计一般可以细分为交互设计、视觉设计和最终效果三部分，其中交互设计和视觉设计属于设计工作，而最终效果则是将设计变为现实。交互设计关注的是各个功能点在界面中的表现逻辑（如先后顺序、大小和位置等）。很多时候系统策划也会提供初版的交互设计图，在没有交互岗位的公司，一般由系统策划负责交互设计。交互设计更关注玩家的行为习惯和系统策划目标的实现。

视觉设计是将交互变得更加丰满、好看，一般由负责美术的同事进行对应的设计。视觉设计关注的是界面的表现，如是否有美感和代入感等，上图就是为交互设计进行的视觉设计。优秀的视觉设计并不只是按照交互稿的样式进行平面美化的，还会加入很多动态元素和场景元素。比如，在《金铲铲之战》和《哈利波特》手游版的主界面中就有对应的设计，可以让玩家感觉在游戏世界中进行穿梭，这会极大地增强玩家的代入感。

这里只是对交互进行了简单的介绍，让大家对交互有一个初步的了解。如果你对交互部分有兴趣，可以看一下我的好朋友写的一本书——《交互思维：详解交互设计师技能树》，里面对交互有更详尽且成体系的介绍。

11.1.4 小结

至此，构建一个系统的大致方法就介绍完了。整体而言，先明白要做的系统到底属于哪个系统模块，然后搞清楚对应系统模块的意义和制作方向，以及要做的系统在该系统模块中的定位。如果不能定义系统的意义，就询问更高阶的人让其明确目的，如询问主策划。在这个过程中，建议制作者多思考并尽量给出自己的建议，这是提升设计能力的重要方式。

明确系统的定位之后，要将系统细化并落地。这时，需要将系统拆分为一个个具体的功能点并弄明白功能点之间的关系。之后想清楚每个功能点的细节，尤其需要弄清楚各个边界条件。在整个系统层面根据功能点之间的关系设计对应的交互，然后和对应的同事一起将视觉设计做得更好。至此，一个完整的系统就构建完毕了。

11.2

社交模块

并不是所有系统模块都是由系统策划设计的，如物资引导模块及其中的商业化模块可能是由负责数值的同事或负责运营的同事设计的。一般情况下，社交模块是由系统策划设计的。

11.2.1 整理社交关系

和其他系统化分析的方法一样，我们先来研究构成社交的元素和它们之间的关系。社交体系太复杂，切入点不同，划分的结果也不同，以下是对社交的拆分。

社交关系和社交行为

我们可以将社交分为社交关系和社交行为两大模块。社交关系是指社交中不同的角色及对应的行为规则；社交行为是指基于社交关系进行的一些事情。比如，加好友属于社交关系，而好友之间赠送金币属于社交行为。社交关系和社交行为之间是相辅相成的，社交行为多种多样，在不同游戏中差别巨大，此处不做讨论，我们只讲述社交关系。

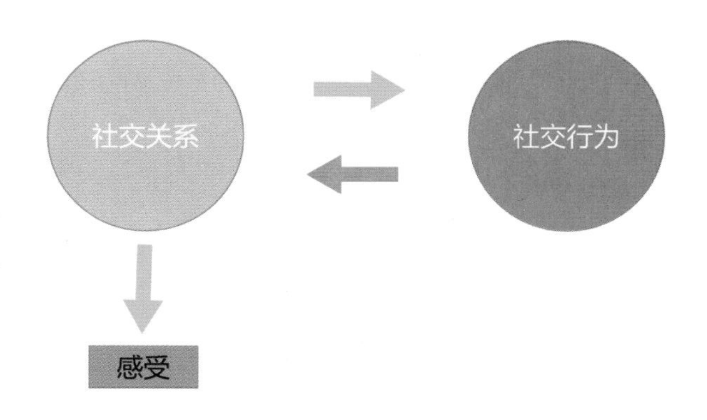

社交关系是靠一系列社交行为形成和沉淀出来的人与人之间的关系，如通过一起经历各种事情形成了好友关系。而人与人之间形成社交关系也是为了开展一些行为或获取对应的感受。比如，你和好友形成好友关系可能是为了享受有人关心的感觉，你加入棋牌社可能是为了后续能更方便地下棋。

人与人之间可以同时存在多种社交关系，如你和一个人既可以是师生关系，又可以是朋友关系，甚至可以与他同时是某个棋牌社的会员，并且你们还是老乡。

社交关系分类

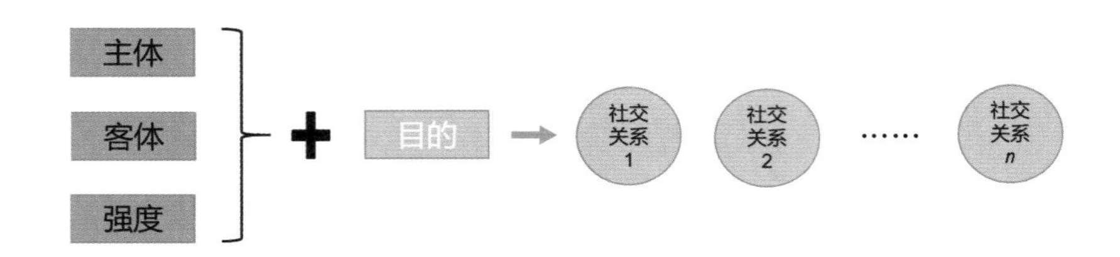

社交关系的种类繁多，因此在设计社交模块时最根本的是要明白设计哪些社交关系。要知道这些社交关系的抓点，抓点就是社交行为。比如，“开黑”这种社交行为，需要好友这种社交关系。明确社交关系后又可以反向拓展一些社交行为。比如，有了好友这种社交关系之后，就可以拓展出送金币这种社交行为。

因为社交关系多种多样，所以我们需要对社交关系进行分类。因为社交行为是社交关系的抓手，所以我们可以先对社交行为进行划分。划分依据主要有强度、类型，其中强度决定了要怎么干或干到怎么样，类型决定了要干什么。

社交行为的强度主要体现在时间要求、频率要求和人员要求等维度。时间要求主要指是必须面对面交流的同步交互还是留言即可的异步交互，频率要求主要指是需要频繁互动还是需要一年一次，人员要求主要指需要的人数等。社交行为的类型则因为游戏不同而不同，如是聊天还是看攻略，是自己参与对战还是看“大佬”对战。通过社交行为的组合我们就能反推出各种可能的社交关系。

实际上，在设计社交模块时，因为维度太多会影响效率，所以建议先从主体、客体、强度（主要是时间要求）的角度拆分，如拆分为一对多的异步交互和多对多的异步交互。拆分之后对一些重要的行为赋予目的，就可以列出游戏可能需要的大部分社交关系类型了。比如，一对多的异步交互的重战斗的关系，对应的是 KOL 主播体系；而多对多的异步信息沟通的关系，对应的是玩家论坛。将这些社交关系类型汇总后进行拓展，可以帮助我们快速弄清楚到底需要什么样的社交模块。

社交关系细化

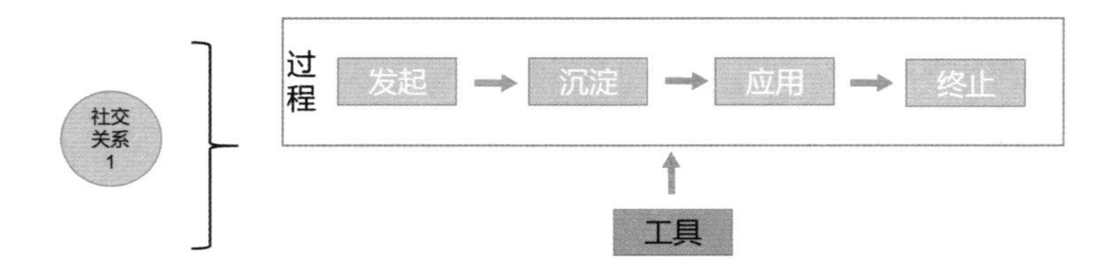

在明确了社交关系后，我们还可以对每种社交关系进行进一步细化。从过程来讲，一种社交关系包含发起关系、沉淀关系、应用关系、终止关系这几步，在整个过程中还需要一些工具来辅助社交过程顺利进行。

我们以常见的好友关系进行举例。首先，玩家需要发起关系，在开始时因为一起经历了一场比赛感觉对方不错，于是在结算时直接申请加对方为好友，这就是发起关系。其次，形成关系后需要把关系以某种方式存储下来，虽然大脑可以承担这项任务，但还需要类似通讯录之类的媒介来帮助玩家沉淀这种关系。比如，在游戏中与对方成为好友之后，就可以在好友系统中看到其状态和信息，这就是沉淀关系（也叫存储关系）。再次，和对方形成关系之后，还需要运用关系去做一些事情或形成一些感受，如在游戏中邀请好友一起“开黑”，这就是应用关系。最后，随着时间的推移，如果玩家对这段关系不满意，就可以终止，如在游戏中删除好友。在整个过程中还需要一些工具来帮助玩家传达信息，如在游戏中与好友靠文字和语音来传达信息，文字和语音就属于工具。

我们对社交关系进行细分主要是为了对需求进行更明确的分类，只有这样才能方便在某段时间内就某个特定问题进行深挖，不必担心因为思路混乱而影响效率，这能让我们更高效地整理对应阶段的需求。比如，我们要设计的社交关系是一对一的共同“开黑”的关系，在发起阶段，我们会下意识地让玩家自行记住对方的名称，然后去好友系统中搜索并添加好友。如果我们聚焦于此会产生更多的想法，如结算时是印象最深刻且有时间的时候，是否可以添加好友？队友大杀四方、展现神威时应该对玩家的冲击最大，这时除提供战报外是否可以提供添加好友的功能？某个人是好友的好友，玩家是否愿意添加他为好友？有个人和玩家意气相投并一起玩了两三局，可玩家却忘了加他为好友，是否需要提醒？从上面的例子中我们可以看到，当我们专注于一个具体的问题时更容易打开思路，进而列出各种可能的需求。至于需求本身是否合理、是否代价过高则是后面需要考虑的事情。

11.2.2 从社交关系到社交系统

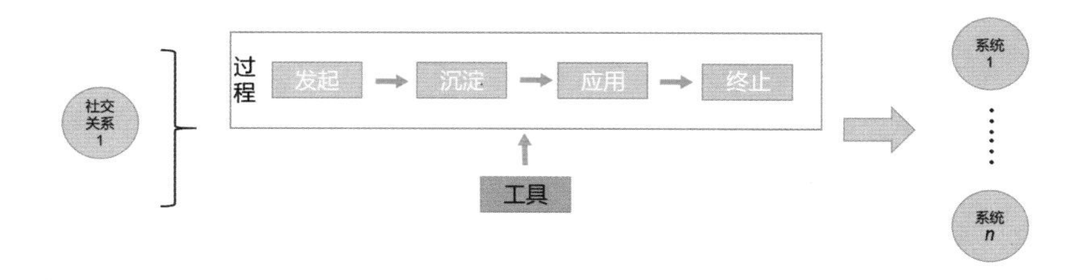

通过之前的环节我们明确了自己真正的需求，这些需求只有转换成游戏中的系统才真正具有意义。

需求和系统之间是多对多的关系，类似网状结构。一个步骤或工具可能对应多个系统，如组队“开黑”，既可以在好友系统中直接发起，又可以在组队系统中邀请好友，甚至可以在聊天系统中发起。一个系统也可能同时满足多个步骤或工具的需求。以好友系统为例，既可以通过好友系统发起聊天，又可以在此沉淀好友关系，还可以在此终止好友关系，甚至可以通过好友系统直接“开黑”。

细分需求之后，我们可以将需求映射成对应的系统。在当前阶段我们对社交系统相对熟悉，更多地是根据不同步骤的需求对经典系统进行优化，下面以好友系统和聊天系统为例来谈谈如何进行设计。

11.2.3 从好友系统看如何优化经典系统

好友系统最基础的需求是作为一对一关系的发起点和沉淀点。玩家可以用搜索名称或 ID 的方式添加好友并且可以看到自己的好友列表，而好友关系的应用一般只有聊天，其他应用则在其他系统中体现（如组队系统）。随着游戏行业的发展，好友系统有了哪些发展呢？

首先，关系启动模块有了大幅度的发展。目前，大部分游戏的好友系统，根据游戏需求增加了很多特定的寻找好友的功能。比如，为了加强与现实关系的衔接及满足玩家把虚拟关系变成现实的幻想，好友系统增加了根据玩家实际地理位置来寻找好友的功能。不同玩家喜欢的游戏模式不同，可能需要与同类型或互补类型的玩家一起玩游戏，于是好友系统增加了根据玩家的行为习惯（如在 MOBA 类游戏中喜欢打野）来寻找好友的功能，甚至根据玩家的混合要求（如 18 ~ 30 岁女性玩家，喜欢聊天）来寻找适合的好友。我们发现，这些都属于玩家偏主动性搜索与构建关系的过程，不太需要具体的情景，于是大部分游戏将其放入了好友系统。

其次，对关系沉淀有了更深层次的探索。除普通好友外，亲密度的设定，以及对挚友、师徒等更深层次关系的制定都属于对关系沉淀进行更深层次的探索。因为大部分休闲游戏对亲密关系的要求并不高，所以也将亲密关系并入了好友系统。如果是 MMORPG 等对亲密关系要求比较高的游戏，则可能会形成独立的对应系统。

最后，对关系应用的灵活性和便利性进行了探索，增加了引导玩家进入好友系统的互动功能。灵活性和便利性更多地体现为将好友当前在线状态呈现给玩家，如直接放在主界面，或者在好友系统中可直接看到好友的当前在线状态。在明确状态的基础上，增加了观战、组队、送礼等快捷处理方式，让玩家更容易进行互动。与社交平台关联的游戏，甚至提供了拉离线好友上线的功能。玩家平时不怎么进入好友系统也是系统策划的一个困扰，为了解决这个问题，还增加了好友间赠送金币或体力的功能，让玩家每天都进入好友系统，进而形成一种“不是我一个人在玩游戏”的感觉，这有利于提升玩家留存率。

新的好友系统在关系终止上也进行了优化，增加了黑名单等机制，让玩家有冷静期。由此可见，可以将一般偏向独立的不需要单独情景支持的新需求加入其中，而增加的方向则是更深化、更精细化和更便捷化。

11.2.4 从聊天系统看如何深化工具型系统

传统的聊天系统大部分只支持各种场景的文字聊天，如好友聊天、军团聊天、世界聊天等。随着科技的发展，语音对话流行了起来，于是又增加了语音聊天的功能。对于需要较多团队配合的游戏而言，语音聊天变成了主流的沟通手段。无论是文字还是语音，都还只是信息沟通的工作，聊天系统本身也进行了很多额外的优化。

在发起关系方面，聊天系统开始支持直接加对方为好友，这是非常通用的功能。聊天系统还有直接把对方列入黑名单的功能，防止玩家被信息骚扰。同时，游戏还会根据不同的场景提供不同的默认回复信息，帮助玩家更方便地进行信息互动。

在沉淀关系方面，关系好的好友会有私人频道，同时在公共频道中也更容易互相认出来。

在应用关系方面，有些游戏甚至提供了专门“开黑”组队的聊天频道，玩家可以在里面直接、快速地加入队伍进行战斗。至于聊天系统本身提供的多种多样的聊天框、置顶甚至界面表情等已经成为常态。

聊天系统的发展主要是在可提供信息的种类上进行了变通，从文字类慢慢拓展成了表情、语音、地点、指令等多种信息类型，甚至增加了其他行为的便捷入口。一般而言，可以将比较独立的不需要单独情景支持的新需求加入其中。

11.2.5 合理运用非社交系统

随着游戏行业的不断发展，玩家对社交的需求越来越多。游戏越来越需要让玩家有更多的社交场景，以及在合适的情景下第一时间使玩家形成和释放社交需求。在前文的例子中我们发现，对应的社交系统只能满足一些需要玩家主动社交的行为和操作需求，相对难以满足更新的需求，需要对之前以社交系统为主来实现社交功能的做法进行改变，使更多的非社交系统也开始承载起对应的社交需求。因此，系统策划需要把思想放开，不要只局限于社交系统。

在发起关系方面，布置更多的关系发起场景，并且在合适的时机提供更多的关系发起机会。以《和平精英》为例，该游戏会在赛前安排一个小广场并把玩家放入其中，这就是布置更多的关系发起场景。并且在结算时提供加好友功能，每次战斗完毕回到大厅时系统会根据一些数据在合适的时机进行好友推荐。比如，在比赛结束时为队友点赞后，系统会询问是否加对方为好友，这就是在合适的时机提供更多的关系发起机会。

在沉淀关系方面，拓展了以往没有的种类。关于玩家社交互动的层面，现在的游戏提供了多种更有趣的互动方式。比如，一起答题并能看到他人的答案，或者一起画画并为他人的画作打分等。

以上所说的功能和系统严格意义上不算纯粹的社交系统，有的甚至不是社交系统，但它们都会为社交带来非常好的促进效果。

11.3 经济体系模块

前文说过，物资引导是指用奖励引导玩家按照一定方式去玩游戏或开展对应的行为，基本上所有类型的游戏都离不开物资引导模块。物资引导模块主要分为经济体系模块（免费获取）和商业化模块（付费获取）。其中，商业化模块在前文已经进行了讲解，此处不再赘述，这里将着重讲述和主玩法息息相关的经济体系模块。

11.3.1 经济体系模块包含的子模块

子模块的分类

典型的经济体系是指规划玩家通过非付费的游戏行为来获取对应的物品，经济体系模块是为了支撑经济体系而存在的。既然其核心是获取对应的物品，那么我们就从物品流通的角度对经济体系模块进行划分，分为三大子模块：物品模块——物品本身的底层架构和功能；存储使用模块——物品的存储、调配、选择和使用等功能；获取途径模块——玩家获取物品的系统。

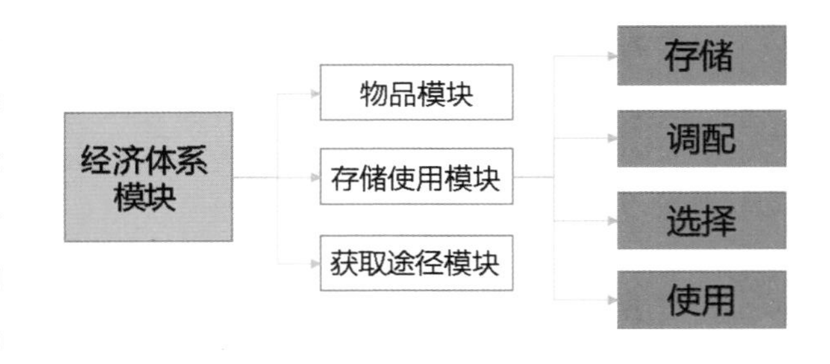

每个子模块都可以继续拆分为各种功能，如存储使用模块还可以继续拆分为存储功能、调配功能、选择功能、使用功能。此外，存储使用模块也包括收集、炫耀等功能，如收集某个英雄的皮肤、分享某个绝版皮肤等。

我们以时装为例来进行具体拆分。时装可以分为以下子模块：①物品模块——时装是如何搭配的，是成套搭配的还是一件一件搭配的，一个人能穿几套时装，时装本身如何配置名称、品质，如何利用美术资源等；②存储使用模块——

玩家在对应界面如何更换时装，如何查看未拥有的时装，如何对时装进行 DIY 等；③获取途径模块——通过每日任务及抽奖可以获取时装，每日任务和抽奖就属于获取途径。

子模块之间的关系

明白了经济体系模块所包含的子模块之后，我们再来讲讲这几个子模块之间的关系。一般而言，玩家对物品的基础需求决定了物品模块，物品模块又影响存储使用模块，而获取途径模块则相对独立。因此，物品模块可以与存储使用模块一起设计，而获取途径模块则单独设计，但也会因为奖励种类的不同在展现层面进行一定的修正。

经济体系模块的三大子模块已经形成了相对成熟的套路。我们对三大子模块进行优化后发现，前期提升效果明显，而后期提升效果不明显。这未必是优化出了问题，大概率是物品本身出了问题，只有提升物品本身的价值才能真正解决问题。

实际上，就像没有现实世界就不可能有经济一样，我认为游戏这个底层基础决定了经济这个上层建筑，核心精力还需要放在创造更多具有价值的物品和体验，以及提升已有物品和体验的价值上。期望通过改变经济投放等手段来大幅提升数据表现是一种取巧的思想，只能在内容足够多且未充分使用的前提下才能实现。在条件允许时还是要老老实实地多挖掘物品的潜力，多创造有价值的物品。

11.3.2 增加物品的方法

每款游戏都有自己的特点，因此也会有适合自己的物品。如何增加游戏中的物品呢？无非是借鉴他人及自我创造。

先说借鉴他人。因为游戏不同，同样的物品在不同的游戏中起的作用也不同，所以直接借鉴未必能达到预期的效果。那么，如何衡量物品是否适合自己的游戏呢？核心原理是使用或展示场景越多、效果越明显的物品越适合，因此只要把物品放入自己的游戏中思考一下就能得出大致的结果。我们以人物时装为例，在常见的吃鸡类游戏中，对战一般为第三视角，服装展示效果会很好，但在 FPS 类游戏这种第一视角的游戏中展示场景少，因此服装展示效果一般。如果是枪支皮肤，在第三视角的游戏中因为难以发现所以展示效果不会很好，但是在第一视角的游戏中因为在战斗场景中会不断看到枪支皮肤，所以展示效果会比较好。因此，如果是第一视角的游戏，则可以参考《穿越火线》的设计；如果是第三视角的游戏，则可以参考《和平精英》的设计。

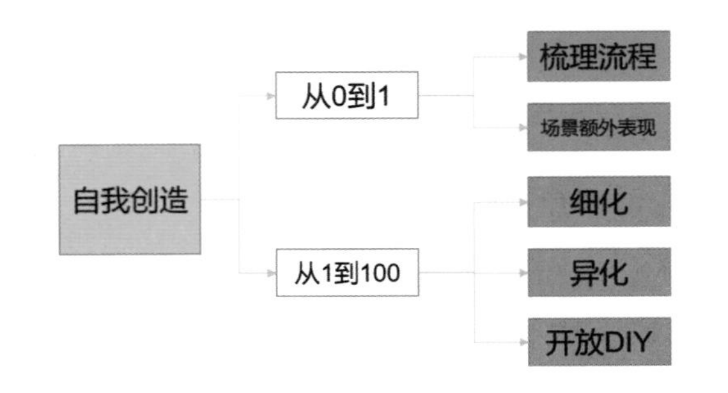

再说自我创造。每款游戏都有自己的特点，也有适合自己的物品，但有些创造思路是共通的，我们以表现部分为例讲述如何进行自我创造。表现部分至少可以从以下几个方向打开脑洞：第一，对已确定的物品进行细化；第二，对已确定的物品进行异化；第三，开放 DIY；第四，梳理流程，寻找额外的表现点；第五，根据场景要素寻找额外表现。其中，前三个是以已有物品为中心进行拓展的，属于从 1 到 100 的过程；后两个则是以游戏特点为中心寻找契机的，属于从 0 到 1 的过程。

先看前三个。第一，对已确定的物品进行细化，是指根据物品已有要素类型创建更多的要素类型。可以增加主要素的种类，如时装有部位要素，常见的有裤子、上衣、帽子等，我们可以增加项链、手镯等新的部位要素，也可以为子要素增加更多要素，如我们已有背包这个部位要素，但我们依旧可以将背包额外拆分出挂件、拉链等新的部位要素。

第二，对已确定的物品进行异化，是指对要素变化的规则进行一定程度的改变。比如，枪支的变化，枪支的品质不同，对应的图案也会不同。又如，枪支可以加入特效，高品质枪支本身会有流光，还可以对模型进行细微变化，甚至可以让枪支的击杀效果、音效等有对应的变化。所谓异化，实际上就是对要素的构成进行进一步细化。虽然无法拆分出来供玩家选择，但通过对要素的分析和汇总，能与其他游戏或传统品类区分开来。

第三，开放 DIY，是指把常见的整体性物品的要素提取出来，允许玩家对不同种类的要素进行自由搭配。这里我们需要关注如何平衡系统提供的套装和玩家的 DIY 方案之间的关系。

再看后两个。第四，梳理流程，寻找额外的表现点。这里主要关注玩家从登录游戏到对战结束的整个过程中的各种要素，思考到底哪些要素可以开发出新的物品。我们以《和平精英》入场时的跳伞过程为例进行讲解，在整个过程中核心要素包含人物的形象、动作及降落伞等。我们对跳伞过程进行细分，将跳伞过程分为身体独自下坠阶段和降落伞打开后下坠阶段。每个阶段又可以分为更细的子阶段，然后观察每个子阶段中的各种要素并进行筛选或设计，阶段分得越细就越容易找到方案。比如，在身体独自下坠阶段，玩家经历了从飞机里出来和自由下坠的过程，那么从飞机里出来这个动作就可以变为一种物品，不同的人有不同的动作，而自由下坠的过程则可以考虑添加下坠的特效及尾焰，甚至下坠的动作也可以进行选择。同理，在降落伞打开后下坠阶段，玩家经历了打开降落伞、持伞飞行、收伞落地的过程，那么打开降落伞的动作、降落伞的样式、持伞飞行的动作、收伞落地的动作等都可以变为新的物品。

第五，根据场景要素寻找额外表现。这里主要关注环境中的要素，看看其中哪些适合发生变化，与玩家交互越频繁的要素就越重要。我们依旧以《和平精英》为例，在战斗过程中我们会遇到各种武器装备、载具、建筑物等。因此，对载具进行改装或对建筑物进行涂鸦等就可以将它们转变为新的物品了，也可以开发各种武器装备类的战斗道具，使用后再拾取对应的武器装备就会发现其造型改变了。

11.3.3 获取途径的设定

获取途径的设定更多地是指免费玩家如何获取对应的奖励。相关系统已经有了一定的套路，本节会对常见的获取途径进行简述，也会选取一部分进行详细介绍。

常见的获取途径的规划

一般来讲，获取途径是根据获取频率进行规划的。获取频率分为单次产出、登录产出、活跃产出。单次产出在实时对战类游戏中较为常见，对应系统是掉落系统，在以局为单位进行对战的系统中对应的是单场比赛产出，对应系统是结算系统。登录产出一般分为周签到和月签到。活跃产出一般分为每日活跃产出、月度和赛季产出。每日活跃产出是通过每日任务来实现的，月度和赛季产出则是通过赛季任务来实现的。

除单次产出外，登录产出和活跃产出是根据游戏本身的特点来设计的，对获取途径的选择及对应系统的设计有直接的影响。比如，较为重度的卡牌游戏、MMORPG（强调竞技）一般都喜欢采用月签到、每日任务和赛季任务等方式来实现产出，同时在签到系统中会用累计签到奖励等设定来让玩家持续登录，在每日任务和赛季任务等系统中一般设定的任务数量多、任务形式偏单一且耗时。较为轻度的游戏（强调休闲）则更喜欢采用周签到和赛季任务等方式来实现产出。签到一般没有持续登录的要求且提供补签功能，每日任务要求较少，赛季任务数量多但是偏娱乐性质。

下面我们简单介绍一下签到系统的历史，进而以签到系统为例来看看游戏需求的变化是如何影响产出系统设计的。

签到系统

签到系统是指玩家在每日登录后就可以获取对应的奖励，其关键点如下：签到是按日期计算还是按登录天数计算？奖励刷新是什么时候？奖励是如何展示的？我们着重讲述前两个问题是如何随着时代的变化而改变的。

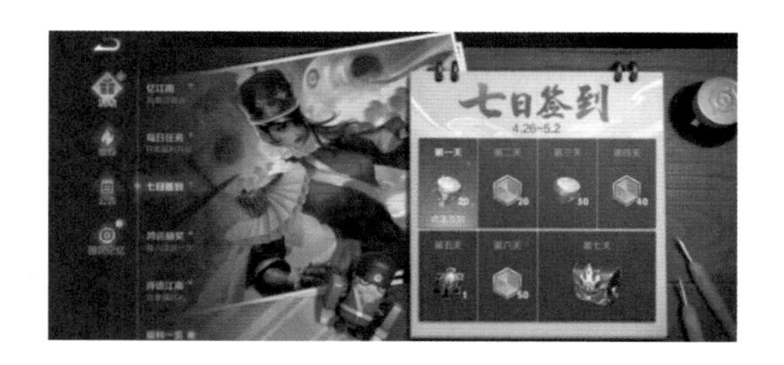

最开始的签到一都出现在 MMORPG 中，签到与日期挂钩，如周日登录就只能领取周日的奖励。这种方式的好处在于方便玩家理解，也可以吸引玩家在对应的日期登录，进而起到集中玩家的作用，方便对应游戏活动的展开。

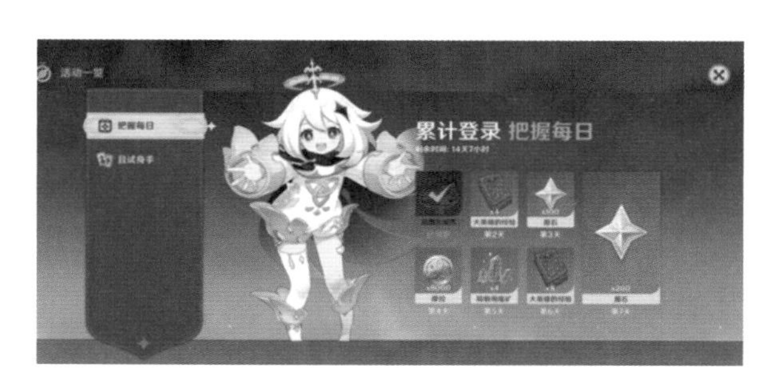

进入移动互联网时代后，大家开始用手机玩游戏，因此每日都可以方便地登录。重度游戏非常关注玩家体验的连续性，因此签到系统的核心诉求是尽量让玩家养成连续登录的习惯。这时，如果仍保留与日期挂钩的概念就难以达到效果，因为玩家完全可以周日登录拿到最好的奖励，平时登录的吸引力就不大了。于是，很多游戏的签到就变为不与日期挂钩的累计登录，在规定日期内第一天登录只能拿第一天的奖励，想拿到最好的奖励就必须登录满 7 天，然后把最好的奖励放到第 7 天就可以了。更改设定后果然更多的玩家坚持登录了。

这种改变达到了预期的效果，但也引发了其他问题。每个人都有自己的生活节奏，偶尔一天忘记登录或无法登录是很正常的，但错过一天就无法获取最好的奖励，于是其在本周期内持续登录的动力就会大减。为了保留连续登录的吸引力，同时降低偶尔一天无法登录带来的影响，签到系统又进行了进化，变为只需要在规定时间内（一般都会多于 7 天）签到达到 7 天，就可以获取最好的奖励，这样漏签某天的玩家也会继续积极地登录。

11.4 综合性系统工作

前文讲的都是较为常规或独立的系统模块，随着游戏行业的发展，有一些不容易归类的综合性系统工作需要游戏策划进行规划。综合性系统工作是指那些需要调动、优化或设计多个系统才能达成目标的工作，如如何提升英雄的情感价值。

在综合性系统工作中，我们必须先跳出已有方法的条条框框，走自己的路。但万变不离其宗，还是需要先分析对应的工作受哪些要素的影响，然后将它们变为简略的功能点，最后看哪些已有系统与之有联系及是否需要构建新的系统，其中第一步是最难的。下面简单介绍前两步。

11.4.1 分析工作受哪些要素的影响

我们接到的综合性系统工作多是需要设计一些感觉或目标，如加强英雄与玩家的情感连接属于感觉类的，而降低低级玩家前期的流失率则属于目标类的。无论是哪种类型的工作，第一步都是拆分出影响目标达成的要素，最好能总结出各要素之间的关系。值得注意的是，不要因为感觉无法完全把控就不继续进行，因为不完整胜过没有。只要努力总结就是好的，后面可以慢慢进行完善和调整。

不同的综合性系统工作有不同的要素，我们以如何提升英雄的情感价值为例，来讲述如何拆分。既然是提升价值，就要先对英雄价值进行分类，至少可以分为以下三类：一是功能价值，如英雄对战能力等；二是审美价值，如英雄本身的形象是否漂亮、动作是否好看；三是情感价值，也就是玩家是否会因为性格或人物设定等而喜爱英雄。这里主要介绍如何提升英雄的情感价值。我们继续拆分影响情感价值的要素，目前已经总结出以下几个。

频率

我们可以参考现实世界中的人们是如何建立深厚的情感的。影响情感的第一个要素是频率。一般而言，在人前出现的频率越高，人们对其的印象就越深，这和日久生情是一个道理，看得多感情就深。但深并不意味着好，无论对其印象是好还是坏，频率只是起到了加深的作用，而非改变了方向，简单来讲：感受 = 基础体验 × 频率。

频率对情感的影响是巨大的，甚至会打败理性，很多人帮熟不帮理就是这个道理。比如，你认为《仙剑奇侠传》中的哪个人物对李逍遥最重要？你大概率会回答赵灵儿或林月如，但实际上，李大娘将李逍遥养大，酒剑仙教会他一身本事，那么为什么你不会考虑后面两个人物呢？主要是因为赵灵儿和林月如在游戏中陪伴玩家的时间更长，所以玩家对其更熟悉。频率的增加意味着了解程度的加深，意味着风险的降低，于是有了安全感，而安全感则是相对底层的需求。

谁对李逍遥最重要?

共同行为

一种事物与你共同经历得越多则越密切，你对其感觉也就会越强烈。

共同行为可以从数量和质量两个维度进行分析。数量就是你与目标一起开展共同行为的次数。你与目标的共同行为越多，产生的感情就会越深。我们以《赛博朋克 2077》为例，不出意外你应该对里面的荒版一郎印象不深，不经提醒或思考很难想起来，但对陪自己玩《赛博朋克 2077》的游戏好友印象深刻，一提起《赛博朋克 2077》就能想起他们。质量就是你与目标一起开展共同行为时，其对你的影响程度。比如，你在大学上课，很多同学与你一起上了至少一学期的课，但你对他们的印象可能还不如刚聊过几次天的网友深。这就是低质量的共同行为。

共同行为的类型不同，产生的感觉也不同。大家一定听过一句俗语，“一等亲一起扛过枪，二等亲一起同过窗”，讲的就是这个道理。

我们将共同行为按感觉从深到浅分为以下几类：一是拥有共同的长期目标，包含共同的敌人和成长；二是拥有同样的理性欲望并一起实现；三是拥有同样直接的感性欲望。当然，一种共同行为可能不只属于一种类型，同时属于的类型越多则感觉越深。

我认为，一款游戏能给玩家带来成长，那么它留给玩家的印象就要比只是好玩的游戏留给玩家的印象更深刻，而好玩的游戏又比只有话题的游戏留给玩家的印象更深刻。这个规律同样适用于一款游戏中的各个元素。还是以《赛博朋克 2077》为例，最打动我并给我留下深刻印象的是游戏对资本主义发展到极致时的社会状态的直观表达和反思，然后才是各种任务或黑客入侵、义肢改造等玩法。

超越理性的震撼

超越理性是指超越了个人对自身利益的理性判断而做出的决定，类似的常见表达是无私。只有超越理性的东西才更容易让人产生震撼，进而形成独特且深刻的印象，理性的人明白对应的风险及对个人而言很不利的状况，但是因为某些因素（如爱人、孩子、祖国、信仰等）而毅然决然地选择去冒险甚至直面死亡。我在汶川地震期间看到战士们明知危险重重依旧选择跳伞支援，在新冠疫情期间看到医生、护士在伤感或恐惧（怕自己回不来，再也见不到亲人）中毫不犹豫地前行，这些让我受到了极大的震撼。我认为，想要打造出强势 IP，打造出真正经典的人物，就需要运用此原则。

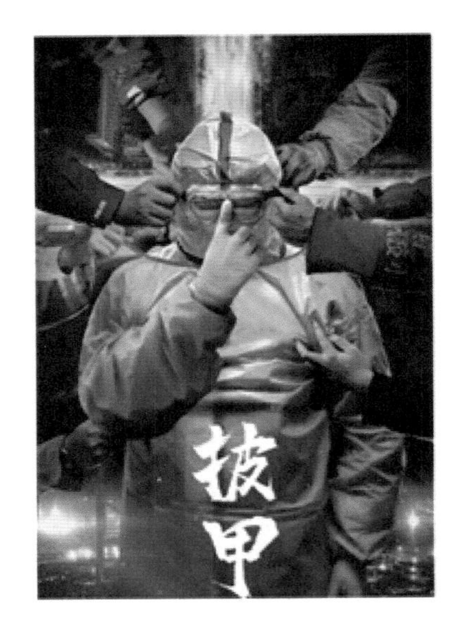

情绪感染

如果说上面几条是情感价值的基础，那么在展现情感价值的手法上也有对应的要点，核心就是情绪感染和仪式感。

人在大多时候是情绪化的而不是理智的，情绪感染是指用情绪触发情绪进而让人记住，在游戏或宣传片中经常使用该手法。情绪感染要比理性说教更容易引起人们的共鸣。举个例子，回想一下《黑神话：悟空》，你能想起什么？是不是其中猴子假装投降的桥段让你印象特别深刻？

再想想结尾时伪佛说的话，这里有 3 个版本，哪个更能让你产生共鸣并印象深刻呢？

①我感觉有的地方还可以辩证地思考一下。

②我有不同的意见。

③要我说，放屁！

虽然理性表达更精准，但人们对情绪感染印象更深刻。

仪式感

在介绍仪式感之前，先介绍独特性。独特性是指能让人记住的比较特别的东西。举个例子，男朋友的日常关心不会让人有太多具体的印象，但求婚时精心设计的场面则会让人印象深刻。仪式感是典型的特殊化处理方式，因为平时很少会做，且整个过程充满了感性又带有一些理性，所以更容易被记住。比如，《三国演义》的长坂坡之战充满了仪式感和戏剧感，赵云一句“我乃常山赵子龙”让多少人眼中“小星星乱冒”。而对于历史上真实的人物陈庆之又有几个人了解呢？那可是带着几千人一路打败了近百万个敌军，从建康（南京）杀到长安的人。但因其只在史书上以严肃的口吻描述，又缺少《三国演义》中长坂坡之战的那种仪式感，因此没几个人知道他。

11.4.2 提取所需的功能点

将目标拆分成要素之后，要看一看它们适用于游戏中的哪些功能，以及如何融入游戏系统。我们的目标是提升英雄的情感价值，提升情感价值的核心要素包含频率、共同行为、情绪感染和仪式感等，我们以构建《原神》中的莫娜为例，来看一下如何将这个过程落地。

频率

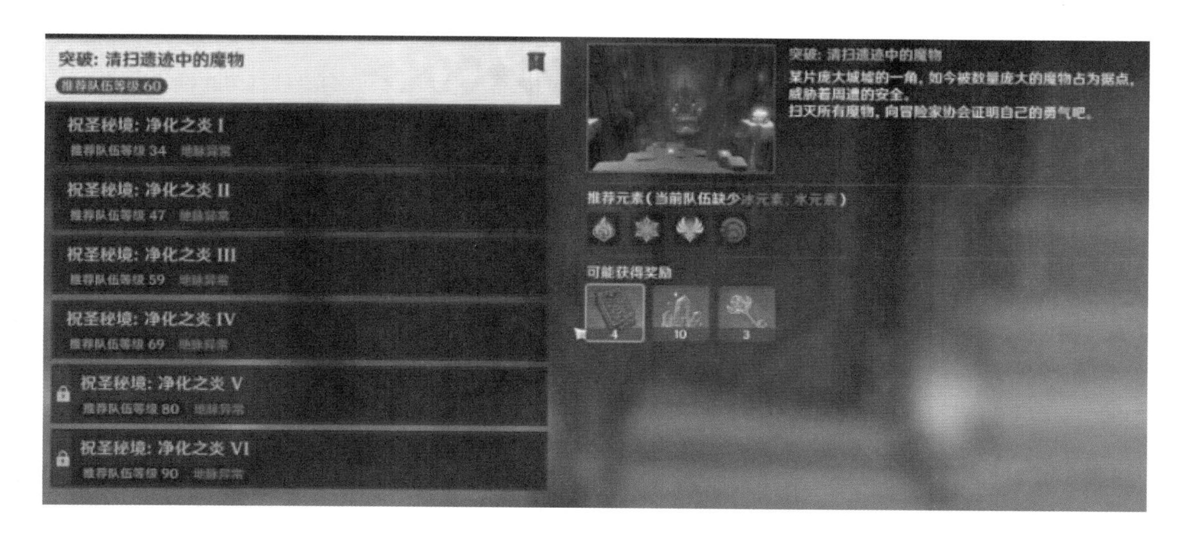

需要先寻找适合展示目标的场景。《原神》中适合展示英雄的场景包含任务界面、活动界面、抽奖界面、现实场景等。在推出英雄期间，游戏内会有专属英雄任务，在玩家经常出现的场景中会看到该英雄在活动，在任务体系中会专门增加对应英雄的各种任务，在抽奖等多个系统的界面中都会优先展示该英雄，通过这些措施让玩家可以在日常场景、界面中多接触该英雄。

同时，负责运营的人会在此期间开展对应英雄的运营活动并进行公告。值得一提的是，此次开展的是体验式战斗型的运营活动，可以让玩家更加清晰地了解该英雄的战斗节奏。在此期间，游戏外也会进行对应的联动，相关网站会有关于莫娜的宣传活动，Bilibili 等平台也会组织主播进行使用展示和 Cosplay 等活动，将活动激发成热点行为，拉动粉丝和玩家开展类似活动，形成良好的舆论氛围。总之，无论是线上还是线下都会高频率地曝光该英雄。

共同行为

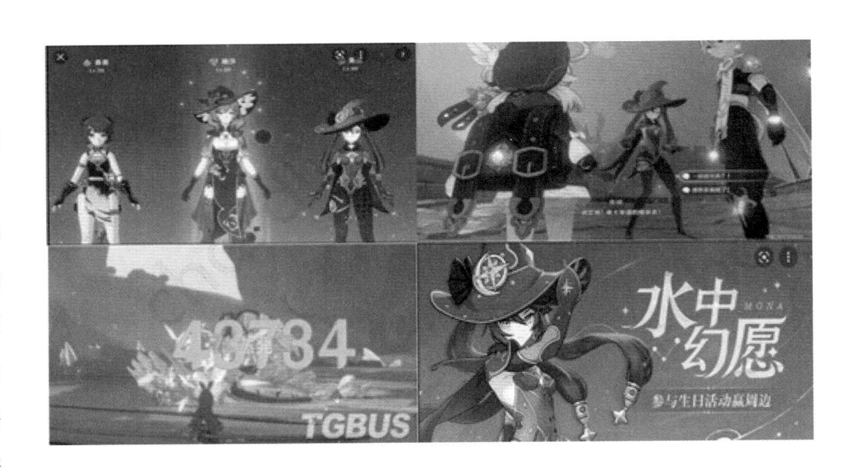

寻找游戏中什么事物可以增加共同行为。人设、关系、性格等都属于可以运用的软性抓手，而战斗、任务等则属于可以运用的硬性抓手。在推送期间，会有专门的试用英雄的任务让玩家使用该英雄进行战斗，也有专门的英雄任务让玩家和该英雄一起解决问题，还有对应的开场动画等专门显示该英雄的性格和行为等，甚至会邀请玩家一起参加该英雄的一些私人活动（如过生日）等，这些都能让该英雄与玩家有更多的共同行为。

在人设等软性抓手方面，游戏策划特意让莫娜成为玩家前期主英雄的朋友，且与主英雄的装扮风格类似，并将其安排在玩家熟悉的游戏剧情中，让玩家感觉莫娜是自己的朋友，自然就更容易接受。同时，为该英雄塑造一种具备大众常有的习惯（如贪财）但三观很正（如倔强且尽责）的性格，让玩家感觉自身性格与其性格发生重叠，使玩家产生一定的共鸣。

情绪感染和仪式感

情绪感染和仪式感可以通过台词、表情、动作、神态等进行展示，而任务、开场动画、普通场景动画、招呼语、任务文字、技能语言等都可以作为载体。《原神》在人物的展示过程中通篇贯彻了情绪化表达的原则，莫娜作为一个贪财、倔强、

自恋又尽责的小魔女，其在任务甚至战斗过程中的语言、反应、动作、神态等无一不是以情绪化的方式表达的。这种表达方式与传统的通过文字描述来让玩家认可的表达方式，有着巨大的差异。

至于仪式感方面，《原神》在任务过程中有很多动画桥段，通过沉浸式体验来展示其特定的性格和对应的选择，充满了仪式感。场间动画也是《原神》展现仪式感的重要途径。

11.5 总结

游戏系统是一个大课题，本章以一个系统为例讲述了较为通用的设计方法。在构建一个系统时，首先需要在宏观层面对系统进行定位，然后在微观层面对系统进行具体的设计。所谓定位，就是先明白要做的系统属于哪个系统模块，以及设置该系统模块的目的，再搞清楚系统在整个系统模块中的定位。在这个过程中如果不清楚就去问主策划。

明白了系统的定位之后就要开始细化。首先将系统拆分为一系列功能点，并且弄清楚功能点之间的关系。然后对每个功能点进行更加具体的设计，其中尤其需要关注各个边界条件。功能点设计完之后，还需要注意交互和表现，这需要和负责交互的同事一起设计。

我们以社交模块和经济体系模块为例，详细介绍了如何设计对应的系统。在社交模块中，我们明白了社交关系与社交行为之间的关系，也了解到如何将社交关系细化。将需求明确、细化之后，就可以将它们融合成一个个对应的社交系统了。

在经济体系模块中，我们明白了经济体系模块包含物品、存储使用、获取途径 3 个子模块。想做好经济体系，基础在于增加物品的种类和价值。我们介绍了几种方法来增加物品：第一，对已确定的物品进行细化；第二，对已确定的物品进行异化；第三，开放 DIY；第四，梳理流程，寻找额外的表现点；第五，根据场景要素寻找额外表现。最后，简单讲述了常规手游中物品的一些主流产出途径，并以签到系统为例讲述了对应的发展过程和背后的原因。

在本章的最后，我们以如何提升英雄的情感价值为例，讲述了如何面对和开展综合性系统工作。首先需要拆分影响英雄情感价值的一些关键要素，如频率、共同行为、超越理性的震撼、情绪感染和仪式感等，然后将各要素和游戏内的系统进行匹配，建立和优化对应系统。

至此，系统部分也讲完了。

第4部分

后记

第 12 章

总结与感悟

游戏设计的底层逻辑需要遵循感性和理性的合理共鸣，关于感性部分不同游戏有自己的理解，难以形成共同的规律。但是对于如何把感性落实到现实中还是有对应规律的，那就是系统化设计方法。

通过本书的介绍，相信你已经对如何进行系统化设计有了一定的理解。本章主要讲述三个问题：一是对已讲述的内容进行一次整体的回顾，帮助读者加深印象；二是介绍游戏策划想要做得更加精深还需要什么能力；三是我个人的感悟。

12.1

简略总结

本书的核心是通过系统化思考了解如何看待游戏及设计游戏。全书是按照从不了解游戏策划工作到精通某个模块的游戏设计的顺序来进行阐述的。在结尾总结时，因为大家已经对整个思路有了一定了解，因此我更想以逻辑推理的顺序来总结本书的内容，也就是熟手如何阅读本书。

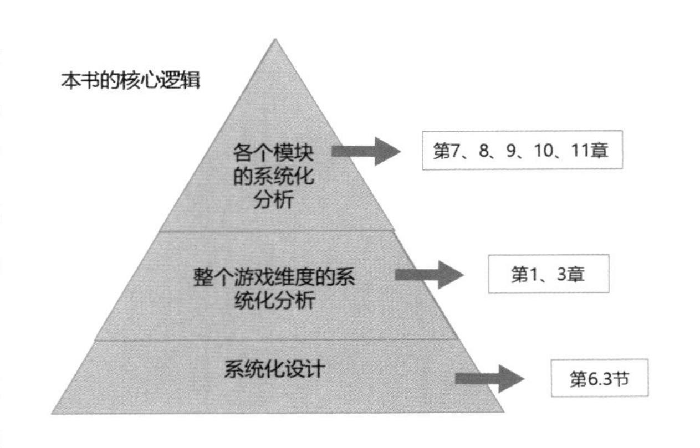

就底层逻辑而言，系统化思维和系统化设计是本书的核心方法论，我们会用系统化设计方法先从整个游戏的维度进行分析，再分析各个模块是如何制作的。

根据这样的顺序，本节会先回顾什么是系统化设计，再看游戏的主要要素是什么，之后看几大模块的系统化设计方法，最后从游戏要素的角度展望行业未来。

什么是系统化设计

整体是由部分及各部分之间的关系构成的。系统化思考的目标是弄清楚事物内部的构成要素及要素之间的关系，要点是抓住主要矛盾进而推出其他要素及其关系。运用系统化思考的方式设计游戏就是系统化设计。我们要根据系统化思考分析或设计游戏的不同模块，整理对应模块所包含的要素及其之间的关系。

游戏的主要要素

我们先从整体去观察游戏。游戏是用户可以通过主动操作进而获得不同体验的产品，其核心要素是用户、体验和反馈。其中，用户是游戏服务的对象，是游戏设计的出发点，更多时候是为游戏的用户而非为我们自己去制作游戏的；体验是用户通过游戏得到的感受，是游戏产生的最终结果，也是游戏设计的直接目的；反馈则是从现实世界唯物的维度来对体验进行量化和拆分。无论是设计游戏还是分析游戏，我们都可以从这 3 个要素切入。

系统化设计玩法

一款游戏大致可以分为玩法、数值、系统和关卡等。其中，数值又可以分为战斗数值和经济数值。本书用了大量的篇幅来介绍系统化设计玩法、战斗、经济和系统的底层逻辑。

对于玩法设计，首先要明白规则、体验、玩法三者之间的关系。玩家通过对规则的了解选择了对应的玩法，进而获取对应的体验。玩法设计还分为单局体验和多局体验。单局体验在设计时更需要重视让体验本身形成闭环，而多局体验在设计时则更多关注玩法本身的变化和拓展。

在设计单局体验的时候，整体方针是根据体验设计玩法，根据玩法查看产生的体验，根据具体体验调整玩法。明确体验后还需要将体验落地，一种体验的落地过程大致是从体验总结出玩法，从玩法抽象出规则，从规则细化出反馈。将整体方针套在整个玩法上，我们需要先明确整体体验和上层玩法，然后将其拆分为不同的子阶段。整体体验和上层玩法决定了各个子阶段的体验和玩法。

在设计多局体验时，会先把体验分为挑战和方案两大模块，其中挑战是指玩家在游戏里面对的问题，而方案是指玩家面对问题时如何解决。然后确定常见的评价标准，主要是和而不同及难易得当。此外，还可以将玩法设计拆分为方案设计、挑战设计和两者的组合。

在方案设计中，我们首先需要找到核心行为，然后将核心行为拆分成不同的子行为。每个子行为还可以拆分出对应的子要素，之后可以根据要素得出或设计对应的机制，最后会为其寻找合适的游戏载体。之后就是对方案进行排序，其核心是掌握衡量标准。明白了行为分层、行为细化规则和要素，以及难易的衡量标准之后，我们就可以在满足和而不同的前提下对方案进行排序，进而达到难易得当。挑战的设计过程和方案的设计过程类似。将挑战和方案拆分完毕后，可以组合起来呈现给玩家。

系统化设计战斗

战斗可以分为瞬间战斗、单场战斗和多场战斗。对于战斗设计，我们可以分为以下步骤：划分属性和制定伤害公式、构建静态战斗模型、构建动态战斗模型、根据节奏调整动态战斗模型。

伤害公式可以拆分为一系列的判断行为，先分别构建单个判断行为的伤害公式，之后合起来就是整体的伤害公式。明确了伤害公式之后就可以构建静态战斗模型，其切入点是平衡。

在构建静态战斗模型时，我们先从最粗的维度构建平衡，然后将粗维度不断地细分至基础属性，在这个过程中只需要保证基础属性之间最终的加层结果与粗维度的值相同即可。最后我们根据载体之间的区别将对应的属性拆分到对应的载体上，这样标准的静态战斗模型就构建成功了。

构建好标准的静态战斗模型之后，还需要构建对应的衍生静态战斗模型。这里面包含不同类型玩家的模型及静态 PVE 模型。构建不同类型玩家的模型首先需要关注其与标准模型之间的差异，其次就可以根据标准模型得到其总能力，最后根据模型本身的设定及其与标准模型的具体差异来推算出各个能力模块的值，进而变为一个个能落地的数据。静态 PVE 模型也是类似的原理，但是需要重点关注在一对多时到底是什么样的一对多。

构建好各种静态战斗模型之后，再加入成长对总能力的影响，以及各个能力模块对成长的影响占比，就得到了对应的动态战斗模型。之后可以根据动态战斗模型衍生出各种动态战斗模型，方法和构建衍生静态战斗模型类似。

最后我们得到了想要的各种动态战斗模型，这时还需要根据节奏的变化对整个动态战斗模型进行调整。至此，战斗设计完毕，后续就是各种细化、验证和调整了。

系统化设计经济

在构建经济模型时，我们主要从稀缺资源的角度来看产出、消耗和积蓄之间的关系，从人的角度来看付出和回报之间的关系。

在构建经济体系的大纲时，首先要明白投入和产出的区别，以及常见的投入和产出种类。然后就是划分不同类型玩家的投入途径，以及获取资源的种类，最基础的分类方法是看玩家是否付费。接下来我们需要把行为插进去，就是弄清楚不同系统会产出什么资源。在这个过程中需要对系统进行优先级排序，并且尽量保证每个系统都有自己的稀缺性产出。这样，用户、行为和产出资源之间的关联就制定完了，经济体系的大纲也就形成了。

对于模型落地，我们会先构建标准玩家的模型，可以将玩家付出的代价与获取的资源之间的关系量化，并将行为与资源之间的关系量化，这样我们就知道了不同行为的产出对应的资源。之后我们就可以根据标准玩家的经济模型来构建其他玩家的经济模型，并可以调整经济模型中的各种参数。

构建好模型之后，还需要根据效率原则检测模型并进行调整和优化。检测既包含以资源为中心的资源产出模型的衡量，又包含以系统为核心的价值产出效率的衡量。检测完成后，各种资源的产出模型就确定了，后续要做的是对每个系统的产出消耗模型进行细化。

虽然每个系统的产出消耗模型的细化方法不同，但整体都是以系统为单位的，先弄清楚玩家的行为和产出，再将玩家行为转变为系统中的行为，进而将系统行为与产出资源进行关联。

系统化设计系统

在构建一个系统时，首先需要在宏观层面对系统进行定位，然后在微观层面对系统进行具体的设计。所谓定位，就是先明白要做的系统属于哪个系统模块，以及设置该系统模块的目的，再搞清楚系统在整个系统模块中的定位。

明白了系统的定位之后就要开始细化。首先将系统拆分为一系列功能点，并且弄清楚各功能点之间的关系。然后对每个功能点进行更加具体的设计，其中尤其需要关注各个边界条件。功能点设计完之后，还需要注意交互和表现，这需要和负责交互的同事一起设计。我们以社交模块和经济体系模块为例详细地讲述了这个过程。

我们还讲述了如何面对和开展综合性系统工作。首先需要拆分影响综合性系统工作的一些关键要素，然后将各要素和游戏内的系统进行匹配，建立和优化对应系统。我们以如何提升英雄的情感价值为例详细地讲述了这个过程。

未来趋势

我们从用户、体验和反馈的角度，预测一下游戏行业未来的发展趋势。

从用户的角度来看，因为世界人口总数的增加、人们越来越富裕及越来越容易接触到游戏，所以游戏的用户群体在不断扩大。而且越来越多的游戏公司开始关注非典型游戏用户，非典型游戏用户群体也在不断扩大。同时，对国内的游戏制作者而言，海外也是重大的拓展方向，实际上，国产游戏已经慢慢获得了一些重要成果。

用户行为的变化也会对游戏产生影响。随着玩家的居住水平及对个人隐私的关注程度不断提高，未来主机游戏可能也会有较好的发展。而且随着玩家越来越成熟，其对游戏的要求会越来越高，游戏会越来越精细，同时游戏的自由度也会越来越高。

从体验和反馈的角度来看，触觉和平衡感的新型反馈会越来越多，未来类似 VR 游戏的品类会蓬勃发展，同时游戏行业会提供更多的反馈工具，使游戏的整体体验更加真实。

随着游戏行业的发展，游戏团队中人员的配置会变得更加两极化。对个人而言，整个行业会越来越需要 π 型人才。正是因为行业越来越需要 π 型人才，所以游戏开发者的职业寿命在逐渐延长。期望大家最后都能成长为资深的 π 型人才。

12.2 更加精深还需要什么

在了解了系统化设计之后，大家通过努力和锻炼就可以入门。那么下个问题就是如何成为精深的游戏策划。

如何成为精深的游戏策划？游戏不同，玩法和设计细节千差万别，就像电影不同，讲述的内容完全不同一样。一个做射击类游戏枪支手感的游戏策划与一个做 MOBA 类游戏调整英雄能力的游戏策划之间的区别，不会比一个喜剧片导演和一个恐怖片导演之间的区别小。所以，不同游戏领域对精深游戏策划的需求是不同的，具体问题应该具体分析。

在此，我们分为两个层面讲解：一个是行为层面，另一个是知识层面。

12.2.1 行为层面

实践

虽然通过阅读掌握了基础原理，但必须在现实世界中进行磨炼才能成长为真正精深的游戏策划。实践是成为精深游戏策划的唯一出路。

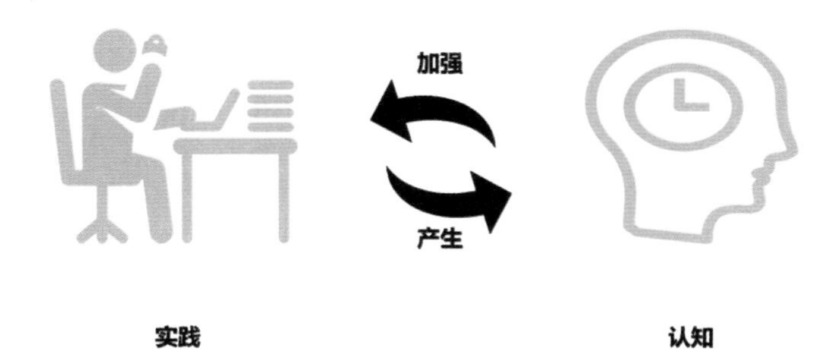

实践是人与物质世界的互动。人先通过实践来获取对物质世界的印象，然后经过大脑的进一步加工，变成自己理解的规律。人会按照大脑中的规律对物质世界进行实践，再根据物质世界的反馈进一步优化自己的认知，形成循环。

游戏策划也是一样，好的、实用的方法论不是想出来的，而是通过实践总结出来的。学习了方法论需要通过实践来验证并变为自己的东西。系统化思考和设计是一种基础能力，放在不同的游戏中，因为目标用户不同所以制作的体验也不同，因为体验不同所以元素及元素之间的关系就会不同。比如，设计的是面向新手的游戏，那么一套完整且深奥的魂系战斗方案肯定是不合适的。只有通过实践才能知道设计哪些元素是合适的。

即使明白了思路，在平时的工作中也可能不会按照正确的思路进行思考，究其原因是没有养成习惯。这里我认为需要养成三个良好的习惯，分别是思考习惯、学习习惯和做事习惯。

思考习惯

先说思考习惯，也就是如何理解这个世界。此处涉及众多哲学问题，且不同的哲学流派有不同的体系。这里我推荐的是唯物辩证法，简单来讲就是客观决定主观、主观影响客观，认识事物一定要以客观为基础。思考时要努力寻找事物的客观规律，而客观规律一般是由构成事物的元素及它们之间的关系所决定的。事物是在不断变化的，我们要寻找其变化规律。从落地的角度来讲，在面对绝大部分事物及解决绝大部分问题时都可以使用系统化思考的方式。

学习习惯

因为游戏行业是一个更新换代速度非常快的行业，需要从业者不断学习，所以具有良好的学习习惯就变得非常重要。这就涉及两个重要问题：一是如何整理知识，二是如何消化知识。关于整理知识，可以用系统化思考的方式，先将知识拆分为不同的模块，再将模块继续拆分为元素，之后构建它们之间的关系。下面简单讲一下如何消化知识。

真正的学会是将知识融入自己的知识体系中，就像你只懂中文，英文歌剧《哈姆雷特》再好你也只能初步了解，只有将其翻译为中文你才能真正理解它。所谓消化知识，就是先把知识用自己的大脑语言编译，再存到大脑中。根据接受程度的不同，我们将学会从低到高分为认为自己学会了、可以用自己的语言表述、可以向别人讲解、可以将这个知识写成文章、可以利用这个知识进行实践几个等级。

做事习惯

我认为做事习惯最重要的是形成闭环。我们做一件事一般都会经历目标、计划、执行、结果、复盘这 5 个步骤。其中比较容易忘记的是目标和复盘，小部分人可能还会忘记计划，所谓闭环就是做一件事尽量经历这 5 个步骤。

目标决定行动方向，没有目标行动就可能偏离，大部分时候做事失败的主要原因就是目标不清晰。计划决定步骤，没有计划则会影响效率。执行就是过程，更关注细节，相信大部分人都可以做到。结果是评判，是衡量行动是否达成的标准，需要关注且应尽量量化。复盘是总结，通过复盘，人们能总结出什么是对的并优化错误的内容，没有复盘，人们就难以成长。

习惯的养成

人们在经常受到某种刺激后会形成特定的反馈，会主动采取一些行为来应对这种刺激，这就是习惯。例如，巴普洛夫的狗的实验就是典型的习惯养成。做了你想做的事后立刻给自己正面反馈，反之则给自己负面反馈，持续一段时间之后就会养成习惯。习惯一旦养成就很难改变，但可以替换对应的行为。

12.2.2 知识层面

知识层面主要是指哪些方面的知识或规律更适合游戏策划学习，我只能根据自身的经验进行介绍，期望能对大家有所帮助。

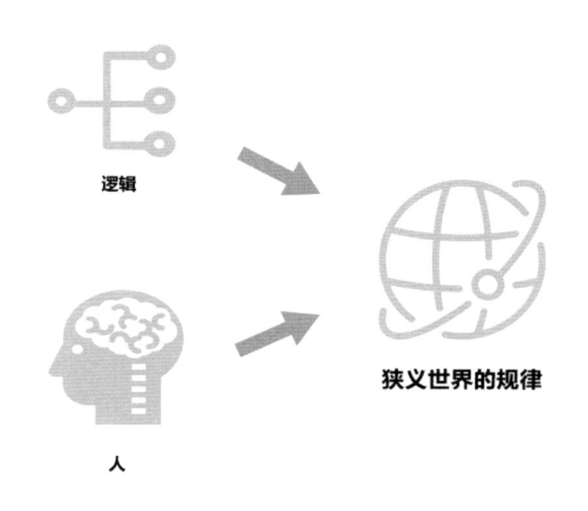

游戏策划是一种工作，工作内容就是与客观世界交互及与人交互，所有的事情都是由这两者组合而成的。想要与客观世界进行更好、更有效的交互，就需要理解逻辑；想要与人进行更好、更有效的交互，就需要理解人。其中，逻辑是理性的，人是感性的。因此，想要做好工作就需要锻炼自己对逻辑和人的理解。除了实践还可以多看些书，逻辑方面可以看看哲学、逻辑学和数学方面的书，人的方面则可以看看心理学、历史和文学方面的书。

游戏策划制作的是电子游戏，它是公司推出的一种产品，因此了解一下公司或产品的规律、计算机科学的基础知识，以及美学和统计学等都会对自己的发展有所帮助。了解公司或产品的规律可以让游戏策划清楚自己或团队生存下来需要什么，也可以清楚地知道一种产品想要成功需要什么，以及团队对自己的要求。了解计算机科学的基础知识可以让游戏策划更方便地与负责程序的同事进行沟通，也可以自己衡量功能落地的可能性，甚至可以预测未来游戏的发展变化。了解美学可以提高游戏策划的审美，让游戏策划更方便地与负责美术的同事进行沟通，也可以提升产品的表现力。了解统计学可以让游戏策划更容易获得分析结果，进而完成复盘工作。

细分的策划工作更多地是对各自领域相关知识的补充和深入。比如，数值策划需要对数学、统计学、经济学等有较深的了解，关卡策划则需要对建筑学较为精通。

总体而言，想要在专业领域有更深的钻研，就需要加深对相关知识的理解。想要成为主策划，就需要在宏观维度上形成自己的方法论。

12.3

结语

日月如梭，人生如梦。正像艺术源于生活又高于生活一样，游戏也是起于现实而高于现实的。我认为好的游戏策划一定是热爱生活的。丰富的生活经历可以更好地激发灵感，让人设计出更多、更有趣的游戏；丰富的生活经历可以让人更好地接触用户，真正了解用户的需求；丰富的生活经历还能让人更深刻地理解现象背后的规律，进而可以更好、更合理地设计出好游戏。因此，我建议大家多多参与现实世界中的活动。

只有真正喜欢游戏的人才能做出好游戏。游戏产业实际上是一个创新型产业，没有足够的热爱未必能吃得了相应的苦，没有足够的热爱容易沉迷于享乐而非寻找背后的规律。

我对个人经验进行了组织与汇总，写成了本书，期望能成为大家的敲门砖和试金石。期望能有更多喜欢游戏并致力于做好游戏的人投入游戏行业，期望更多的业内“大能”可以多多分享，期望我们可以做出更多的好游戏并向国外输出中华文化。最后，期望游戏行业和大家的未来都前途无限。